Figma UI Design Essentials

Figma UI/UX 設計技巧實戰

打造擬真介面原型

—— 第二版 ——

彭其捷、曹伊裴 著

- 風靡全球 UI/UX 設計神器 Figma
- 本書精選 70 個實作技巧
- 零基礎上手擬真介面設計

認識 UI/UX 與 Figma 整合設計流程	介紹 Figma 的重點特色
實作 Figma 基礎功能及進階技巧	提供 Figma 相關延伸學習指南
實作 Smart Animate 動態設計技巧	彙整 Figma 社群重要 Plugin 外掛
了解常見的 UI/UX 設計工具與方法論

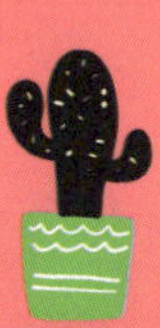

Figma UI / UX 設計技巧實戰

打造擬真介面原型【第二版】

作　　者：彭其捷、曹伊裴
責任編輯：曾婉玲

董 事 長：曾梓翔
總 編 輯：陳錦輝

出　　版：博碩文化股份有限公司
地　　址：221 新北市汐止區新台五路一段 112 號 10 樓 A 棟
　　　　　電話 (02) 2696-2869　傳真 (02) 2696-2867

郵撥帳號：17484299　戶名：博碩文化股份有限公司
博碩網站：https://www.drmaster.com.tw
讀者服務信箱：dr26962869@gmail.com
讀者服務專線：(02) 2696-2869 分機 238、519
（週一至週五 09:30 ～ 12:00；13:30 ～ 17:00）

版　　次：2025 年 7 月二版

博碩書號：MP22509
建議零售價：新台幣 680 元
Ｉ Ｓ Ｂ Ｎ：978-626-414-229-8（平裝）
律師顧問：鳴權法律事務所 陳曉鳴 律師

本書如有破損或裝訂錯誤，請寄回本公司更換

國家圖書館出版品預行編目資料

Figma UI/UX 設計技巧實戰：打造擬真介面原型 / 彭其捷, 曹伊裴著. -- 二版. -- 新北市：博碩文化股份有限公司, 2025.07
　面；　公分

ISBN 978-626-414-229-8(平裝)

1.CST: Figma(電腦程式) 2.CST: 電腦介面 3.CST: 網頁設計

312.1695　　　　　　　　　　114006867

Printed in Taiwan

歡迎團體訂購，另有優惠，請洽服務專線
博 碩 粉 絲 團　(02) 2696-2869 分機 238、519

商標聲明

本書中所引用之商標、產品名稱分屬各公司所有，本書引用純屬介紹之用，並無任何侵害之意。

有限擔保責任聲明

雖然作者與出版社已全力編輯與製作本書，唯不擔保本書及其所附媒體無任何瑕疵；亦不為使用本書而引起之衍生利益損失或意外損毀之損失擔保責任。即使本公司先前已被告知前述損毀之發生。本公司依本書所負之責任，僅限於台端對本書所付之實際價款。

著作權聲明

本書繁體中文版權為博碩文化股份有限公司所有，並受國際著作權法保護，未經授權任意拷貝、引用、翻印，均屬違法。

序言

感謝讀者翻開此書,跟我們一起展開 Figma 學習之旅。

寫作的起心動念,來自兩位真實被 Figma 感動的使用者,衷心期盼將 Figma 這套絕佳設計工具介紹給更多人。近幾年,Figma 無庸置疑是全球介面設計圈中異軍突起的新寵兒,根據知名的設計師工具偏好調查,Figma 連續多年在許多設計任務上拿到冠軍(資料來源:(URL) https://www.uxtools.co/survey),Figma 在設計圈迅速竄紅,成為介面設計工具的龍頭領導者,筆者原本只是嘗試性在專案中導入 Figma 工具,卻深受啟發,成為忠實粉絲!

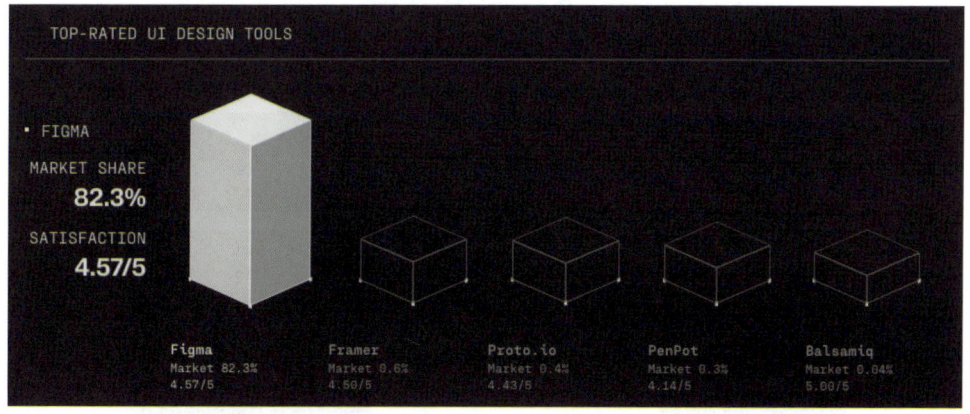

在設計師工具調查中,**Figma** 取得多個項目的冠軍(介面設計、雛形設計、設計系統等)

本書精心整理了 Figma 的各種使用情境與實作技巧,筆者想先破題 Figma 的超強功能:「極為流暢的多人協作共編」體驗。Figma 可多人即時在同個畫面中進行編輯,可透過軟體、甚至是直接開啟瀏覽器就可使用,還可以看到彼此的滑鼠游標,形塑了新的設計流程想像。不論是設計師、PM 與工程師、甚至是客戶,都可以直接在 Figma 之中展開討論,大幅提升溝通效率。

此外,特別推薦 Figma 的絕佳動態擬真效果(Prototype/Smart Animate 動畫功能),可做出各類動態原型,並直接呈現在桌面或行動 APP 上,提供近似於最終上線等級的預覽體驗。

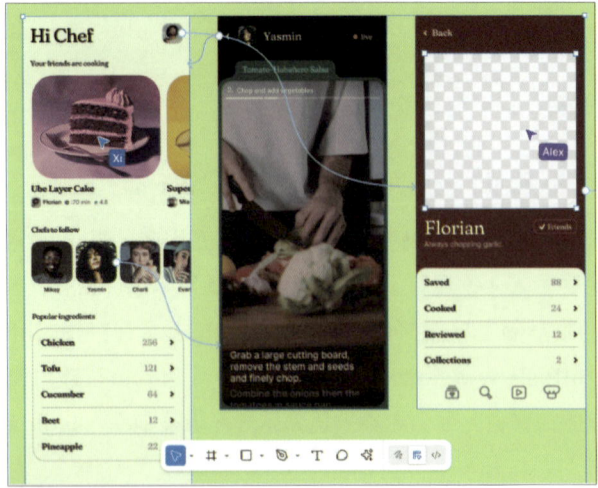

◐ Figma 工具可同時多人線上協同進行設計任務，並看到彼此的滑鼠

※ 資料來源：https://www.figma.com/

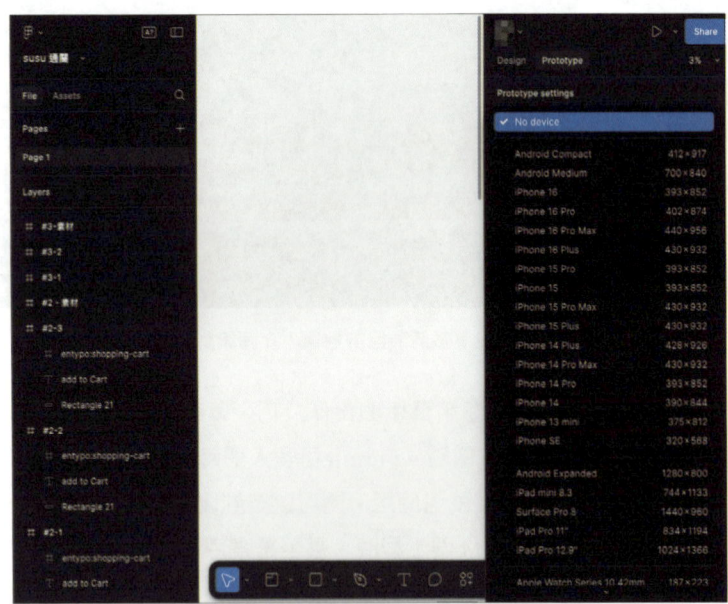

◐ Figma 可建構出趨近於真實介面體驗的動態雛形，也可切換模擬各類裝置的解析度

　　目前 Figma 中文學習資源較為缺乏，這形塑了兩位作者的撰寫動機，希望能夠透過此書，推廣給更多人認識，並確實學會這套強大的新興工具。

彭其捷、曹伊婓 謹識

內容介紹、練習檔下載與學習技巧彙整

本書內容介紹

本書內容共分為五篇，依序帶領讀者進入 Figma 的世界（如果讀者想直接進入實作，可從 Part 02 開始看）。

- **Part 01「UI/UX 與 Figma」**：從綜觀視角切入，介紹 UI/UX 工作流程以及相關工具，並介紹 Figma 特色。
- **Part 02「Figma 基礎功能上手」**：展開基礎功能練習，例如：繪製形狀、加入文字、插入圖片等。
- **Part 03「建立動態元件與介面轉場」**：介紹 Figma 的動態功能，透過 Prototype 與 Smart Animate 的搭配，做出高擬真的可操作介面。
- **Part 04「彈性排版技巧與響應式介面設計」**：認識 Auto Layout 與 Constraints 兩項重要的進階技巧，熟悉後將可以做出響應式介面設計與彈性排版。
- **Part 05「整合技巧與社群資源」**：介紹 Figma 整合技巧及社群資源運用方法，包括協作、切版、交付等，也介紹許多的好用外掛與設計系統。

本書專屬網頁與練習檔下載

本書之相關資源與訊息，將會放置下列專屬網址。

本書專屬網址 https://sites.google.com/view/figma-chinese

以下同步提供全書的 Figma 練習檔案，若遇到無法連結或是錯誤的狀況，可前往網頁查閱相關資訊，網站上也有作者的聯絡方式，歡迎直接與我們聯絡。

Figma 練習檔下載網址 https://sites.google.com/view/figma-chinese/resources

本書學習技巧彙整

這裡列出本書實作單元的「重點學習技巧」，讀者可善用此表格檢視自我學習成果，若能夠將以下列出的技巧都學會，代表對於 Figma 工具已經擁有相當程度的熟悉度。

單元	單元名稱	重點學習項目
單元四	Figma 操作環境導覽	技巧一：取得帳號與初次操作
		技巧二：熟悉 Figma 的管理結構
		技巧三：熟悉 Figma 基礎編輯環境
		技巧四：認識 Figma 選單功能
		技巧五：善用 Figma Frame，配置指定的畫布大小
		技巧六：了解 Frame 重要特性
		技巧七：取得 Figma 的社群資源
		技巧八：透過瀏覽器進行多人協作
		技巧九：轉換 Figma 圖層到不同軟體
單元五	用形狀與鋼筆工具繪製圖樣	技巧一：善用 Figma 形狀工具建構幾何形狀
		技巧二：認識 Figma 的圖層類別
		技巧三：認識 Figma 向量概念
		技巧四：多重物件選取、調整、旋轉
		技巧五：熟悉圖層順序概念
		技巧六：隱藏、鎖住圖層
		技巧七：了解製作布林的技巧（交集、聯集、裁減、排除）
		技巧八：設定物件參數
		技巧九：認識 Pen & Pencil（鋼筆、鉛筆）工具
單元六	認識文字元件工具	技巧一：認識與修改文字屬性
		技巧二：結合 Google Fonts 預覽字體使用
		技巧三：顯示與切換字型家族（Font-Family）
		技巧四：透過 Figma 修改文字行高與段落間距
		技巧五：認識 Figma 文字調整單位
		技巧六：共用檔案文字樣式

單元	單元名稱	重點學習項目
單元七	彈性的圖片引擎	技巧一：認識圖片屬性區塊
		技巧二：認識圖片細節參數控制項
		技巧三：Figma 的四種圖片填滿模式
		技巧四：超好用的圖片效果調整工具
單元八	用 Component 與 Variants 打造可重用元件	技巧一：用 Component 批次管理重複使用元件
		技巧二：區分 Component 主元件與子元件
		技巧三：認識 Components 常用情境
		技巧四：用 Variants 管理相似變體元件
		技巧五：認識 Variants 使用情境（按鈕元件）
		技巧六：認識 Variants 使用情境（開關元件）
		技巧七：認識 Variants 使用情境（表單元件）
		技巧八：Components Library
單元九	動態轉場技巧：Prototype	技巧一：認識 Figma Prototype（原型）
		技巧二：透過 Prototype 測試不同裝置選項
		技巧三：熟悉 Prototype 的相關任務功能
		技巧四：透過拉線配置 Prototype 頁面動態串接
		技巧五：Prototype 的多種觸發行為
		技巧六：Prototype 的各類動畫效果
		技巧七：Prototype 動畫速度效果
		技巧八：控制圖層溢出滾動方式（Overflow）
		技巧九：熟悉 Figma 播放模式
單元十	Smart Animate 動態設計	技巧一：認識 Smart Animate
		技巧二：了解 Smart Animate 的種類
		技巧三：認識 Smart Animate 的觸發情境
		技巧四：認識 Smart Animate 頁面變化情境
		技巧五：設定其他動態效果
單元十一	用 Auto Layout 製作彈性排版	技巧一：用 Auto Layout 實現彈性排版
		技巧二：設定 Auto Layout 物件位移（Padding）
		技巧三：用 Auto Layout 建立巢狀物件
		技巧四：調整 Auto Layout 成員的間隔與排版方向
		技巧五：設定 Auto Layout 自動占滿容器（Fill Container）

單元	單元名稱	重點學習項目
單元十二	用 Constraints 製作行動響應式設計	技巧一：了解響應式網頁（Responsive Web Design） 技巧二：了解 Constraints（約束）特性 技巧三：了解水平約束功能（Horizontal Constraints） 技巧四：了解垂直約束功能（Vertical Constraints） 技巧五：物件的 Constraints 的階層關係 技巧六：善用 Layout Grid 排版網格 技巧七：網格（Layout Grid） 技巧八：Columns 與 Rows 網格 技巧九：Layout Grid 與 Constraints 的交互作用 技巧十：透過 Figma Mirror 檢視手機版介面
單元十三	Figma 設計協作、交付、切版	技巧一：熟悉 Figma 建構 UI Flow 的技巧 技巧二：檢視、回溯、命名歷史修訂紀錄 技巧三：透過 Figma 進行設計協作 技巧四：檢視元件的程式碼（CSS、iOS、Android） 技巧五：進行物件資訊標註（Annotation） 技巧六：透過 Figma 切版與輸出
單元十四	Figma Plugin 大集合	一、安裝社群外掛的方式 二、元件產生類型外掛 三、圖樣產生類型外掛 四、動態元件產生外掛 五、色彩與影像後製外掛 六、設計稿管理與標註外掛 七、與網頁交互轉換外掛 八、文字輔助外掛
單元十五	Figma 與設計系統	一、介面與設計系統 二、原子設計 三、Figma 社群設計系統範例 四、其他知名設計系統
附錄 A	Figma 延伸學習指南	一、Figma 社群資源 二、Figma 影音資源 三、UI/UX 設計工具箱

目 錄

PART 01　UI/UX 與 Figma

Unit 01　關於 UI、UX 與 Figma 工作流程 002
UI（使用者介面）簡介 002
UX（使用者經驗）簡介 003
UI 與 UX 005
UI/UX Workflow 006
　階段一：使用者需求研究（User Survey）... 007
　階段二：線框稿規格設計（Wireframe）... 008
　階段三：原型設計與交付（Mockup & Prototype & Handoff）... 011
　階段四：上線與易用性測試（UX Testing）... 013

Unit 02　UI/UX 好用工具與方法介紹 016
　階段一：使用者需求研究階段 017
　階段二＆三：線框稿（Wireframe）與原型設計（Mockup & Prototype）工具 025
　階段四：上線與易用性測試（UX Testing）... 030

Unit 03　Figma 的十大好用特色 034
　特色一：龐大完整的社群與第三方外掛 035
　特色二：高擬真的動態介面設計 036
　特色三：可多人即時協作的編輯環境 037
　特色四：彈性且完整的設計稿權限管理 038

特色五：高易用性的可重用元件系統 039
特色六：佛心的免費使用版本 039
特色七：無論身處何地，打開瀏覽器即可線上編輯與儲存 040
特色八：自動保留設計歷程與對應版本控制 040
特色九：無縫進行設計與工程師的交付任務 041
特色十：易建立響應式網站或 App 高擬真原型 042

PART 02　Figma 基礎功能上手

Unit 04　Figma 操作環境導覽 **044**

重點學習技巧 044

技巧一：取得帳號與初次操作 044
技巧二：熟悉 Figma 的管理結構 045
技巧三：熟悉 Figma 基礎編輯環境 046
技巧四：認識 Figma 選單功能 047
技巧五：善用 Figma Frame，配置指定的畫布大小 048
技巧六：了解 Frame 重要特性 049
技巧七：取得 Figma 的社群資源 051
技巧八：透過瀏覽器進行多人協作 051
技巧九：轉換 Figma 圖層到不同軟體 052

實作步驟 053

實作一：取得 Figma 帳號 054
實作二：在操作環境中新增一個 Frame 055
實作三：轉換社群素材到自己的設計環境中 062

Unit 05　用形狀與鋼筆工具繪製圖樣 **066**

重點學習技巧 067

技巧一：善用 Figma 形狀工具建構幾何形狀 067
技巧二：認識 Figma 的圖層類別 067
技巧三：認識 Figma 向量概念 068
技巧四：多重物件選取、調整、旋轉 069
技巧五：熟悉圖層順序概念 069
技巧六：隱藏、鎖住圖層 070
技巧七：了解製作布林的技巧（交集、聯集、裁減、排除）......070
技巧八：設定物件參數 071
技巧九：認識 Pen & Pencil（鋼筆、鉛筆）工具 073

實作步驟 074

實作一：基礎形狀工具練習 075
實作二：多形狀的布林技巧練習 087
實作三：鋼筆工具與貝茲曲線練習 089

Unit 06　認識文字元件工具 092

重點學習技巧 092

技巧一：認識與修改文字屬性 092
技巧二：結合 Google Fonts 預覽字體使用 094
技巧三：顯示與切換字型家族（Font Family）......095
技巧四：透過 Figma 修改文字行高與段落間距 096
技巧五：認識 Figma 文字調整單位 097
技巧六：共用檔案文字樣式 097

實作步驟 098

實作一：新增結帳頁面文字內容並排版 099
實作二：建立並套用共用文字樣式 108

Unit 07　彈性的圖片引擎 110

重點學習技巧 110

技巧一：認識圖片屬性區塊 110

技巧二：認識圖片細節參數控制項 111

技巧三：Figma 的四種圖片填滿模式 112

技巧四：超好用的圖片效果調整工具 113

實作步驟 116

實作一：製作水果電商網站頁面 116

Unit 08　用 Component 與 Variants 打造可重用元件 127

重點學習技巧 127

技巧一：用 Component 批次管理重複使用元件 127

技巧二：區分 Component 主元件與子元件 129

技巧三：認識 Components 常用情境 129

技巧四：用 Variants 管理相似變體元件 130

技巧五：認識 Variants 使用情境（按鈕元件） 130

技巧六：認識 Variants 使用情境（開關元件） 131

技巧七：認識 Variants 使用情境（表單元件） 132

技巧八：Components Library 132

實作步驟 133

實作一：打造 Component 元件 133

實作二：打造 Variants 變體元件 136

PART 03　建立動態元件與介面轉場

Unit 09　動態轉場技巧：Prototype 144

重點學習技巧 144

技巧一：認識 Figma Prototype（原型） 144

技巧二：透過 Prototype 測試不同裝置選項 145

技巧三：	熟悉 Prototype 的相關任務功能	145
技巧四：	透過拉線配置 Prototype 頁面動態串接	146
技巧五：	Prototype 的多種觸發行為	147
技巧六：	Prototype 的各類動畫效果	149
技巧七：	Prototype 動畫速度效果	150
技巧八：	控制圖層溢出滾動方式（Overflow）	152
技巧九：	熟悉 Figma 播放模式	153

實作步驟 154

實作一：	導覽至某頁（Navigate To）	154
實作二：	Open overlay 效果（打開覆蓋型視窗）	157
實作三：	Scroll to 效果（捲動回到頁面頂端）	160
實作四：	跳轉至頁面中的某個段落	164
實作五：	輪播效果	165

Unit 10　Smart Animate 動態設計 169

重點學習技巧 169

技巧一：	認識 Smart Animate	169
技巧二：	了解 Smart Animate 的種類	170
技巧三：	認識 Smart Animate 的觸發情境	171
技巧四：	認識 Smart Animate 頁面變化情境	172
技巧五：	設定其他動態效果	173

實作步驟 173

實作一：	動態轉場物件	173
實作二：	動態輪播按鈕	177
實作三：	動態導覽選單	181
實作四：	動態進度條	184
實作五：	動態 Tinder 滑動效果	187

PART 04 彈性排版技巧與響應式介面設計

Unit 11　用 Auto Layout 製作彈性排版 192

重點學習技巧 193

技巧一：用 Auto Layout 實現彈性排版 193
技巧二：設定 Auto Layout 物件位移（Padding） 194
技巧三：用 Auto Layout 建立巢狀物件 194
技巧四：調整 Auto Layout 成員的間隔與排版方向 195
技巧五：設定 Auto Layout 自動占滿容器（Fill Container） 196

實作步驟 197

實作一：組合按鈕 197
實作二：組合式選單 201
實作三：動態大小表格 205
實作四：巢狀式產品圖物件 209

Unit 12　用 Constraints 製作行動響應式設計 215

重點學習技巧 216

技巧一：了解響應式網頁（Responsive Web Design） 216
技巧二：了解 Constraints（約束）特性 216
技巧三：了解水平約束功能（Horizontal Constraints） 217
技巧四：了解垂直約束功能（Vertical Constraints） 219
技巧五：物件的 Constraints 的階層關係 221
技巧六：善用 Layout Grid 排版網格 222
技巧七：網格（Layout Grid） 223
技巧八：Columns 與 Rows 網格 224
技巧九：Layout Grid 與 Constraints 的交互作用 226
技巧十：透過 Figma Mirror 檢視手機版介面 226

實作步驟 227
　　　　實作一：練習 Horizontal/Vertical Constraints 227
　　　　實作二：Layout Grid 與 Constraints 搭配練習 229
　　　　實作三：首頁響應式設計 232
　　　　實作四：Header 響應式設計（漢堡選單） 236
　　　　實作五：固定選單（Fix position）並從手機預覽 238

PART 05　整合技巧與社群資源

Unit 13　Figma 設計協作、交付、切版 244

　　重點學習技巧 244
　　　　技巧一：熟悉 Figma 建構 UI Flow 的技巧 244
　　　　技巧二：檢視、回溯、命名歷史修訂紀錄 245
　　　　技巧三：透過 Figma 進行設計協作 246
　　　　技巧四：檢視元件的程式碼（CSS、iOS、Android） 247
　　　　技巧五：進行物件資訊標註（Annotation） 247
　　　　技巧六：透過 Figma 切版與輸出 248
　　實作步驟 248
　　　　實作一：設計稿管理技巧練習 248
　　　　實作二：建立 UI Flow 全覽圖 253
　　　　實作三：標註與檢視物件屬性（CSS/iOS/Android Code） 259
　　　　實作四：進行多人共編、溝通、分享 263
　　　　實作五：用 Figma 切版與輸出（Export） 266

Unit 14　Figma Plugin 大集合 271

　　安裝社群外掛的方式 272
　　各類型外掛的介紹 274

元件產生類型外掛	274
圖樣產生類型外掛	285
動態元件產生外掛	291
色彩與影像後製外掛	295
設計稿管理與標註外掛	301
與網頁交互轉換外掛	307
文字輔助外掛	309

Unit 15　Figma 與設計系統 311

介面與設計系統	311
原子設計	312
Figma 社群設計系統範例	315
其他知名設計系統	327

APPENDIX　附錄

Appendix A　Figma 延伸學習指南 332

Figma 社群資源	333
Figma 影音資源	336
UI/UX 設計工具箱	338

PART

01

UI/UX 與 Figma

圖片來源：https://unsplash.com/photos/UF5Kdm764RE

Unit 01 關於 UI、UX 與 Figma 工作流程

單元導覽

「使用者介面」（UI）與「使用者經驗」（UX）兩個詞，常常被拿來互相討論，雖然兩個名詞互相有關聯，但兩者的概念並不完全相同。本章主要針對 UI、UX 與相關工作流程做一個縱整性介紹，並說明 Figma 所應用的設計環節。

UI（使用者介面）簡介

使用者介面（User Interface，UI）是指網站介面或是 App 的視覺設計，例如：頁面排版方式、網站選單設計、按鈕設計、色彩搭配、排版規劃等。好的 UI 設計能夠讓網頁充滿特色，同時也能展現出品牌特色，而本書主要搭配的 Figma 設計工具，也是近期非常多人喜愛的 UI 工具，提供了許多優異的介面編輯功能，讓我們能夠運用於相關的 UI 設計工作中。

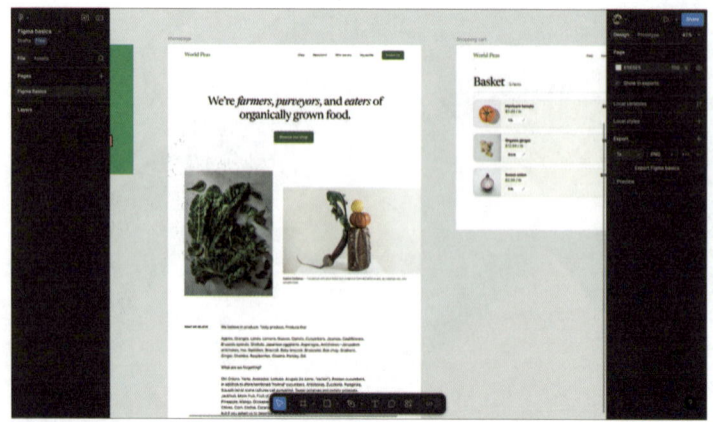

◐ **Figma** 工具提供了完整的介面設計環境，可完成各類 UI 的設計工作

※ 資料來源：https://www.figma.com/

UX（使用者經驗）簡介

再來看使用者經驗（User Experience，UX），也有人簡稱「UE」，通常是指一個介面 / 產品 / 情境所給人的感受。UI 常常與 UX 一起討論，這是為什麼呢？因為 UI 美感因素本身就與使用者體驗環環相扣，但 UX 絕不會只談美學設計，而會談更廣泛及更全面的體驗因子，並且常會與利害關係人思維有相當大的關聯性，同時和心理學、品牌認同、自我個性、使用者本身所處的結構慣性有關。

為了更同理使用者的想法，UX 領域提出不少的方法論工具，而 Figma 的社群上也有不少的 UX 工具（主要是一些資訊視覺化的畫布）可供使用，相關介紹會在單元二與讀者分享。

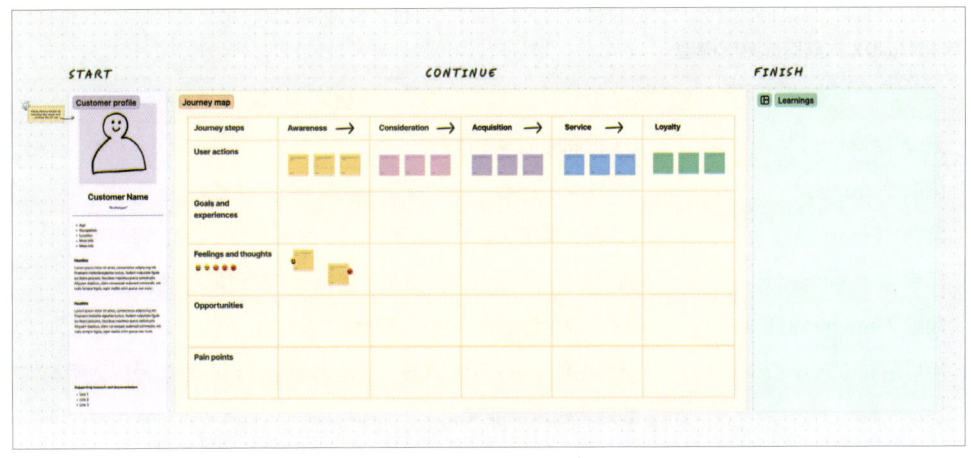

Figma 在社群上提供的 UX 工具 - Customer Journey Map

※ 資料來源：https://www.figma.com/community/file/1028102440297541271

UX 著重於觀察、量測、同理使用者的「真實」行為，如果使用者雖然嘴巴嫌東嫌西，卻還是常常使用該網站，那可能表示該網站或許在某些 UX 體驗的環節上還是成功的。

在 UX 方法論中，常常會透過量化或是質化的視角來討論使用者行為，且有許多不同的切入視角。以知名 UX 推廣團隊 NN/g 所提出的 UX 六階段成熟度框架為例，該框架將組織發展 UX 的成熟程度區分為六個階段，分別為「缺少」（Absent）、「限制」（Limited）、「緊急」（Emergent）、「結構」（Structured）、「集成」（Integrated）、「用戶驅動」（User-driven），可審視所處的專案團隊對於 UX 觀點的重視與發展程度。

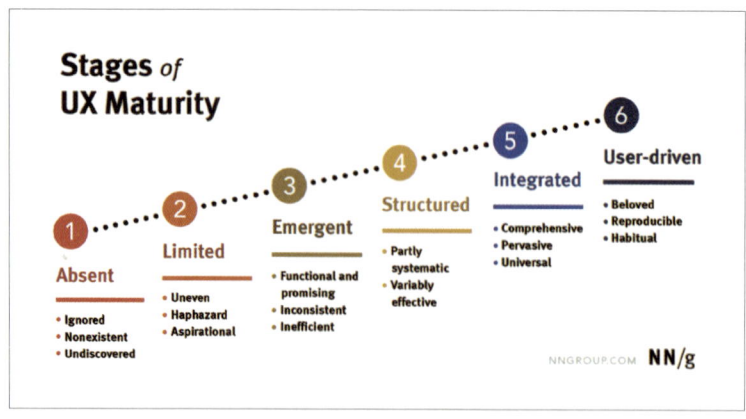

◐ 由 NN/g 彙整的 UX 六階段成熟度模型

※ 資料來源：https://www.nngroup.com/articles/ux-maturity-model/

◐ NN/g-UX 六階段成熟度模型

項目	說明
缺少（Absent）	UX 被忽略或是不存在。
限制（Limited）	UX 任務不常見，或是做得很隨意，缺乏重要性。
緊急（Emergent）	UX 任務著重功能性與願景性的，但做得不一致且效率不佳。
結構（Structured）	擁有部分系統化的 UX 方法，但有效性和效率則視狀況而定。
集成（Integrated）	UX 任務全面導入，且被視為有效的。
用戶驅動（User-driven）	擁有各種程度的 UX 體驗，且能夠帶來深刻洞察以及以使用為中心的卓越設計成果。

※ 資料來源：https://www.nngroup.com/articles/ux-maturity-model/

　　UX 非常著重於使用者親身的體驗，以知名的 UX 雜誌《uxpamagazine》所報導的 UX 成熟度模型為例，其將 UX 切分四個層級，分別為「可用」（Usable）、「好用」（Useful）、「想用」（Desirable）、「愛用」（Delightful），這種切入點是從使用者視角所描述的 UX 指標。

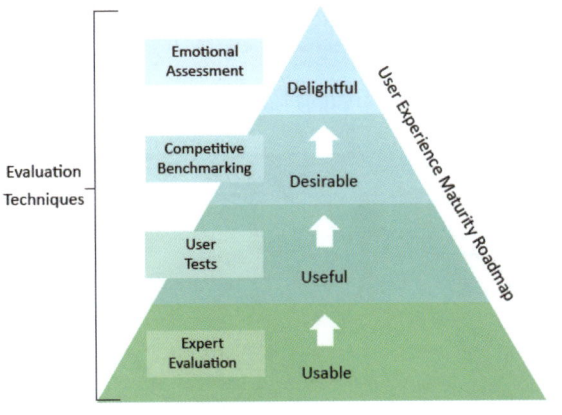

○ UX 成熟度模型，從可用（Usable）到愛用（Delightful）

※ 資料來源：https://uxpamagazine.org/ux-maturity-model/

UI 與 UX

UI 與 UX 有時定義容易混淆，一般來說，UX 著重的是整體使用流程的「體驗」，更側重於使用者想法的主觀感受，而 UI 則著重在具體的功能和視覺編排上。UI 常見的討論範圍，比較偏向技術與美學層面之討論，例如：我們如果說「這個網站的顏色好漂亮」、「這個網站很新潮呢」，那比較像是在談論 UI 的設計，而「覺得很好用」、「好方便啊」則更像是 UX 的描述形容方式，更著重討論使用者的體驗、感受、期待。然而 UX 和 UI 之間，筆者認為比較像是一個關聯關係，兩者相輔相承，因為 UI 也確實會帶給使用者不同的 UX 感受。

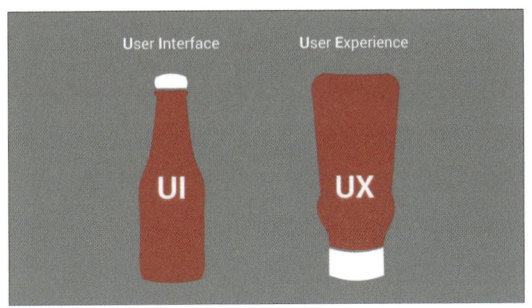

○ 經典的 UI 與 UX 對照圖，右邊不一定符合一般人對於番茄醬瓶的造型（UI）期待，但由於更能夠用到最後一分一毫，其 UX 設計有其獨到之處

※ 資料來源：https://medium.com/@pjbrn26/ux-ui-design-its-all-a-part-of-the-process-b34e3adb8c15

相較於 UI，UX 有時討論的範圍更大，會在意使用者的感受性、易用性等，因此即使掌握了 UI 設計的絕佳概念，仍需要同理使用者對於 UX 體驗上的思維，不然也可能做出符合視覺期待，卻無法確實留住使用者的介面。

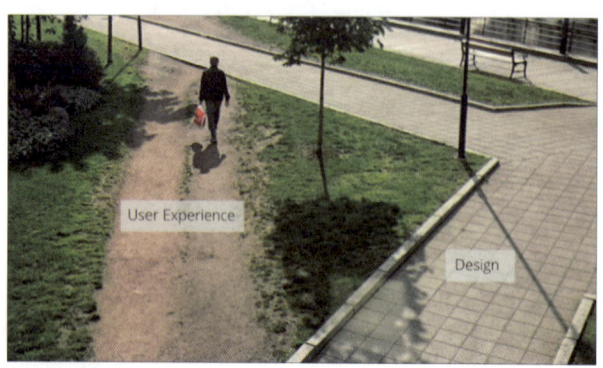

🎧 經典的 **UX** 示意圖，即使幫人們鋪了舒服的道路（**UI Design**），但人們更在意於移動效率的體驗，所以另外走出了一條路徑

※ 資料來源：https://intrasee.com/blog/the-difference-between-ux-and-ui/

本書的內容主要以 UI 為主（並搭配 Figma 實作為核心），但在介面設計工作中，UX 相關技巧也十分重要，像是如何有效進行使用者研究、如何進行量化與質化測試、如何主導團隊創意協作、如何建構利害關係人的網絡等，也是重要的概念，讀者如果對 UX 設計有興趣的話，推薦可延伸閱讀「Interaction Design Foundation」（URL）www.interaction-design.org）與「Nielsen Norman Group」（URL）https://www.nngroup.com）等知名 UX 網站的相關文章。

UI/UX Workflow

這裡要和讀者分享常見的 UI/UX Workflow 設計流程，不同團隊可能會有截然不同的 SOP，本書作者以自身專案的經驗出發，將 UI/UX 設計的 Workflow 工作流程區分為四大階段，分別為「階段一：使用者需求研究」、「階段二：線框稿規格設計（Wireframe）」、「階段三：原型設計與交付（Mockup &Prototype& Handoff）」、「階段四：上線與易用性測試」階段，其中 Figma 通常是使用於階段二與階段三的工具，但有時在階段一也有 Figma 社群元件可供套用。

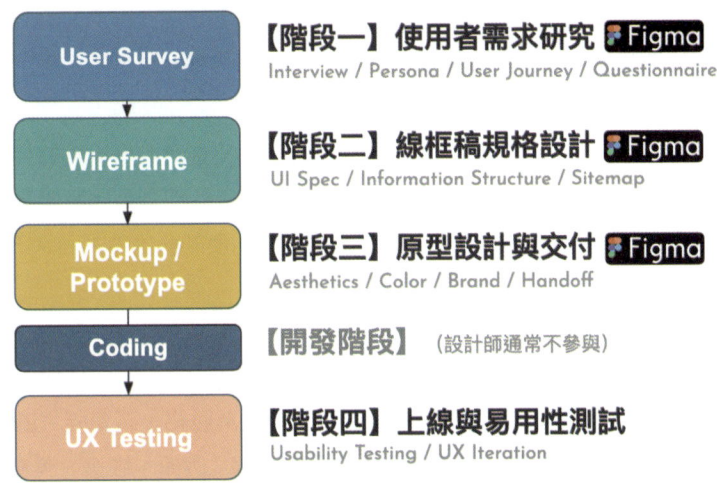

🎧 本書彙整的 UI/UX 工作流程，將其區分為四大流程階段（Figma 常使用於前三階段之場景中）

⬤ 階段一：使用者需求研究（User Survey）

凡是設計相關的工作，「需求研究」都是起始階段非常重要的任務，主要目標是找出使用者對於設計的期待，並逐步釐清真正的「使用者需求」。本階段的重點在於建立與使用者的同理心，有些人對於美感特別重視，而另外有些人則更偏向功能性的需求，這些對於目標使用者的初始同理與認識，都是在第一階段最需釐清的任務。

🎧 使用者需求階段，目標是掌握利害關係人對於設計需求的期待（此階段的活動重點在於更了解使用者的思路）

※ 圖片來源：unsplash

關鍵一：定義核心與關聯使用者

進行使用者研究的第一件事，必須定義出使用者的優先權（誰是核心使用者？誰是關聯使用者？），英文常常用「Stakeholder」（利害關係人）這個詞來做定義，也就是說，我們設計的核心目標，是想要滿足哪些對象族群呢？誰又是其中最重要的族群？舉例來說，如果你想要做的是「音樂網站」，那就需要思考核心使用者是比較側重於「製作音樂的人」，還是「愛聽音樂的一般民眾」，因為這兩種對象族群的需求通常不相同。

關鍵二：親自與使用者見面

在設計的初始階段，最好實際與使用者碰面聊聊來建立強烈的同理心（真的無法的話，也儘可能透過視訊或電話的方式），這對於掌握設計脈絡，將有強大的幫助。如果設計專案的主軸是一般使用者平常就很容易觸及的內容（例如：旅遊、美食等），則找尋一般使用者就能得到許多有效意見，而如果設計主題需要專業知識（例如：醫學、財經、高齡等），則建議與該領域核心使用者接觸，來取得更明確的需求。

> **TIPS!** 使用者需求研究依據完整度也可區分為「純粹 User Survey」或是「User Research」。如果是 Research，通常涉及到較深度的思維與討論，會需要更多的時間資源，並搭配更多的方法論，來對使用者思維進行深度剖析。

⬤ 階段二：線框稿規格設計（Wireframe）

UI/UX 介面設計模擬可區分成不同的層級，根據完整程度低到高，通常會區分為「Wireframe」、「Mockup」、「Prototype」等三大類型，而也有人將其用「低保真」（Low-Fi）與「高保真」（High-Fi）進行區分。其中，Wireframe 作為最基礎的層級，指的是線框稿規格設計，此階段通常是由 PM 或是設計師來進行最前期的頁面架構規劃，目的在於建立團隊對於設計規格的共識。

關鍵一：低保真（Low-Fi）

低保真是指相對簡易的雛形設計，透過 Wireframe 僅陳列出頁面最重要的元素，並作為規格溝通工具，來確保設計前期的架構性質之溝通（而非馬上進入很主觀的美學風格討論）。雖然 Wireframe 介面在視覺上較簡略，但製作 Wireframe 的成本，可能只有製作網站原型（Prototype）的 1/10 不到，或是實際程式開發的 1/100 成本不到，能有效幫助團隊快速進行設計規格迭代與收斂。

一個基本的 Wireframe 通常會長得怎樣？Wireframe 雖然不會明確定義網站的美學視覺（通常都是黑白的），但卻能清楚表達頁面應該顯示的資訊架構，包括區塊的規劃、顯示的文字、清單內容等，這已足以作為初步共識建構的工具。

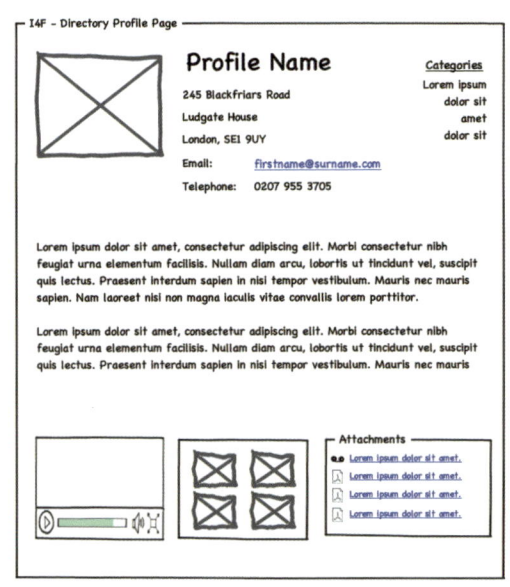

🎧 用 Wireframe 呈現網站介面框架之雛形

※ 資料來源：http://en.wikipedia.org/wiki/Website_wireframe

關鍵二：低成本、易修正

Wireframe 務必保持其「低成本、易修正」的特性，避免過度精緻化，避免導致設計者想說已經花費了這麼大的心力把視覺作品做出來了，即使發現了問題，也可能限制於預算或時間，而不想改動設計，所以務必確認 Wireframe 能夠用低成本進行製作與修正，以確保團隊發現問題時，依然非常願意進行修改。

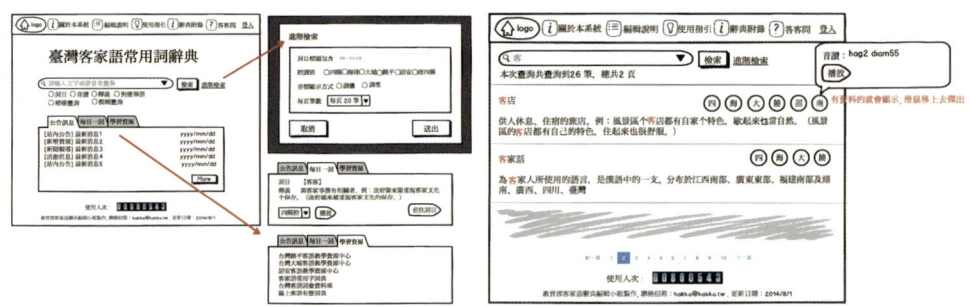

🎧 Wireframe 能夠在進入開發階段前就修正調整介面，對於團隊初步建立規格共識時相當有幫助

關鍵三：作為利害關係人的絕佳溝通工具

許多人以為介面設計最大重點在於美學、排版、色彩等，但卻忽略了「文案、功能、架構」共識的重要性，而這些正是 Wireframe 能作為絕佳溝通工具的原因。由於 Wireframe 僅使用簡易的線條描述介面框架，不需閱讀的技術門檻，可直接作為與相關利害關係人的溝通素材；即使只是低保真的 Wireframe 框線，使用者已經足以提出許多關鍵洞見，例如：

- **文案偏好**：我不喜歡選單的名稱，可否改成較為易懂的文字？
- **功能偏好**：我不喜歡你們這個功能，根本不需要，很占空間。
- **圖片偏好**：這頁只有文字太艱澀了，建議加一些圖片比較清楚。
- **架構偏好**：我比較喜歡網站選單在上方，側邊欄很不習慣。

透過以上的例子，我們可以發現使用 Wireframe 與使用者展開初步溝通，已經足以釐清設計的盲點，且這時設計團隊還沒有花費時間建構美學，也還沒有開始寫程式，卻已經能大幅避免潛在溝通成本。

關鍵四：預先建構資訊架構

除了 Wireframe 頁面，也可將 Wireframe 製作成介面流程總覽（Wireframe UI Flow），串起不同介面之間轉換的方式，我們可以用箭頭連結至下個介面，並拉出返回的線條，可在同個畫面中展示出整體設計的大框架，這同樣對資訊架構的溝通非常有幫助，可讓團隊成員再一次審視自己規劃出的系統整體合理性。

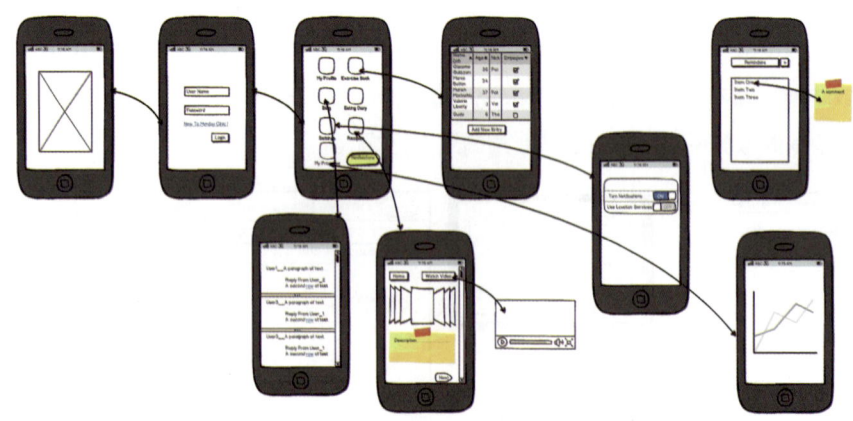

建立 **Wireframe UI Flow** 介面流程總覽，可以在初期就進行資訊架構溝通

※ 資料來源：https://i1206241.blogspot.com/2013/01/design-and-prototyping-medium-fidelity.html

階段三：原型設計與交付（Mockup & Prototype & Handoff）

完成 Wireframe 的共識建立後，通常團隊對於使用者目標族群的需求與情境已經有一定的掌握。接下來，進入到「原型設計」階段（有人也稱為「雛形設計」），將 Wireframe 進一步建構為更具象化的介面樣式，加入色彩、互動、排版、元件的設計等。如果跳過前一階段的 Wireframe，而直接進入本階段是有風險的，因為 Mockup 階段的設計風格常陷入主觀偏好的陷阱，設計的成本更高，若在此階段投入較多的時間，可能會因規格共識不足，而導致修改成本過高，影響團隊士氣。

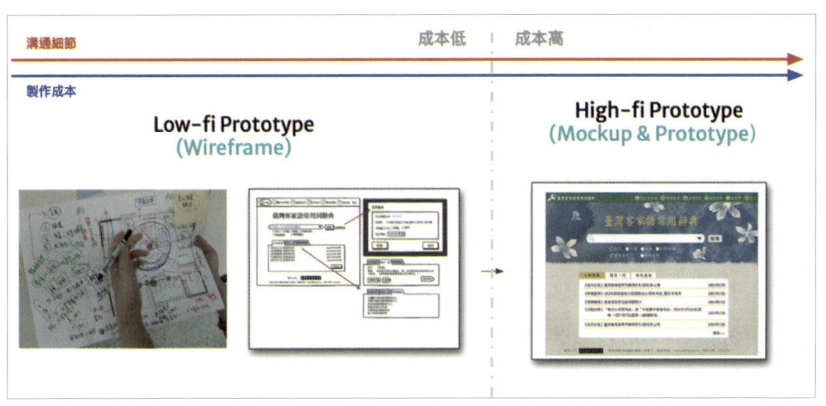

◐ Low-Fi 與 High-Fi 的製作成本與溝通細節程度皆不同

關鍵一：用 Mockup（視覺稿）溝通設計風格

Mockup 指的是更精細的 UI 模擬畫面，介於網站線框稿（Wireframe）及動態原型（Prototype）之間，主要透過 Figma、Photoshop、Illustrator 等工具，將無色的線框圖搭配顏色，製作為擬真性較高的視覺介面，其包含色彩配置、圖片選用、細節排版、及各種點綴元素的視覺表現。

製作精細的 Mockup UI 需要專業的美術能力，相對於 Wireframe 來說，這需具備更多的設計技巧，Mockup 階段須由設計專業者來親手進行，以建立對於設計風格的掌握與溝通。

◐ Mockup 將包括許多視覺風格溝通任務，常會遇到許多主觀設計偏好的挑戰

關鍵二：巧用既有視覺風格，啟動 Mockup 階段的溝通

　　許多設計師或是 PM 對於建立設計風格共識十分苦手，因為需要整合眾多利害關係人的意見而相對耗時，此狀況對於風格明確的設計團隊不成問題，因為大家是基於設計風格的共識而啟動專案，然而多數的客製化介面設計專案，風格依賴於團隊與業主之間的共同偏好，有時運氣好能一拍即合，但多數情況則需投入大量的溝通成本。

　　這裡想和讀者分享一個風格溝通的技巧，很適合用於 Mockup 階段，其概念非常簡單，與其直接展開設計工作，可考慮先用「既有的設計風格」來進行溝通，並從過程中收斂對方（例如：業主）喜愛的設計風格，嘗試用一些形容詞進行風格的定義（例如：日系風格、專業感、現代感、卡通風格、極簡風格等）。根據筆者過往的經驗，這種方式可有效且快速推進利害關係人對於設計的共識，並大幅減少 Mockup 動手設計的成本。

◐ 從既有網站提取感受的「關鍵字」來啟動風格溝通，是 Mockup 階段可用的一種低成本高效策略

關鍵三：用 Prototype 製作高擬真原型視覺

那 Mockup 與 Prototype 的差別在哪裡呢？通常來說，Prototype 又更接近原型（指更接近於最終提供給使用者的介面體驗），由於 Mockup 階段已經將設計風格定調，通常我們會在 Prototype 階段中，將其製作為動態精緻視覺稿，而建立動態高擬真原型，正是 Figma 的強項。

本書後續將帶領讀者實作的 Figma 工具，提供了強大的動態模擬功能，能夠讓設計者做出非常接近真實體驗的介面原型，包括：頁面轉場、點擊效果、物件位移等，都可動態呈現細節。在程式開發之前，可讓團隊進行最終確認，雖然動態介面在製作上較花費時間，但相較於程式開發，還是能省下可觀的調整成本。

關鍵四：有效的設計交付

在原型設計完成後，最終任務是將相關的設計稿交付給工程師，這項任務常會因團隊熟悉的流程習慣不同而有差異。過往如果是透過 Photoshop 等工具製作介面，設計者需要自行定義切版的樣式與範圍，並輸出各種去背圖檔，但近年出現許多新興的輔助交付工具與流程，本書主要搭配 Figma 介紹相關設計交付的技巧，由於 Figma 能夠直接透過瀏覽器操作，等於可以讓工程師自行進入編輯稿環境，檢視對應的排版程式碼，相關技巧會於後續內容中介紹。

◯ 階段四：上線與易用性測試（UX Testing）

在介面開發與上線階段，常忽略了設計師的參與，然而此階段中設計師是確保 UX 體驗的重要角色，確保不會因程式碼的限制或開發流程中的變動，而導致使用者體驗分數的下降。

關鍵一：設計師的持續參與

當前階段的設計稿完成後，設計者的工作就結束了嗎？千萬別忽略讓設計師持續參與的重要性。從設計稿轉換為程式碼的階段，就算我們在前面階段已經建立了對於設計的完整共識，但是程式碼運作的模式和 Figma、Photoshop 之類工具不同，程式碼常常是透過邏輯（例如：網頁是用 CSS+JavaScript 語法）來建立介面，跟設計軟體的向量規則與像素組成不同，因此介面製作的結果可能會與設計師的預想有差異。在專案的後期階段，若是能夠讓設計師持續參與相關溝通會議，更能夠確保設計品質的穩定性。

關鍵二：持續參考使用者意見

當進入程式開發、甚至是上線階段，若設計者判斷有需要修改介面的時候，有一個很大的重點就是「讓使用者說話，而不是你自己說了算」。除非有強而有力的證據證明，不然團隊成員更容易採取過去習慣的作法，而非友善體驗的作法。在 UI/UX 流程當中，因為許多的設計是上線之後才有辦法得知最佳方案，可收集上線後的使用者行為，來進行動態的介面調整。

好的設計者能夠引導出真實使用者的反饋，並作為團隊改善設計的引導（也可避免無謂的主觀爭論）

關鍵三：透過 UX 評價指標持續優化

服務上線後，並不代表 UX 任務就結束了，因為系統上線了，代表可以用 UX 評價指標，根據真實與使用者互動情境來討論設計的優劣。

UX 評價指標當中，「User Experience Honeycomb」是一套有名且易懂的框架，其是指「有用的」（Useful）、「可用性」（Usable）、「價值性」（Valuable）、「可尋找性」（Findable）、「渴望性」（Desirable）、「無障礙」（Accessible）、「有聲譽的」（Credible）等七大指標，概念易於傳達與溝通，也可作為團隊介面設計後期的優化指標。

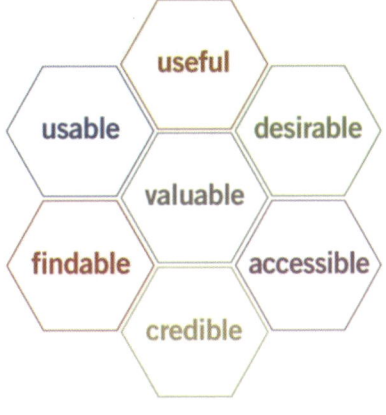

User Experience Honeycomb

※ 資料來源：http://semanticstudios.com/user_experience_design/

此外，如果網站已經上線，可透過分析相關流量數字來輔助進行優化。當我們知道使用者通常喜歡停留在哪些網頁，或是常常點選哪些按鈕，就可以更進一步探討相關原因，並針對這些原因進行局部優化。

Unit 02 UI/UX 好用工具與方法介紹

> 單元導覽

本單元彙整了 UI/UX 設計相關的工具，並按照前一個單元的設計階段進行編排，其中 Figma 屬於線框稿與原型設計階段所使用的工具，但因 Figma 社群的資源豐富，也提供不少在其他設計階段可用的工具。

本單元所介紹的 UI/UX 工具，定義並非限制於美學編排的用途，也同時列出 UI/UX 不同階段流程有輔助用途之工具。此外，在 UI/UX 設計階段所談的工具，不一定是指軟體工具，許多工具比較偏向方法論，用工具（Kit）稱呼的目的在於將該方法論具象化，如果讀者對於更多的設計方法論工具介紹有興趣，可參考「IDEO-DESIGN KIT」網站（URL https://www.designkit.org/methods）。

🎧 IDEO 團隊建置的 DesignKIT 網站，整理了很豐富的設計方法論

※ 資料來源：https://www.designkit.org/

🔹 本單元彙整 UI/UX 不同階段所使用工具與方法

項目	核心用途
階段一：使用者需求研究	
人物誌（Persona）	描述目標使用者特性之工具。

項目	核心用途
顧客旅程（Customer Journey）	描述使用者操作脈絡。
同理心地圖（Empathy Map）	繪製使用者思考視角的工具。
關係人地圖（Stakeholder Map）	繪製設計關聯的對象。
親合圖分類法（Affinity Diagram）	進行創新點子或是需求的分類用途方法。
Figjam 雲端白板工具	Figma 公司推出的線上討論環境，可直接與 Figma 軟體整合，也很適合作為團隊前期討論與記錄工具。
階段二&三：線框稿設計與原型設計工具	
Figma	本書主要介紹的介面設計工具。
Balsamiq	繪製簡易 Wireframe 的輕量、好學工具。
Adobe XD	Adobe 公司推出的繪圖工具。
Sketch	較早期推出的設計工具，僅支援 Mac 作業系統。
Axure RP	側重於系統整合設計的功能，適合快速進行網站企劃或資訊架構設計。
Adobe Photoshop/Illustrator	經典設計工具，可分別繪製點陣與向量的設計成果。
Bootstrap Studio	可以直接線上拖拉建置 Bootstrap 風格介面的雲端工具。
階段四：上線與易用性測試	
A/B Test 方法	切分不同介面版本，透過數據驗證設計成效的方法。
放聲思考方法	引導測試者講出內心所想的方法。
任務指派方法	設計操作路徑，可驗證使用者在哪些環節卡關的方法。
影片側錄方法	側重於記錄使用者表情變化的方法。

◯ 階段一：使用者需求研究階段

這裡將和讀者介紹使用者需求研究階段的好用輔助工具，包括：人物誌、顧客旅程、關係人地圖、親合圖分類法、Figjam 等，目的在於將使用者需求視覺化，作為團隊設計的核心起點。

部分工具有提供 Figma 工具網址，為線上社群所分享的，筆者將其整理於本書，讀者可前往瀏覽或是複製使用（實作單元將教學如何善用社群資源）。

人物誌（Persona）

> Figma 工具網址 https://www.figma.com/community/file/881830156311997001

當我們想要描述產品使用族群特性時，有沒有適合的工具能夠幫助我們呢？人物誌（Persona）就是其中相當知名的工具，下圖是一個 Persona 的基本樣貌，一般來說，Persona 會擺放使用者真實照片作為主視覺，並在同個畫布上加入重要的角色特性，例如：年齡、性別、職業、個性、價值觀、IT 熟悉度等，但也可以彈性修改其格式。

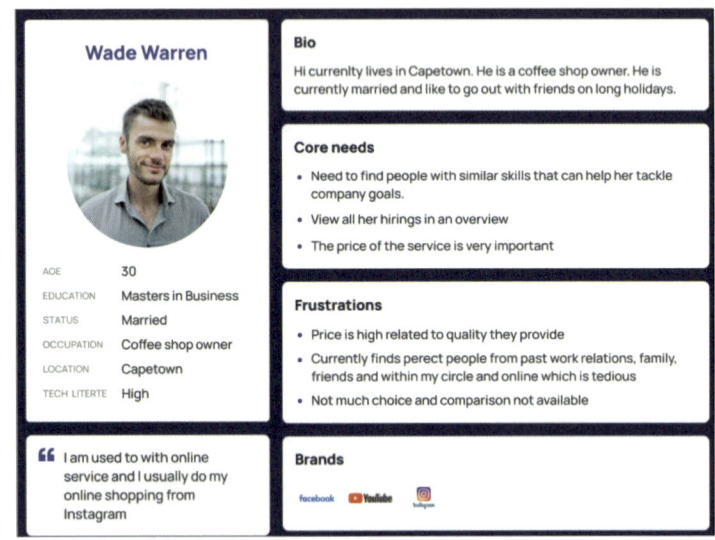

🎧 在 Figma 社群上可找到不少 Persona 的樣板來節省自己製作的時間

※ 資料來源：https://www.figma.com/community/file/881830156311997001

Persona 工具的最大威力在於它很簡單與輕巧，團隊可換位思考為使用者的視角，並建立一個更清晰的圖像來告訴專案成員們，我們應該考量的是 Persona 的期待，而非專案成員自己的期待。有了一個接近真實的人物作為中心指標，團隊更能夠聚焦於特定族群，而更容易凝聚設計共識，從主觀的個人意識轉換進入目標使用者的客觀角色。

人物誌會先從資料收集、測試調查著手，像是收集潛在用戶相關背景、測試用戶遇到問題時的反應，從這些獲得的資料來建立目標使用者族群的代表人物或代理人。Figma 的社群上提供不少的 Persona 樣板，讀者可於 Community 當中搜尋看看。

顧客旅程（Customer Journey）

Figma 工具網址　https://www.figma.com/community/file/891225702324436074

　　顧客旅程是一個梳理使用者行為脈絡的經典工具，透過易懂的線性流動圖表，描述使用者進行某項任務的前後旅程，以及過程中相關的接觸事物（也可稱為「接觸點」）。顧客旅程的格式並不一定是完全固定的，讀者可根據你的團隊工作流程來進行彈性修改，推薦讀者可直接在 Figma Community 中找尋看看「User Journey」或是「Customer Journey」等關鍵字，可以找到不少的 Template 來進行套用。

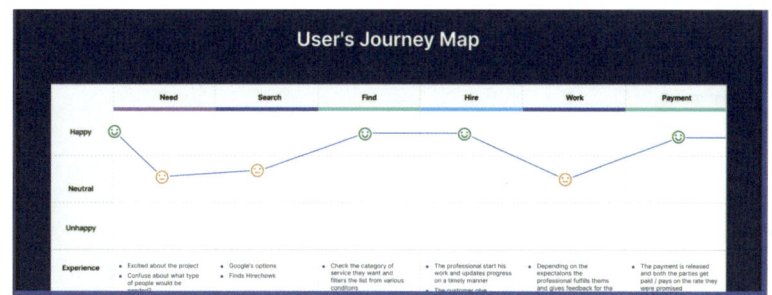

🎧 網友分享至 Figma 社群的 Figma Customer Journey 工具

※ 資料來源：https://www.figma.com/community/file/891225702324436074

　　顧客旅程被應用於許多 UX 專案中，常見的用法是將顧客的思考流程切分為五大階段，分別是「注意」（Awareness）、「考慮」（Consideration）、「決定」（Decision）、「保留」（Retention）、「倡議與分享」（Advocacy）。

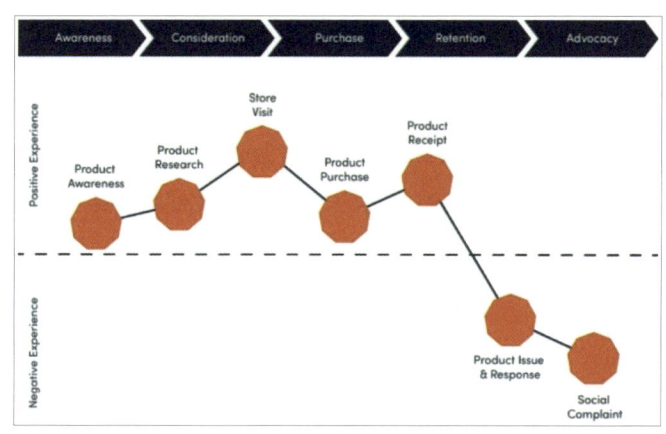

🎧 顧客旅程圖範例

※ 資料來源：https://www.simplity.ai/blog/customer-journey-maps-and-how-to-create-one/

顧客旅程在意的是使用者每個階段的感受，通常會在圖的中間切分一條線，往上走代表朝向正面經驗，往下走則是負面經驗，此圖表很適合描繪出使用者的行為順序，以及每個階段的體驗滿意度。

顧客旅程常見於介面設計的專案情境，許多人將其運用在網站或 App UI 流程中的討論用途，因為使用者接觸介面的過程非常符合顧客旅程的線性概念，從使用者註冊、瀏覽、購物車、結帳等，顧客旅程工具可幫助我們檢視使用者所接觸的相關介面，並視覺化每個階段的體驗，以作為優化的討論工具。

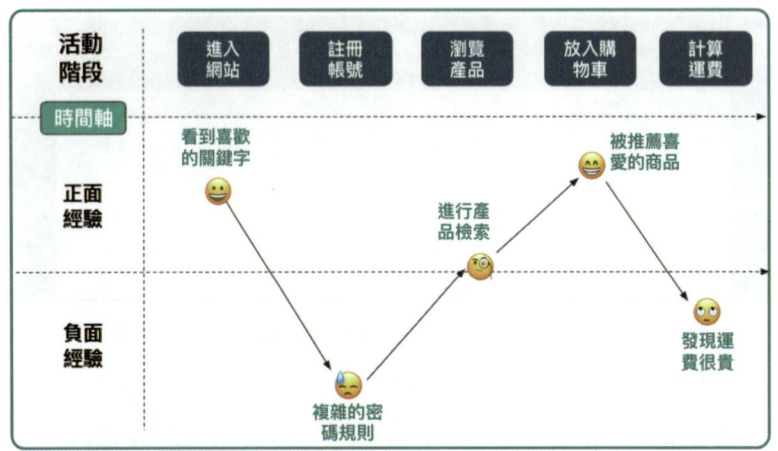

🎧 可透過顧客旅程工具，將使用者接觸的 UI 階段流程化，並將其體驗視覺化

同理心地圖（Empathy Map）

Figma 工具網址　https://www.figma.com/community/file/880144659474768356

同理心地圖是轉換使用者視角的重要工具，重點在於嘗試同理使用者在互動過程中的思路，通常會區分為「聽到」、「看到」、「說或做」、「想」、「有什麼痛苦」、「想獲得什麼」等六大問項，從不同的視角切入，嘗試建構出使用者對於某項服務或是體驗的期待與需求。

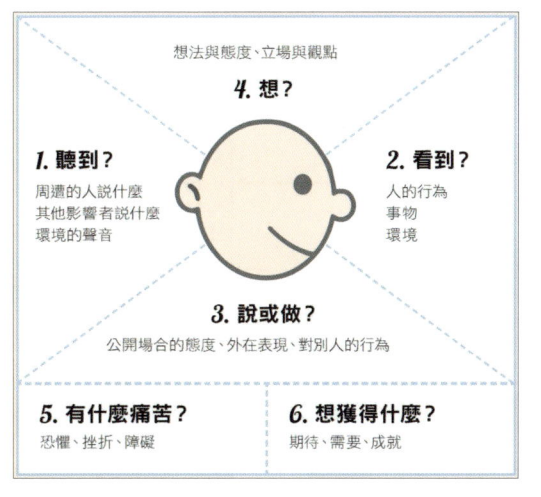

🎧 同理心地圖的目的在於對使用者思路提出幾個關鍵提問

※ 資料來源：https://www.managertoday.com.tw/articles/view/51658

同理心地圖同樣有許多的變化型版本，讀者可以自行製作看看，並調整成適合自己的格式。Figma 社群上也有許多熱心網友製作了同理心地圖工具樣板，讀者可嘗試搜尋。

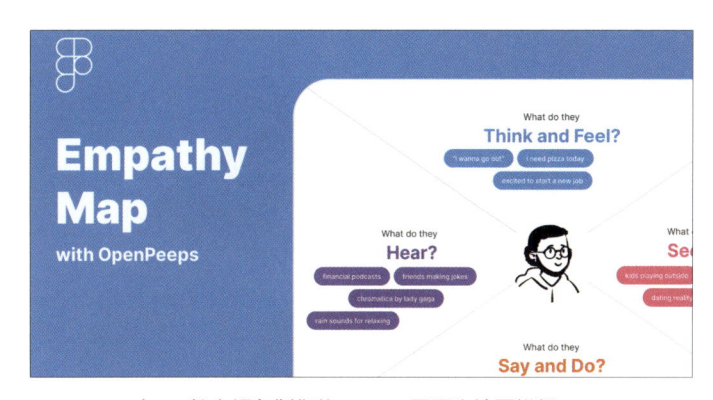

🎧 熱心網友製作的 Figma 同理心地圖樣板

※ 資料來源：https://www.figma.com/community/file/880144659474768356

關係人地圖（Stakeholder Map）

工具網址（非 Figma） https://moqups.com/templates/business-strategy/stakeholder-mapping/

在動手進行設計工作之前，除了服務對象本身之外，可以先繪製出一張關係人地圖（Stakeholder Map），來釐清設計對象的相關利害關係人角色。關係人地圖並無固定樣式，主要目標是將設計主題的鄰近關係梳理清楚，常見格式會區分為「內部關係人」

（Internal Stakeholders）、「直接 / 連結關係人」（Connected Stakeholders）、「外部 / 間接關係人」（External Stakeholders），將其進行視覺化呈現來表達互動關係。

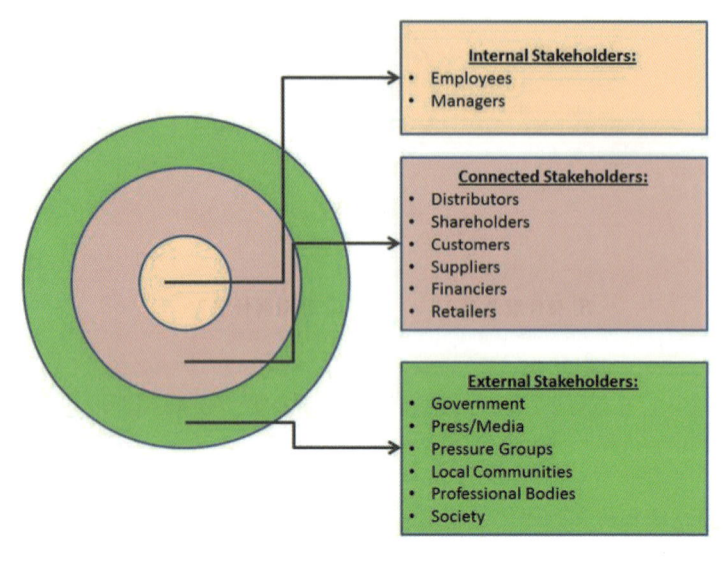

△ 關係人地圖工具範例，區分為內部關係人、直接 / 連結關係人、外部 / 間接關係人

※ 資料來源：https://www.quora.com/What-is-the-purpose-of-a-stakeholder-map

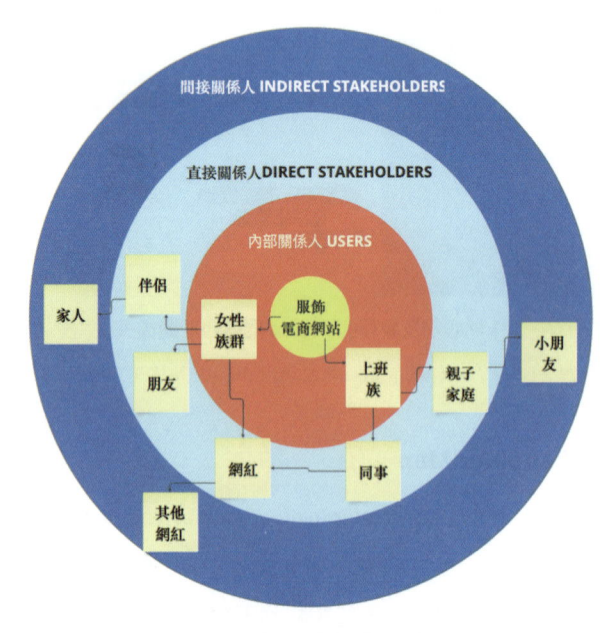

△ 關係人地圖範例（以服飾網站為例），透過單張圖繪製相關利害關係人及其關聯關係（本圖製作工具是 moqups）

🔗 **Figma 社群上也有許多網友上傳各種不同格式的 Stakeholder Map Template**

※ 資料來源：https://www.figma.com/community/search?resource_type=mixed&sort_by=relevancy&query=Stakeholder+Map+Template&editor_type=all&price=all&creators=all

親合圖分類法（Affinity Diagram）

Figma 工具網址（此為 Figjam 環境，與 Figma 共通）　https://www.figma.com/community/file/1028020937301708374/Affinity-diagram

親合圖分類法也可稱為「KJ 法」，是 UX 任務常用工具，主要用法是幫助我們進行歸類。通常初期企劃網站或系統時，除了會收到來自許多使用者的參考意見之外，團隊也會發想出很多點子，親合圖分類法能夠帶領我們將產出的資訊妥善進行分類，更有利於閱覽、記憶、規劃、分工等，幫助我們從複雜的現象中提取出系統性的思路。

🔗 **親合圖的重點在於將發散的資訊進行分類，也可透過點點貼定義出團隊共事的優先權**

親合圖有各種實作的方法，最常見的是透過「便利貼」的方式進行，由於便利貼易於彈性使用，我們可以透過便利貼將想法快速進行迭代與分類，而親合圖可在此時扮演分

02　UI/UX 好用工具與方法介紹　　023

類的角色，實作上常見會區分為兩種便利貼，一種負責記錄點子（黃色便利貼），另一種則負責分類（通常使用顏色較深的便利貼）。親合圖的優點在於易於透過視覺引導溝通，並有效賦予每個討論者發表意見的權利。

◉ Figma 社群提供的親合圖樣板

※ 資料來源：https://www.figma.com/community/file/1028020937301708374/Affinity-diagram

Figjam 雲端白板工具

`工具網址` https://www.figma.com/figjam/

Figjam 是與 Figma 相同團隊推出的雲端白板工具，多人協同功能非常強大（筆者曾參與 50 人以上的線上討論，運作起來很順暢）。Figjam 提供便利貼、手寫、貼圖等功能，具有類似線上協同白板的操作體驗，最強大的地方是 Figjam 可以和 Figma 之間直接交換剪貼內容，非常適合作為專案前期的討論工具。

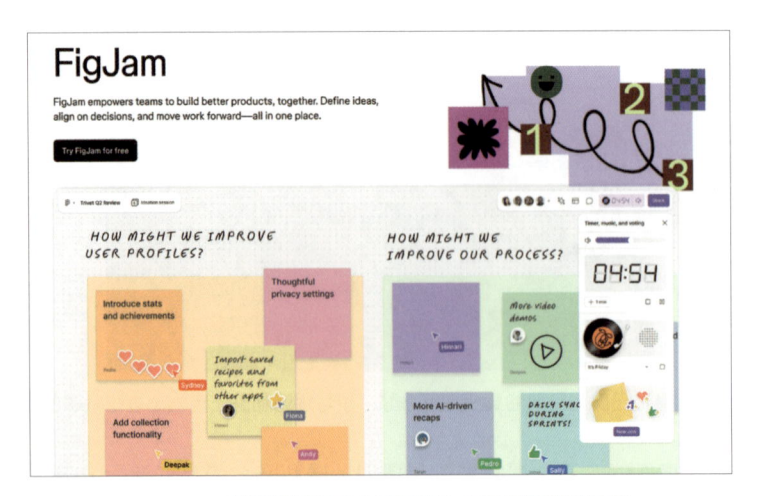

◉ Figjam 是超好用的多人協同線上白板與便利貼工具

※ 資料來源：https://www.figma.com/figjam/

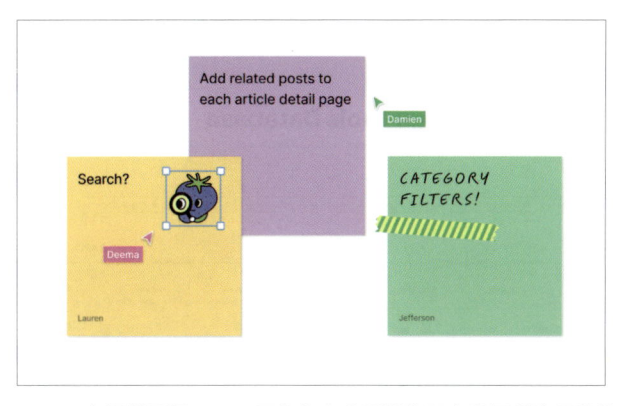

🎧 Figjam 也提供平板 App，可作為多人雲端筆記本與便利貼環境使用

※ 資料來源：https://www.figma.com/figjam/

⬤ 階段二&三：線框稿（Wireframe）與原型設計（Mockup & Prototype）工具

本階段整理了以製圖為主體的工具，而 Figma 也屬於此階段的核心工具。介面設計工具存在已久，網頁已經出現好幾十年了，早期許多人是透過像是 Photoshop 或 Illustrator 等工具進行設計工作，後來像 Adobe XD 與 Sketch 皆有不少的擁護者，筆者系統性整理這些工具的一些基礎介紹。

Figma

工具網址 https://www.figma.com/

Figma 是本書主要採用的工具，在 UI/UX 工具之中，Figma 屬於較後起的黑馬，迅速成長為市場的領先軟體，既能處理 Wireframe（線框稿），也可設計出高保真的 Mockup 與 Prototype 介面。如果讀者對於 Figma 與一些類似軟體的功能有興趣的話，推薦可以前往 uxtools 的細部功能比較表來進行查看（URL https://uxtools.co/tools/design）。

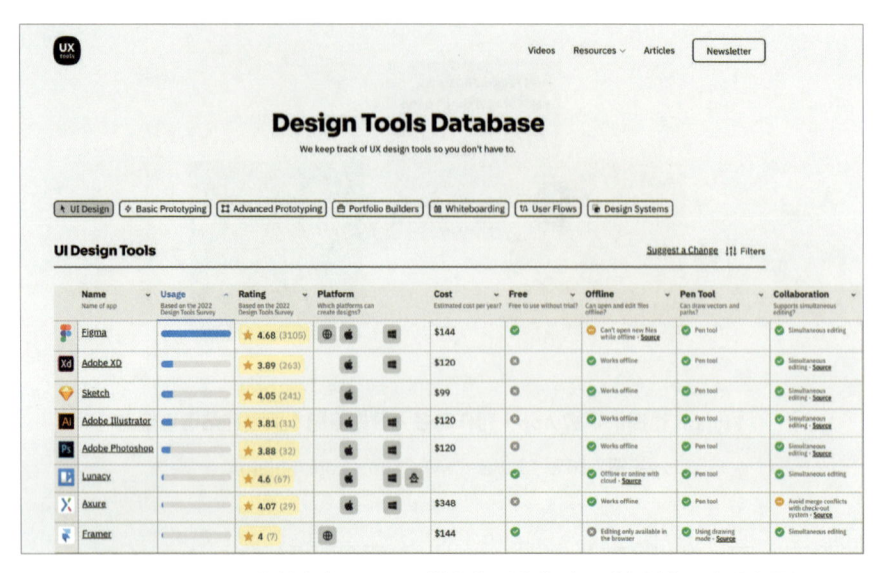

⊙ UI Design Tools 比較表中，Figma 排名名列前茅（可到資料來源查看大圖）

※ 資料來源：https://uxtools.co/tools/design

Balsamiq

工具網址 http://balsamiq.com/

　　Balsamiq 是一套特別適合製作線框稿的工具，提供了不少好用 Wireframe 元件，例如：按鈕、頭像、圖示、分頁、瀏覽器、進度表等，雖然不適合進行著色等設計任務，但反而可以讓人們專心思考網頁上面應該放的元素。Balsamiq 不著墨在精緻設計，也因此更容易上手，可與成熟的設計軟體做出區隔（例如：Figma），適合作為入門者的 Wireframe 工具。

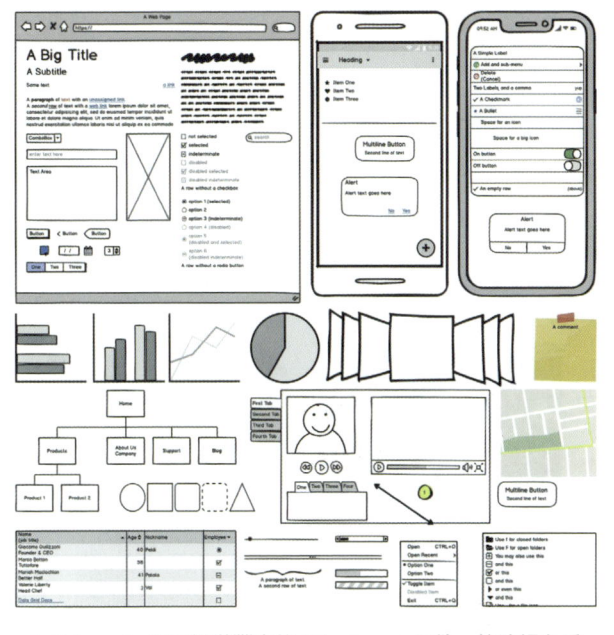

◑ Balsamiq 工具提供豐富的 Wireframe 元件，快速好上手

※ 資料來源：http://balsamiq.com/products/mockups/

Adobe XD

工具網址 https://www.adobe.com/tw/products/xd.html

　　在本書改版時，Adobe 公告 Adobe XD 已進入維護模式，後續將不會再開發或發布新功能，但 Adobe XD 確實是許多設計師愛用的設計軟體，同時提供 Mac 與 Windows 的版本，功能和 Figma 有許多類似之處，也能做出低保真與高保真的各種雛形設計，且與 Adobe 系列工具方便整合。Adobe XD 提供了離線操作的軟體功能，但不支援瀏覽器操作。

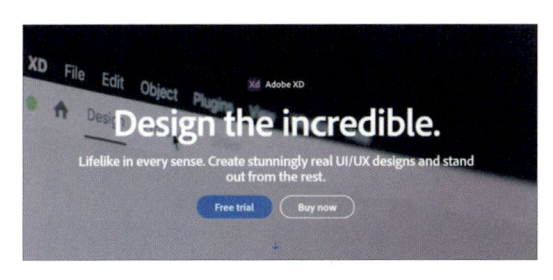

◑ Adobe XD 延續了傳統大廠的強大設計環境，也是許多人喜愛的介面工具

※ 資料來源：https://medium.com/ebaqdesign/best-ways-to-get-adobe-xd-for-free-3d5b5b76682c

Sketch

工具網址 https://www.sketch.com/

　　Sketch 早期受到許多人的喜愛，市占率也有亮眼的表現，後來推出多人協作與動態雛形的功能，不過其逐漸被 Figma 迎頭趕上，目前僅支援 Mac 作業系統，也無免費使用的版本，但提供 30 天免費試用期間，讀者不妨可以嘗試體驗看看。

● **Sketch 是早期許多設計師愛用的 UI 設計工具**

※ 資料來源：https://www.sketch.com/

Axure RP

工具網址 https://www.axure.com/

　　Axure RP 是發展多年的介面設計工具，有許多的愛用者。Axure RP 可直接輸出為 HTML 網頁，並且方便串接頁面流程、邏輯閘設計等，有些人認為它更接近於開發情境，是許多軟體 PM 人員喜愛的工具。

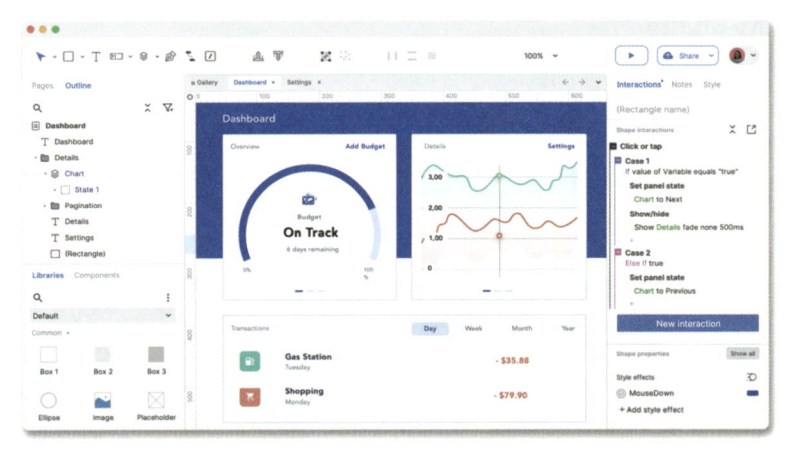

◐ **Axure RP 介面設計工具畫面**

※ 資料來源：https://www.axure.com/

Adobe Photoshop/Illustrator

工具網址　https://www.adobe.com/tw/products/photoshop.html
　　　　　https://www.adobe.com/tw/products/illustrator.html

　　Adobe Photoshop/Illustrator 是祖宗級的設計工具，仍持續被專業工作者使用，其提供豐富且彈性的製圖功能，適合進行視覺加工任務，也適合製作網站雛形。Photoshop 為「點陣圖式」的繪圖工具，而 Illustrator 則是「向量式」繪圖工具，特性在於可無限放大且不會失真。Illustrator 可支援常見的「SVG」視覺化格式編修，也可將圖片轉存到 Figma 的環境。

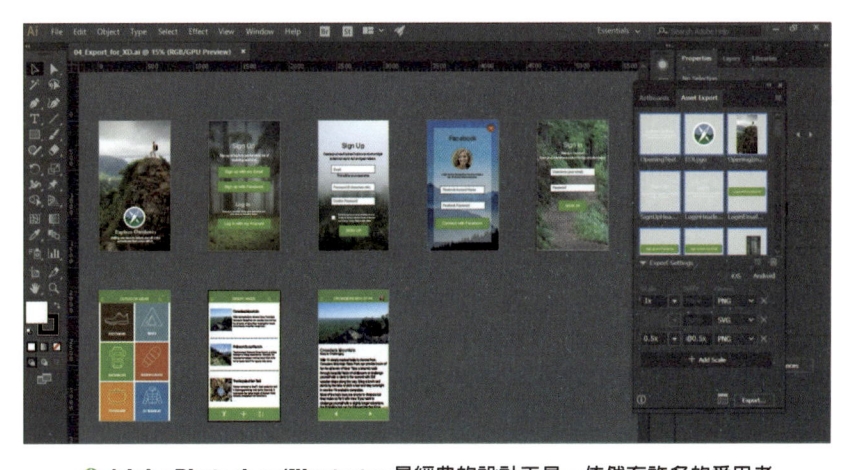

◐ **Adobe Photoshop/Illustrator** 是經典的設計工具，依然有許多的愛用者

02　UI/UX 好用工具與方法介紹　　029

Bootstrap Studio

工具網址 https://bootstrapstudio.io/

　　Bootstrap 是一套知名前端程式開發套件，許多網頁介面都是根基於 Bootstrap 架構所建立。Bootstrap 本身就有定義出許多基本的 UI 介面元件，不需自行設計，這套 Bootstrap Studio 可直接在線上環境編修頁面樣式，並直接輸出程式碼，相當方便。

🎧 透過 Bootstrap Studio 可在線上建立 Bootstrap 風格的介面

※ 資料來源：https://bootstrapstudio.io/

● 階段四：上線與易用性測試（UX Testing）

　　本階段將和讀者分享一些 UI/UX 專案工作中，可作為 UX 測試與優化的工具，然而此階段的工具並非軟體，而主要是一些測試與記錄的樣板（template）或方法論，讀者可搭配自己常用的文書記錄工具使用，例如：Word、Excel、Google Doc、PowerPoint、Google Slide 等。

A/B Test 方法

　　介面設計出來後，常常需要面對主觀性問題，在系統上線之前，我們常只能透過「觀察」的方式，來了解使用者是不是有在某些任務上遇到挫折，但當系統上線之後，則可以透過 A/B Test 的理性測試工具來進行測試。

　　A/B Test 標準的操作方式是將網站切分成幾個版本（通常是兩個版本），並平均分配網站流量，一組為基準組，另一組則是比較組，上線測試一段時間後，再來看哪種版本的訪客停留時間較長，或是透過點擊率、營收、流程等差異，來比較各個介面改版所帶來的影響，讓數字說話，以找出不同版本中哪一個比較受到使用者的青睞。

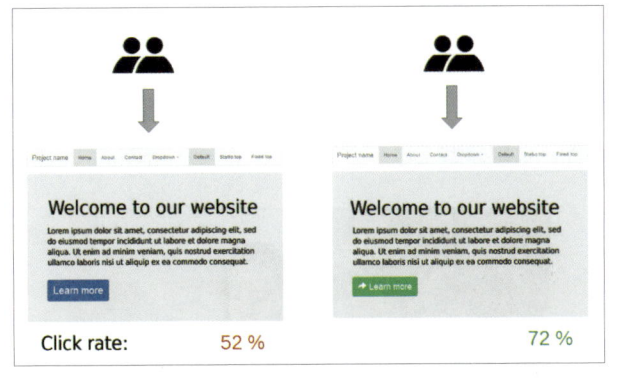

🎧 A/B Test 範例，網頁訪客會收到隨機分配的頁面設計，透過此方式可量測不同設計導致的結果差異

※ 資料來源：https://zh.wikipedia.org/wiki/A/B 測試

以下幾個例子是 A/B Test 常測試排版與設計的項目：

- Logo 的大小與位置。
- 網頁的色彩主題。
- 是否使用側邊欄（Sidebar）。
- 網頁排版。
- 是否提供延伸產品推薦資訊？
- 輸入欄位的長度。

A/B Test 也很適合作為網頁文字的比較，例如：

- 頁面標題的大小與位置。
- 「購物滿 $500 免運」和「運費：當購物滿 $500 時不收費」所得到的訂單數量。
- 「在產品資訊頁就標示免運費」和「之後檢視訂單時才顯示免運費」所得到的訂單數量。
- 「加入產品評論」和「沒有產品評論」所得到的訂單數量。

放聲思考方法（Think out loud）

　　放聲思考方法在 UX 經驗測試階段中非常重要，此方法的概念重點在於鼓勵使用者「放聲思考」（Think out loud），意思是鼓勵他們多自言自語，把介面操作過程心中所想的事情說出來。

透過放聲思考方法的引導，我們更能理解使用者目前的動作、打算執行的任務、遇到的阻礙、是否吻合預期的效果反應，以及任何的心情表態或提問建議等。這些具體的語言描述，有助於觀察者的理解，後續還可以交互比對觀察記錄和言語之間的關係，可幫助觀察者掌握使用者的心智模型。

◐ 放聲思考方法鼓勵使用者說出他心中所想的事情或分享挫折的原因

※ 圖片來源：https://user-experience-methods.com/en/01_understand/observation.html

測試過程當中，使用者很可能會做出各種發言提問，這些問題都值得清楚記錄下來，不過除非是非常嚴重的問題，才需要直接回答之外，我們要儘量讓使用者自行探索介面，並從旁觀察過程遭遇的問題，整理所有受試者的服務體驗結果，分析介面引導失敗的原因，並制定修改策略。

任務指派方法

前述的放聲思考方法常常會搭配這裡介紹的「任務指派方法」合併進行，就是實際去找真正的使用者，實際操作我們設計出的介面，我們從旁觀察看看他們是不是真的有根據你所設計的操作流程來進行，因為有時你以為的貼心設計很可能會造成使用者的困擾，甚至是影響能否完成任務的關鍵。

在任務指派方法測試期間，建議讓受試者儘量在不被干擾、減少壓迫感的情況下操作，從中觀察使用者的動作順序、互動方式，並記錄下使用者的遲疑時刻、錯誤介面認知的瞬間。例如：我們想測試的是交通相關服務 UX，我們可以請使用者坐在電腦前面，打開我們設計的系統，並指派給他若干任務，然後記錄下每個任務完成的時間與遭遇的問題，通常都會有不錯的發現。

🔸 指派使用者任務並透過表格記錄花費的時間及問題

指派任務	花費時間	遇到問題
請找出從現在這個位置到台北車站最快的搭車方式	20 秒	不知道在哪裡設定終點
請告訴我們有幾台車子可以搭到台北車站	7.3 秒	無
請找出離你最近的公車站牌	23 秒	找不到自己的位置
請告訴我們如果之後要從台北車站回到這裡，怎樣的搭車方式較佳	2 分鐘	不了解系統操作方式，花費很多時間來理解

影片側錄方法

在進行相關 UX 任務時（例如：需求訪談、放聲思考、任務指派等），建議同步進行影片錄製，除了能細部記錄使用者的真實情緒反饋之外，也能作為團體協調修改的依據（因為影片播放出來，使用者真的遭遇到困境，相關團隊成員的主觀性爭論會比較少），不過有些人會因為旁邊有攝影機而感到不自在，使用此方法時需要視狀況而定。

🔸 關於 UX 相關活動的測試過程，通常會有許多意外的使用者真實反饋，建議搭配使用影片側錄的方法來有效記錄

※ 圖片來源：Unsplash

影片側錄方法的重點有哪些呢？主要是妥善記錄使用者在影片中自然表達出關鍵話語，例如：「我覺得這個設計很清楚，讓我馬上就了解它的功能」，或是「我找不到登入系統的地方，請問該怎麼辦呢」。這樣的影片一播放出來，會讓團隊成員更同理使用者的思路，並更願意為了提升使用者體驗，耐心打造更優質的服務。

Unit 03 Figma 的十大好用特色

> 單元導覽

　　從本單元開始，我們將全速進入 Figma 的世界，到底 Figma 有什麼特別的魅力呢？其才剛出現不久，就直接席捲了整個設計圈。本單元綜合歸納 10 個讓使用者深度有感的 Figma 特色如下，並進行詳細說明。

- 龐大完整的社群與第三方外掛。
- 高擬真的動態介面設計。
- 可多人即時協作的編輯環境。
- 彈性且完整的設計稿權限管理。
- 高易用性的可重用元件系統。
- 佛心的免費使用版本。
- 無論身處何地，打開瀏覽器即可線上編輯與儲存。
- 自動保留設計歷程與對應版本控制。
- 無縫進行設計與工程師的交付任務。
- 易建立響應式網站或 App 高擬真原型。

　　根據知名的 2023 Design tools Survey 大調查，Figma 在多項設計任務中排行奪冠，分別是「介面設計」（UI Design）、「基本雛形設計」（Basic Prototyping）、「進階原型測試」（Advanced Prototyping）、「數位白板」（Digital Whiteboarding）、「設計系統」（Design System）等（Figma 在前幾年就不斷以黑馬之姿於每年排名持續往前），其在全球掀起熱潮，使用者人數不斷增加中。

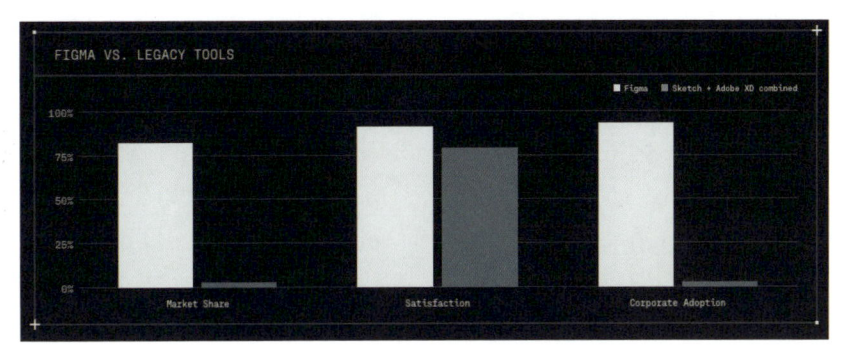

🎧 研究顯示 **Figma** 已經成為市場超主導的設計工具

※ 資料來源：https://www.uxtools.co/survey

◯ 特色一：龐大完整的社群與第三方外掛

Figma 除了提供設計功能之外，還提供許多超好用的社群資源，包括完整的內容共享、插件（plugin）等機制，使用者可下載網路上其他人所設計的元件，或是提供自己設計的元件來讓別人使用。透過 Figma 的社群頁面（ⓤⓡⓛ https://www.figma.com/community/），就可取得由官方或網友所製作的大量設計素材與各種社群資源，非常方便。本書的單元十四也彙整了許多好用的外掛，推薦讀者參閱。

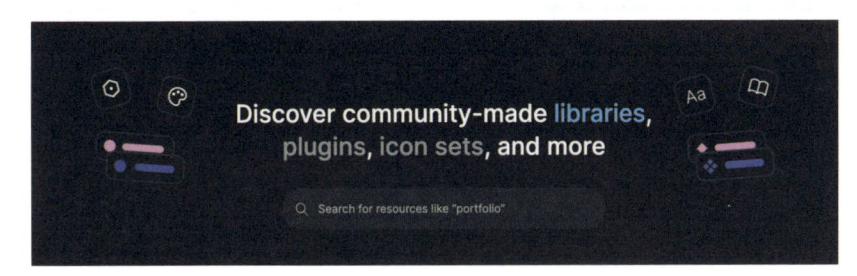

🎧 **Figma** 線上社群提供方便的檢索與分類系統，方便查找相關資源

※ 資料來源：https://www.figma.com/community

03　Figma 的十大好用特色　　035

🔴 許多外掛的下載次數破百萬

※ 資料來源：https://www.figma.com/community/design-tools?resource_type=plugins

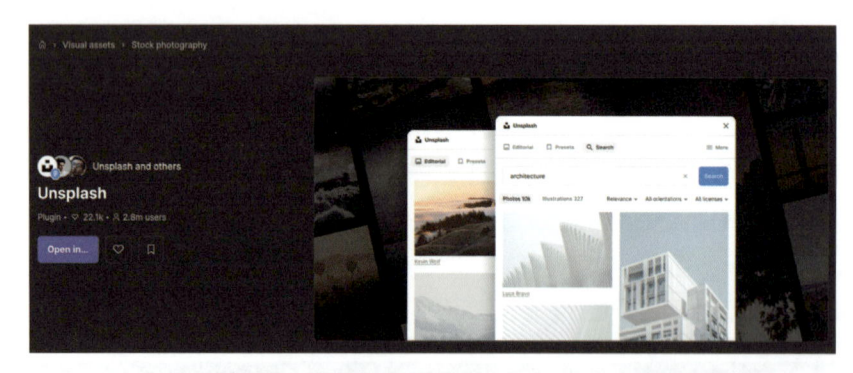

🔴 外掛的介紹頁面處，可以直接以網頁版 Figma 啟用，並直接瀏覽效果

※ 資料來源：https://www.figma.com/community/plugin/738454987945972471/Unsplash

🟢 特色二：高擬真的動態介面設計

Figma 提供的 Prototype 雛型系統，能夠建立頁面與元件之間的動態轉場，並進行自動的動畫補間，非常好用。透過 Figma 就能做出高擬真介面設計（例如：配置出可以直接讓使用者手動體驗的介面流程），並切換不同的動態效果（例如：Fade in、Fade out、Hover、Bounce 等），相關內容會於動畫單元進行介紹與實作。

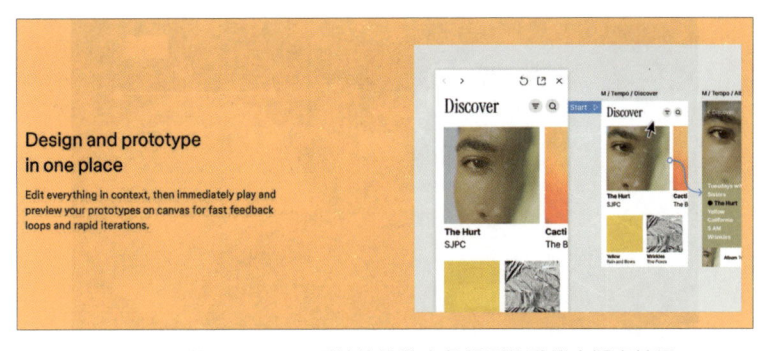

◐ Figma 的 Prototype 系統能夠做出各類型的動態高擬真轉場

※ 資料來源：https://www.figma.com/prototyping/

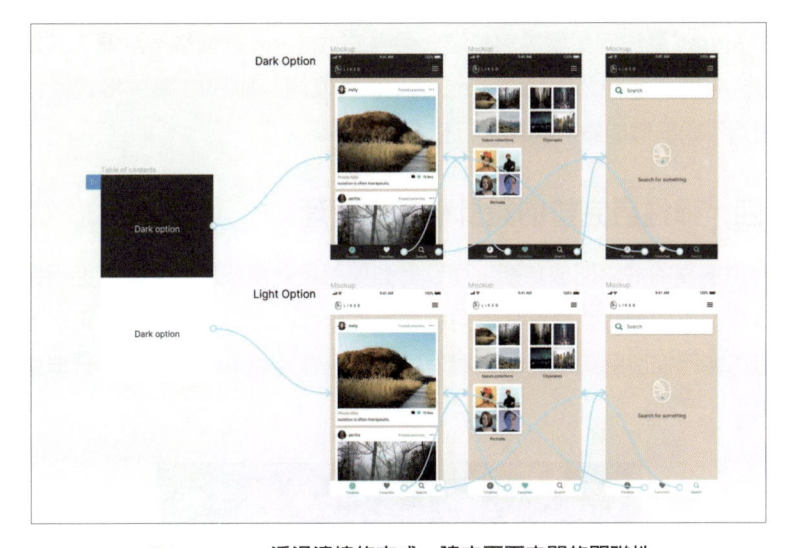

◐ Prototype 透過連線的方式，建立頁面之間的關聯性

※ 資料來源：https://www.figma.com/best-practices/five-ways-to-improve-your-prototyping-workflow/

◉ 特色三：可多人即時協作的編輯環境

「多人共編」絕對是 Figma 的最強大特色之一，透過 Figma 可達成「多人同時操作」的超強情境。彼此可直接在同一張畫布上作圖與編輯，而且也能夠看到彼此的滑鼠游標，溝通效果非常強。過往我們通常需要透過各類通訊工具來將設計稿彼此傳送，但透過 Figma 可以省下大量的傳遞時間（直接進行畫布共享），團隊可在線上進行即時的編輯、備註、同步討論。

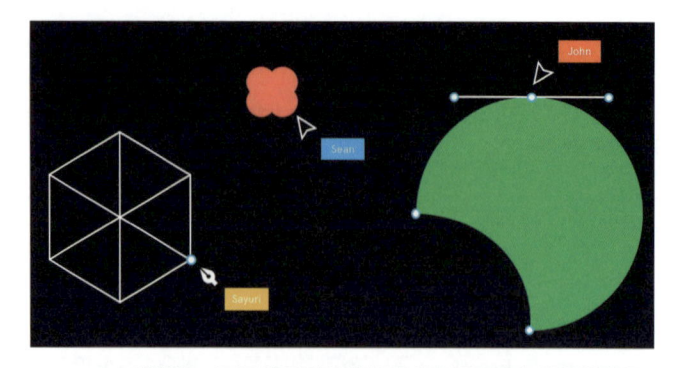

◐ Figma 編輯時，可同時看到其他使用者在同張畫布的滑鼠游標

※ 資料來源：https://www.figma.com/blog/multiplayer-editing-in-figma/

此外，因 Figma 屬於向量型繪圖軟體，可與 Illustrator 軟體檔案互通，其他設計者也可將 Illustrator 物件直接貼入到 Figma 中，或是協同針對 SVG 圖片格式進行編修等，很適合與習慣不同軟體的設計夥伴進行整合。

◉ 特色四：彈性且完整的設計稿權限管理

Figma 提供豐富的權限開放功能，可以針對單張設計稿或是整個專案進行權限配置，例如：開放特定人士編輯或提供其他角色瀏覽權限等。此功能可讓我們實現多階層控制的目標，且可進行批次配置，而取得權限的人將可透過 Email 所收到的分享連結，一鍵進入設計稿中。

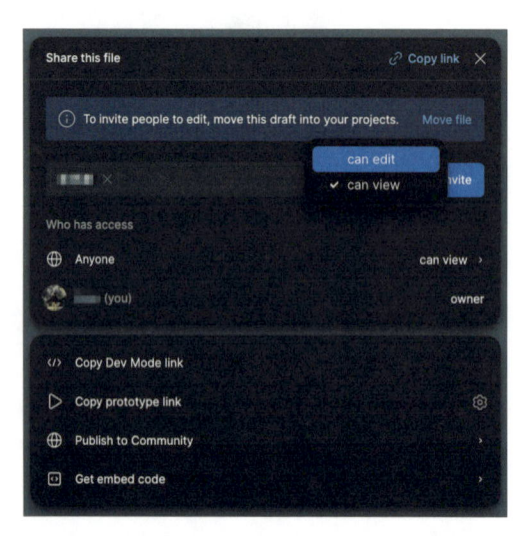

◐ 可針對 Figma 設計稿，設定 Edit 與 View 的角色權限

◯ 特色五：高易用性的可重用元件系統

　　Figma 延伸過往設計軟體的階層、群組、物件等概念，可建立出高度易用性的可重用元件功能（軟體內稱為「Component」元件以及「Variants」功能，將於本書後續內容進行實作）。例如：我們可以在設計稿中建立網站常用的按鈕物件，並進一步將多個小物件群組轉換為一個大物件（像是建立為按鈕群組），也就是說，如果網頁有需要重複使用的元件（例如：按鈕、Header、Footer、Sidebar 等），可直接建立一次後，直接使用於其他頁面（樣式也會連動改變），這可省下大量的修改與編輯時間。

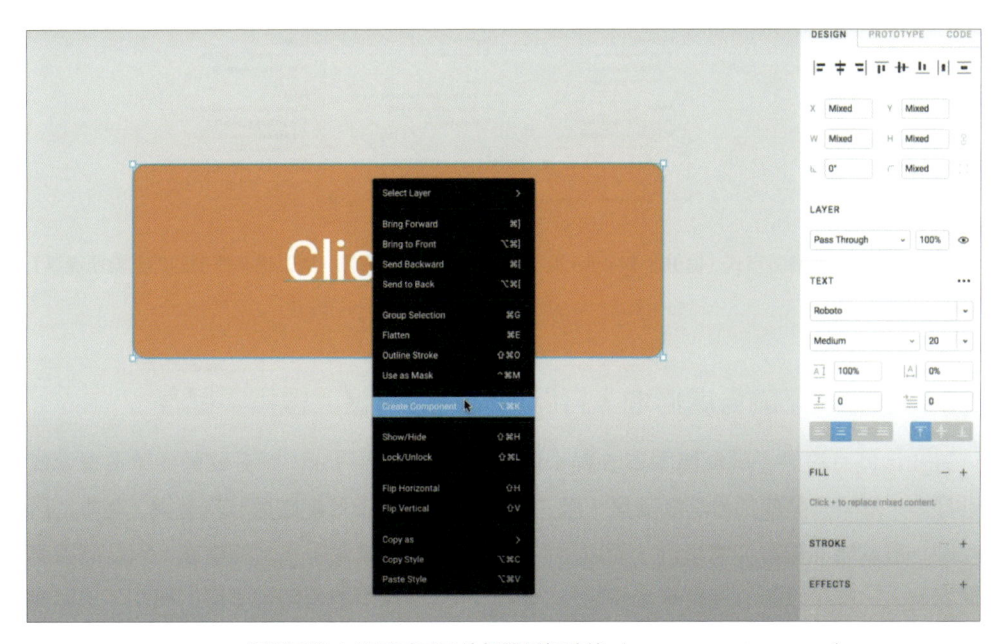

🔊 Figma 提供了強大的可重用元件相關編輯功能（Component/Variants）

※ 資料來源：https://help.figma.com/hc/en-us/articles/360038662654-Guide-to-Components-in-Figma

◯ 特色六：佛心的免費使用版本

　　Figma 提供免費版本供使用，有完整的設計功能，但免費版有設計稿數量上的限制，若是付費的話，則可取得無限制的專案數量與檔案等。讀者可先透過免費方案進行實作，可完成內容數量較少的設計任務，待認可軟體需求以及需導入商業使用時，再考慮付費方案即可。

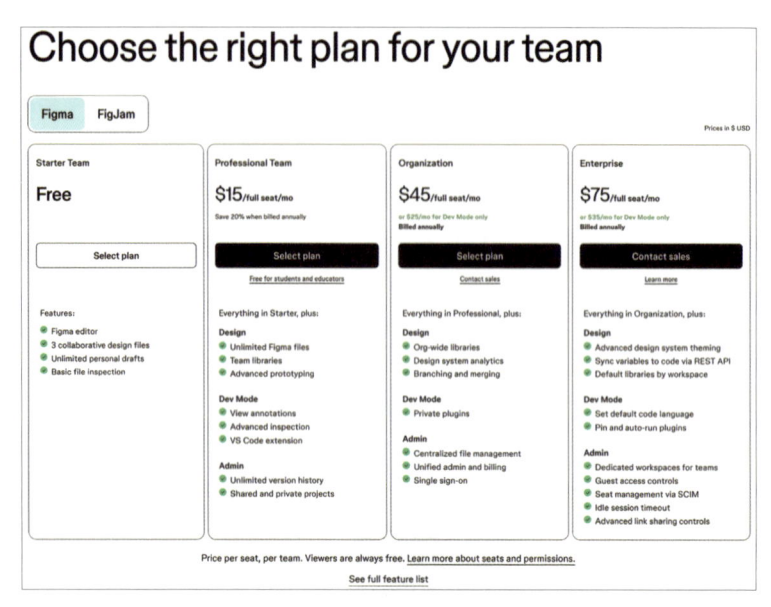

🎧 Figma 現階段的價格方式，提供了 Starter 的免費方案（可能會異動，請以網站提供的最新資訊為準）

※ 資料來源：https://www.figma.com/pricing/

◯ 特色七：無論身處何地，打開瀏覽器即可線上編輯與儲存

　　Figma 同時提供了「軟體版本」與「瀏覽器版本（網頁）」，許多軟體如果透過瀏覽器操作，常常只開放部分功能支援，但 Figma 的網頁版本效能做得非常優異，基本上已經跟一般軟體的體驗非常接近，所以不論身處何地，或是使用不同的電腦，只要開啟瀏覽器登入，就可以馬上進行線上編輯。此外，Figma 採用的是自動儲存的機制，不用擔心忘記存檔的問題。

　　目前 Figma 在大多數的瀏覽器之中都能夠相容，無論是 Google Chrome、Mozilla Firefox、Safari、Microsoft Edge 等都適用。

◯ 特色八：自動保留設計歷程與對應版本控制

　　延續前一個特色，Figma 除了能夠自動儲存之外，還提供了超強的歷史紀錄回溯功能（根據版本差異，提供不同時間長度的回溯機制，最基礎的版本可提供 30 天的版本回溯）。根據現階段的官方說明（URL https://help.figma.com/hc/en-us/articles/360038006754-View-a-file-s-version-history），Figma 會在該設計稿超過 30 分鐘沒有異動後，自動儲存一個版本，此外也能檢視過去的版本，並將其進行命名，有利後續追蹤等。

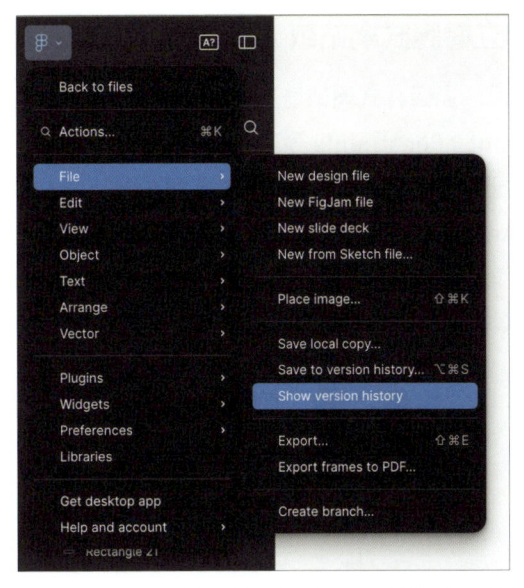

● Figma 可查詢所有自動儲存的版本，也可回溯到指定時間點的版本

● 特色九：無縫進行設計與工程師的交付任務

過往的軟體常常需要透過第三方軟體來強化設計稿交付體驗，例如：透過其他軟體進行動態模擬，或是透過口語或備註方式標記設計稿規格資訊等，這些工作流程全部可在 Figma 軟體中完成，也就是說，Figma 創造了一個設計師與工程師的溝通環境，透過 Figma 可直接讓開發人員進入設計稿進行檢視，甚至可複製查看相關 CSS 程式碼，來減少設計與開發之間的溝通落差。

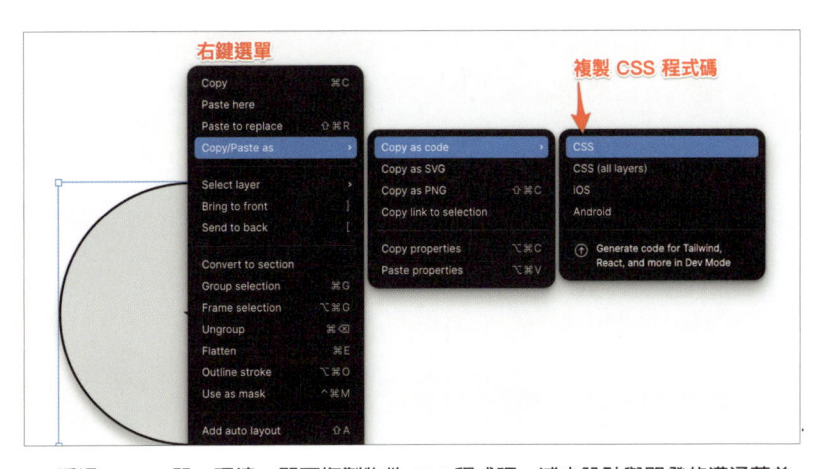

● 透過 Figma 單一環境，即可複製物件 CSS 程式碼，減少設計與開發的溝通落差

03　Figma 的十大好用特色　　041

◉ 特色十：易建立響應式網站或 App 高擬真原型

最後是關於「和客戶溝通響應式網站雛形與 App 雛形」的部分，透過 Figma 的動態 Prototype、Auto Layout、Constraints 等功能的組合技巧，除了可以將不同頁面串接在一起，還能夠模擬不同瀏覽器的解析度，製作成響應式網站與 App 版本的介面，並可方便使用者在瀏覽器、Android、iOS 等不同的呈現環境中，體驗完整的介面雛形，並維持完整的動態介面，操作起來和真實介面感受非常接近。此設計讓我們更容易取得其他人的設計意見反饋，相關技巧也會於本書中進行說明與實作。

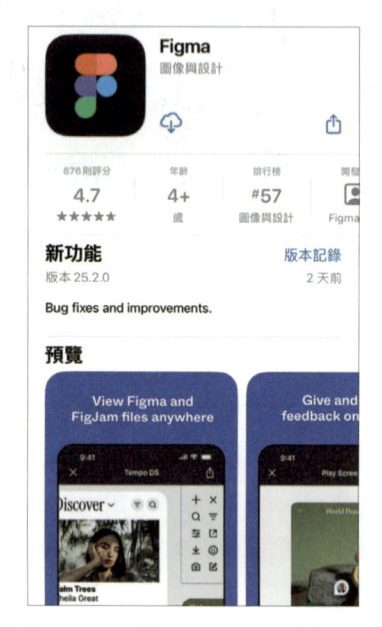

🎧 Figma 專屬 App，可進行 Figma 行動裝置的動態介面測試

PART

02

Figma 基礎功能上手

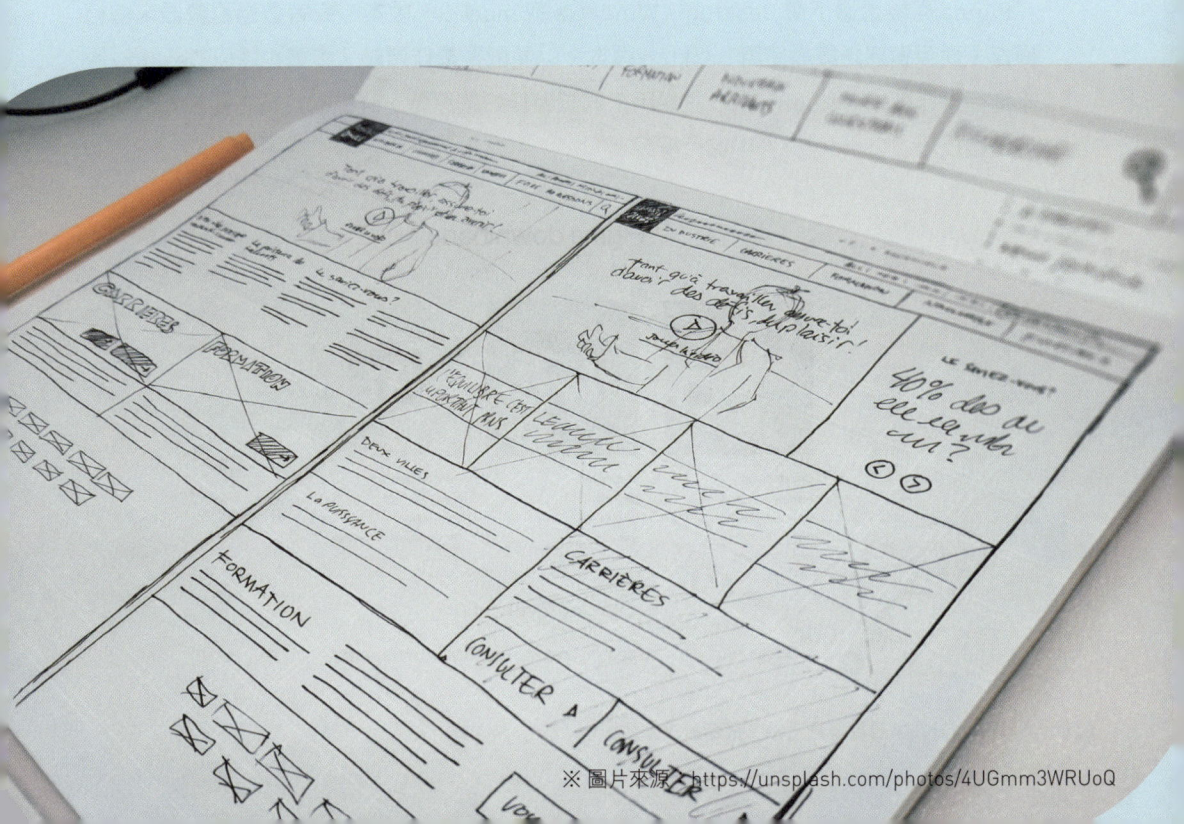

※ 圖片來源：https://unsplash.com/photos/4UGmm3WRUoQ

Unit 04　Figma 操作環境導覽

單元導覽

　　本單元正式進入 Figma 實作階段，將會帶領讀者學習 Figma 的管理結構、環境介紹、畫布與物件關係，以及多人協作和社群技巧。以下內容會先從相關概念來開始介紹，而較後面的內容則進入實作，一步步熟練 Figma 技巧。

重點學習技巧

◉ 技巧一：取得帳號與初次操作

　　Figma 可以透過下載 Desktop（Windows 或 macOS）版本，或者透過瀏覽器來進行操作，而筆者建議讀者使用 Desktop 版本，以便取得最佳體驗，本書也將以 Desktop 版本進行實作教學。Mobile App 主要用來測試製作好的原型，詳細的介紹將在單元九「動態轉場技巧：Prototype」中進行解說。

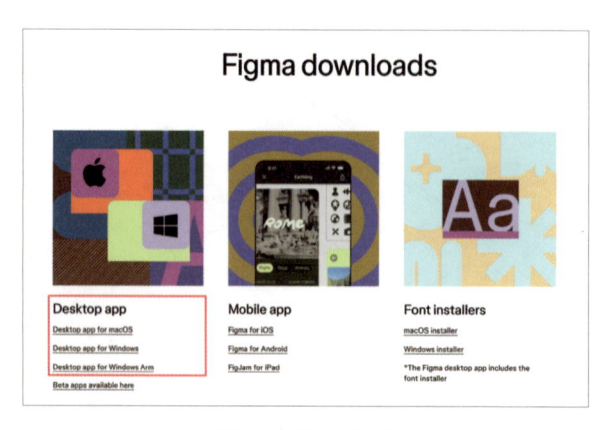

🎧 **Figma Downloads**

※ 資料來源：https://www.figma.com/downloads/

044　Figma UI/UX 設計技巧實戰：打造擬真介面原型

◯ 技巧二：熟悉 Figma 的管理結構

一般設計工具軟體如 Adobe illustrator 或 Adobe XD 等，大多是以單一檔案作為製作單位，但 Figma 則是以協作為基礎的設計軟體，因此在軟體操作加入了多使用者、多權限的管理層級結構概念。

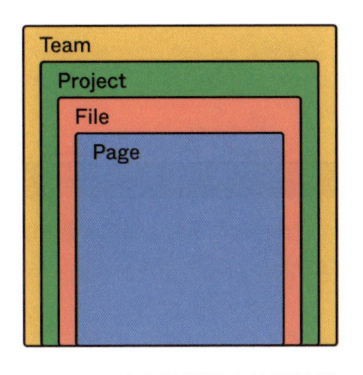

◠ **Figma 的多階層檔案管理結構**

※ 資料來源：https://help.figma.com/hc/en-us/articles/1500005554982-Guide-to-files-and-projects

Figma 管理結構分為四個層級，最大的層級是「Team」（團隊），在付費版本的管理結構中，一個團隊可以擁有多項「Project」（專案），專案底下可以建立多個「File」（檔案），File 層級可以輸出為檔名結尾為「.fig」的單位，就像一個 Word 文件檔案一樣，能夠被儲存在本機或被分享給其他夥伴。

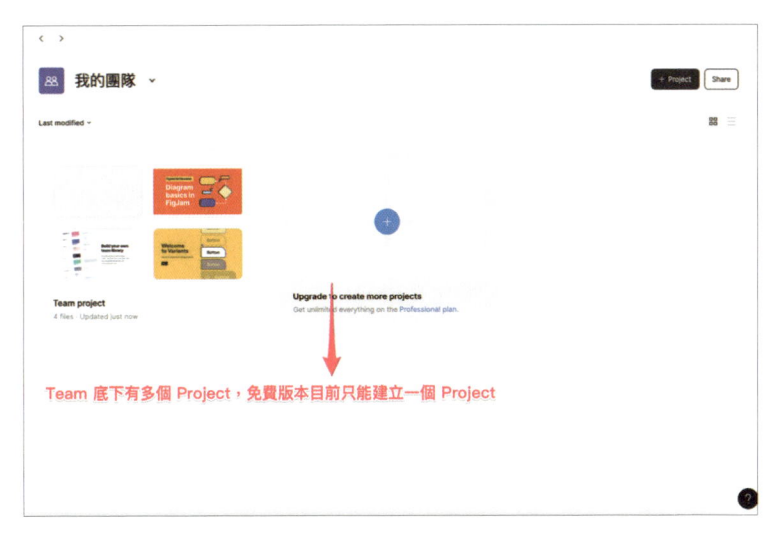

◠ **Team 底下可以容納多個 Project**

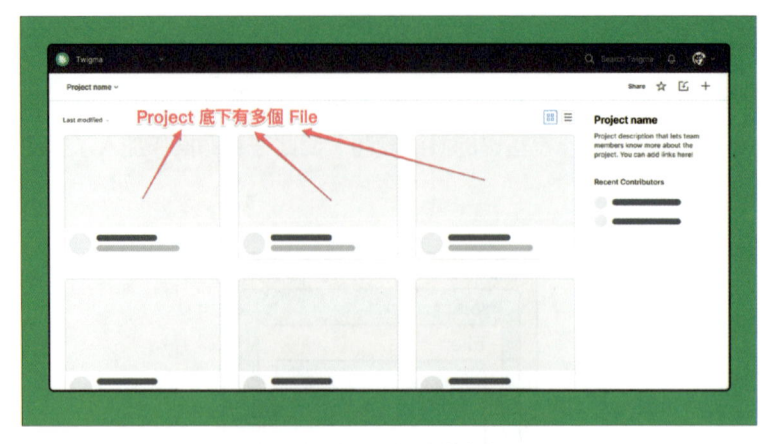

◐ Project 底下可以容納多個 File

※ 資料來源：https://help.figma.com/hc/en-us/articles/1500005554982-Guide-to-files-and-projects

雖然 File 是一個檔案單位，進入 File 之後，仍然可以依照團隊的使用需求，建立多個 Page（類似 Excel 檔案有多個頁籤的概念）。以一個小型團隊的使用方式為例，由跨角色（例如：研究者、設計師、開發工程師）組成共同的 Team，Team 所屬的成員共同擁有的專案歷經了多次改版，因此分別存放在不同的 Project，每個 Project 依據不同的子系統，又可建立為多個 File，最後則根據每次會議所建構的使用者情境故事，而對應產出多個 Page 等；最小層級的 Page 概念類似一個超級大畫布，是 Figma 製圖的主要介面。

> **TIPS!** 提醒讀者，因為 Figma 軟體更新頻繁，規則也不斷在改變，本書的相關實作目前可使用免費版本來練習，但免費版本可擁有的專案數量與檔案數量都有限制，未來可能會有部分調整。

◉ 技巧三：熟悉 Figma 基礎編輯環境

本單元會帶領讀者熟悉 Figma 相關編輯環境，主要區分如下表：

◐ 基礎編輯環境說明

項目	說明
左邊的圖層管理區	此處為管理 Page、Frame 以及圖層順序的區域。
畫布編輯區	位於中間灰色地帶的區域，是主要的介面製作區域。

項目	說明
工作區	● Design 模式：主要作為調整各式物件大小、顏色、效果等屬性。 ● Prototype（原型）模式：可用來調整動態的效果及相關設定。
常用工具列	畫布下方有一排工具列，是新增圖層的主要操作區。
檔案名稱	檔案的名稱。

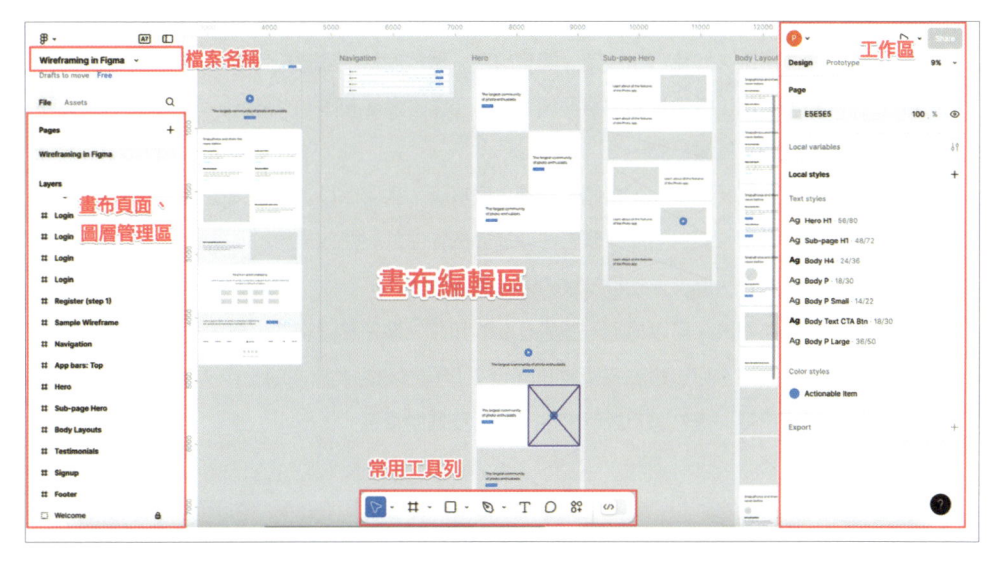

◯ Figma 操作環境介紹

◯ 技巧四：認識 Figma 選單功能

　　Figma 的選項眾多，這裡先跟讀者快速介紹 Figma 的選單用途，相關細部的操作會在本書後面的內容中陸續介紹。

◯ Figma 的選單列項目

◐ **Figma 的選單列項目說明**

項目	說明
File	文件選單，功能包括各種針對檔案的處理，例如：插入圖片、儲存為檔案、查看編輯歷史紀錄等。
Edit	編輯選單，包括 Undo、Redo、複製、貼上、選取物件等項目。
View	檢視選單，各類型展示區域的參數，例如：格線的開關、尺規的開關、畫布縮放、切換全螢幕顯示等。
Object	物件選單，包括群組設定、圖層順序、圖片旋轉、遮罩設定等。
Vector	向量選單，主要是搭配路徑相關功能（透過鋼筆製作）的選單，可以連結或刪除特定的路徑向量節點。
Text	文字選單，可以設定粗體、斜體、底線等，也可以設定對齊或配置選單的樣式。
Arrange	對齊選單，可以選擇單個物件或是多個物件的對齊效果。
Plugins	外掛選單，開啓從社群安裝的各類型外掛。
Widgets	小元件選單，可以插入一些可互動的元件，像是點選物件、圖片、聲音等。
Window	視窗選單，可以移動或切換 Figma 工作頁面來切換不同的工作區。
Help	幫助選單，提供官方說明文件、影片及輔助管道。

◯ 技巧五：善用 Figma Frame，配置指定的畫布大小

　　Figma 的編輯區就像是超大畫布，上面會有許多的 Frame 來放置設計元素，而 Frame 的操作是 Figma 重點技巧，可以有效框選特定的設計範圍。舉例來說，如果我們將要製作的是一個筆電使用者所瀏覽的網頁，就可以透過 Frame 來進行尺寸配置，使用者開啓網頁時所看到的內容，皆在 Frame 指定的範圍之內。

　　在 Figma 之中，預設的 Frame 尺寸有針對手機、桌面、平板、智慧型手錶、各種常見列印的紙張尺寸，可方便讀者直接套用，除了預設的尺寸，也可以自訂範圍大小。

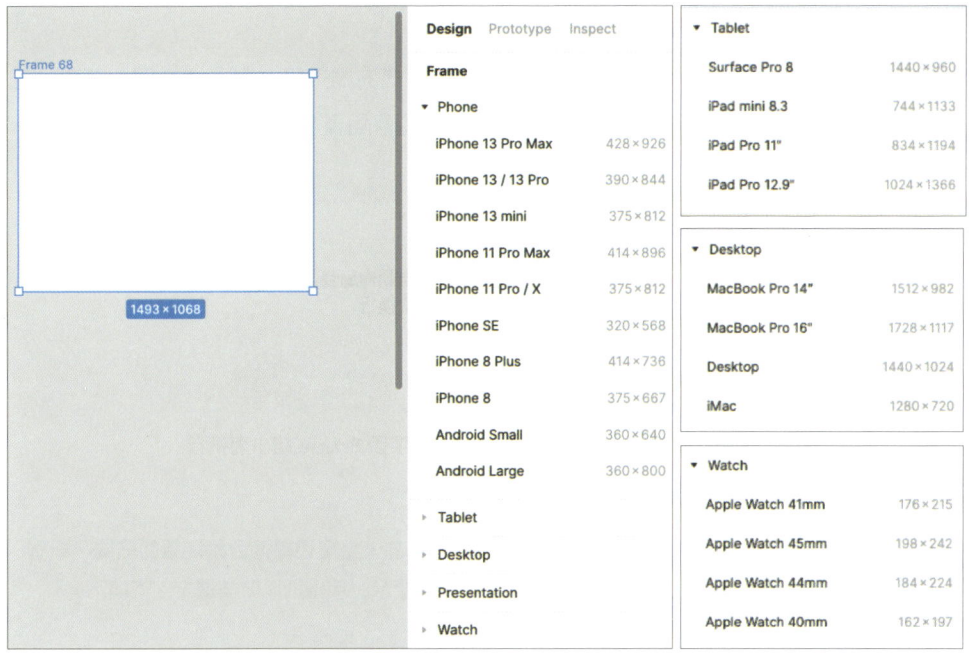

▲ Frame 提供多種尺寸可直接使用，快速配置出指定畫面大小

◯ 技巧六：了解 Frame 重要特性

Frame 有幾個重要特性如下：

特性一：超出 Frame 邊界的任何對象皆會被隱藏

以下圖為例，如果把按鈕拖曳超出左邊 Frame 的範圍，會在播放擬真介面時，被預設為隱藏，如下右圖所示。

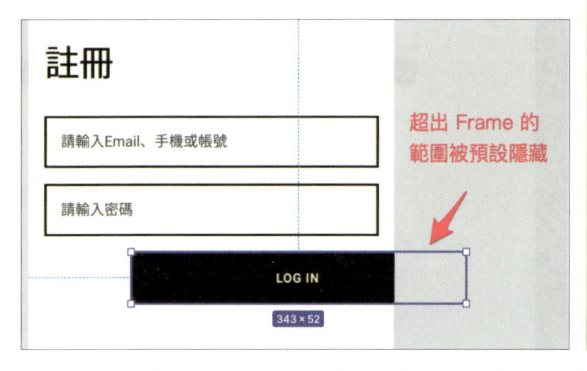

▲「LOG IN」按鈕拖曳超出左邊 Frame 的範圍，會在播放時被隱藏

特性二：Frame 具有響應式佈局的特性

當讀者調整 Frame 尺寸時，同時也可能觸發響應式佈局效果。以下圖為例，在較寬的 Frame 編輯文字後，接著縮小 Frame 寬度，文字框將會隨著 Frame 寬度縮小而自動換行。

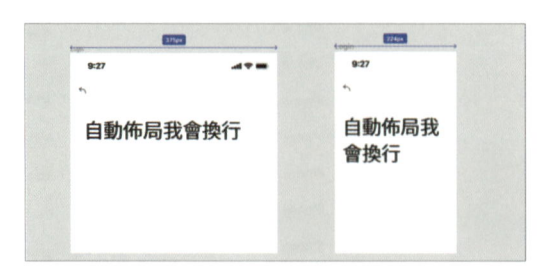

◐ Frame 有響應式佈局特性，圖中的文字因 Frame 縮小而換行

> **TIPS！** 響應式佈局指的是一個網頁可以兼容多種螢幕尺寸，且呈現最適合該裝置的佈局。舉例來說，同一個網站在網頁佈局以雙欄的圖文並排顯示，手機則以單欄圖文上下顯示。

特性三：一個 Frame 也是原型製作的單位

製作互動擬真原型時，記得讓每一張網頁都設定為 Frame，才能夠確保互動可以被播放。讀者只需要先理解概念即可，更進一步的介紹將在「單元九 動態轉場技巧：Prototype」中完整說明。

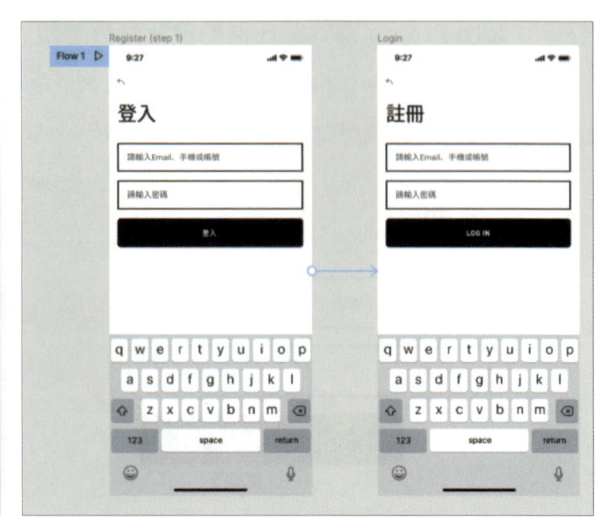

◐ 透過 Prototype 預覽功能檢視 Frame 範圍內的內容；一個 Frame 也是原型製作的單位，可以做動態串連

◉ 技巧七：取得 Figma 的社群資源

擁有活躍的社群是 Figma 的重點特色，本單元將會引導讀者前往社群，查看其他設計團隊或創作者分享的設計稿、好用外掛以及各種有趣的討論。所有的 Figma 使用者都可以透過點擊「Open in Figma」（打開並複製一份到自己的帳號內）來複製公開的檔案，應用於設計工作上，而當設計沒有點子的時候，則可以到 Community 當網購一樣逛逛喔！

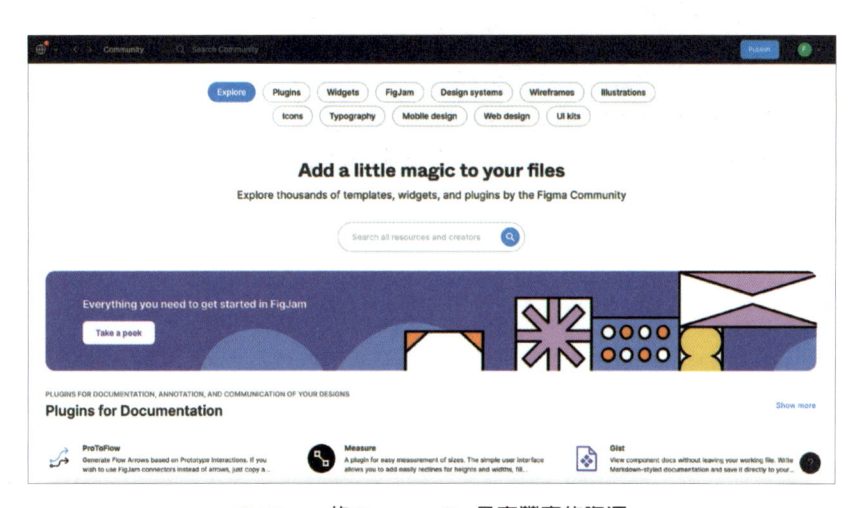

◯ Figma 的 Community 具有豐富的資源

◉ 技巧八：透過瀏覽器進行多人協作

過往許多設計工具僅限設計師操作，但通常多人的產品開發團隊會同時包含 UX 研究員、UI 或 UX 設計師、專案經理、工程師等眾多角色。在多樣態的開發團隊中，可能有不同作業系統的使用者（例如：熟悉 Mac OS 系統的設計師與以 Windows 當開發環境的工程師），導致設計交付的任務變得艱辛，常常需要經過層層檔案轉換，才能彼此檢視設計稿。

Figma 提供了友善的多人共編操作環境（且跨作業系統），就和打開 Google Docs 直接雲端共編的體驗相同，除了操作軟體之外，還可以直接使用瀏覽器編輯，不需要經過安裝軟體的重重門檻，就能實現高效作業。

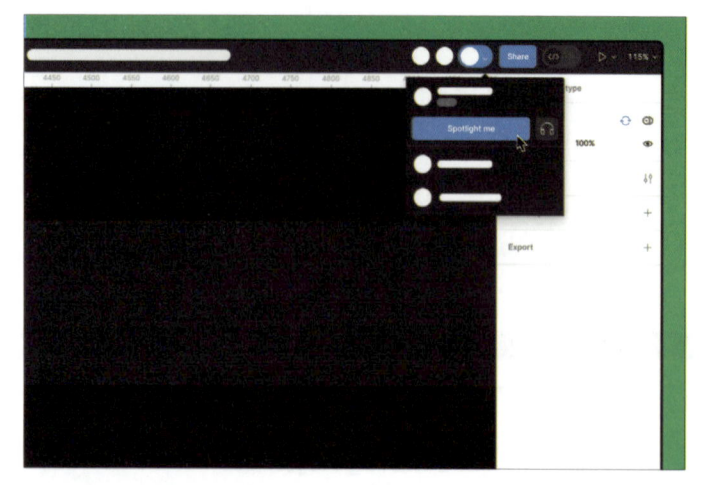

◐ Figma 多人協作狀態下，在右上角會顯示目前參與者的頭像

※ 資料來源：Figma 官方教學（https://help.figma.com/hc/en-us/articles/360040322673-Follow-collaborators-in-a-file）

◯ 技巧九：轉換 Figma 圖層到不同軟體

　　Figma 支援 SVG（可縮放向量圖檔）的編輯，因此無論是 Sketch、Adobe illustrator、Adobe XD 或其他軟體，都可以透過儲存圖層為 SVG 格式，並匯入到 Figma 操作；反之，Figma 上的圖層如果被儲存為 SVG 格式，也可以匯入至其他軟體。

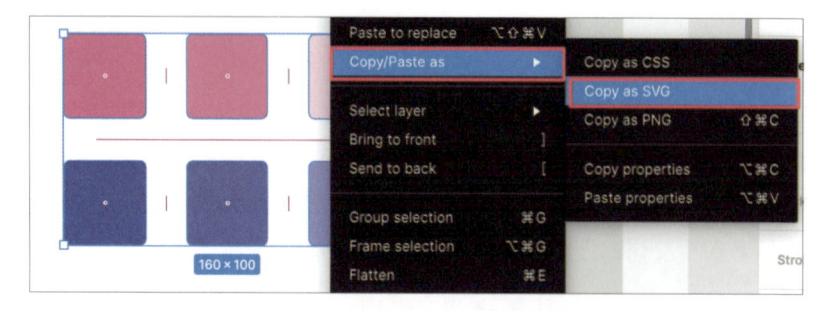

◐ 在 Figma 中，透過複製為 SVG 格式，匯入到其他軟體進行編輯

　　Figma 也支援直接匯入 Sketch 檔案，並在 Figma 環境中編輯。

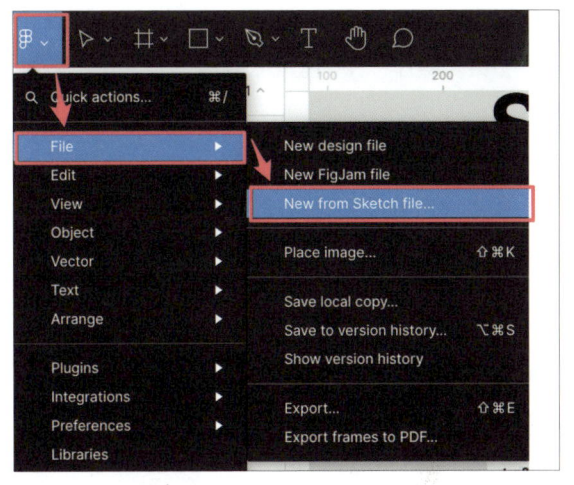

⋂ 匯入 Sketch 檔案的操作選單

實作步驟

本單元 Figma 實作將引導讀者取用社群上的介面（手機登入畫面資源）作為素材，讓讀者完成練習，並於過程中熟悉 Project、Frame 等概念，請讀者透過以下步驟依序完成。

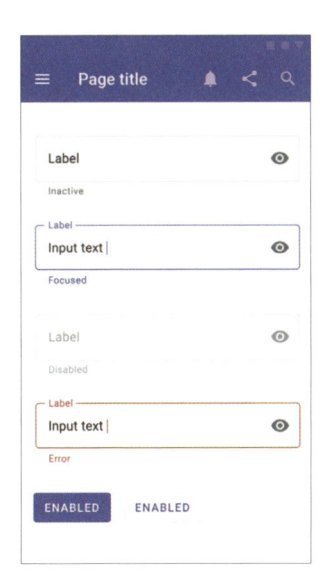

⋂ 本單元實作成果取用「Material Baseline Design Kit (Community)」社群素材，並放置於 Figma Frame 中

04　Figma 操作環境導覽　053

透過前面的介紹，讀者應該對於 Figma 的管理結構及工作環境有了初步的認識，接下來將會帶著大家一步一步實際操作，更熟悉每個工具能夠完成的效果。

◯ 實作一：取得 Figma 帳號

請讀者下載 Desktop 版本，或利用瀏覽器在官方網站上免費註冊登入使用 Figma。

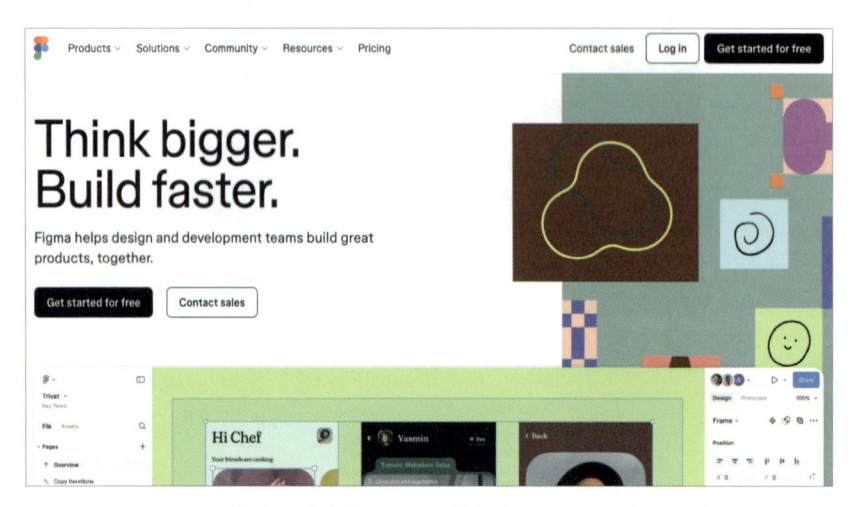

 ↻ Figma 官方網站註冊後登入，就能使用 Figma 大部分功能

　　註冊進入 Figma 介面後，無論是瀏覽器或軟體的使用者，Figma 都會引導讀者輸入 Team 的名稱，讀者可以選擇先建立 Team 或先略過，後續實作也會引導讀者建立 Team 的技巧。

 ↻ 透過瀏覽器登入後的引導畫面（因 Figma 改版頻繁，請按照介面指引完成即可）

054　Figma UI/UX 設計技巧實戰：打造擬真介面原型

由於本單元實作要帶領讀者初次使用，因此請選取「Starter」免費版本就可以了。

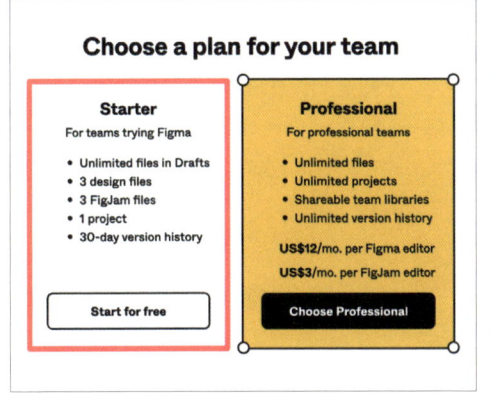

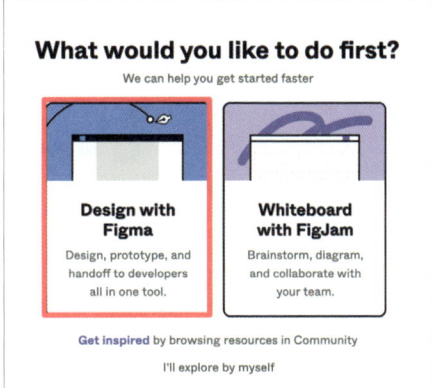

🔸 請讀者選取「Starter」免費版本（介面可能有差異，不過可先從免費版本開始使用）

🔸 請讀者選取「Figma」（Figjam 是好用的共享白板工具，適合進行多人討論情境）

最後，請讀者選取空白的畫布，作為我們練習的環境。

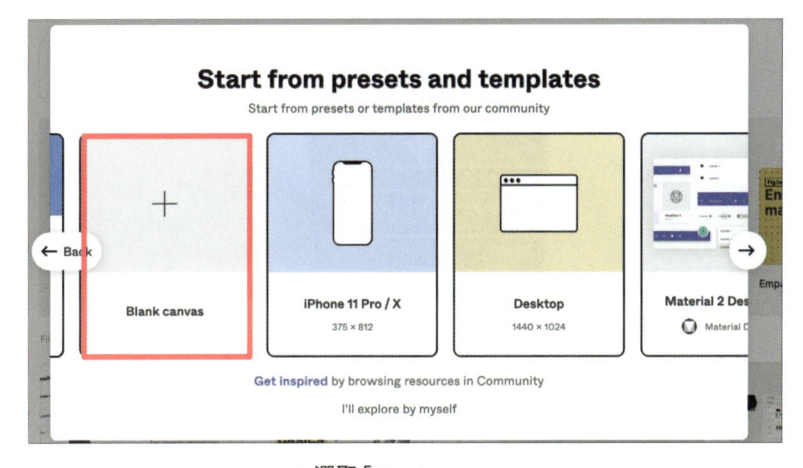

🔸 選取「Blank canvas」

🔵 實作二：在操作環境中新增一個 Frame

01. 建立一個 Team（團隊）。

初次進入 Figma 介面中，無論是瀏覽器或軟體，都請讀者找到左邊功能列，此時 Figma 已預先建立好一個團隊，並且帶入預設的 Team 名稱。如果想要更改預設名稱，

請讀者點擊 Team 名稱，進入到所屬的 Team 畫面中，並點擊畫面中的下拉式選單，即可點選「Rename」進行重新命名（讀者也可以在此更換顯示的圖示，或刪除不需要的 Team）。

↑ 左邊功能列可查看團隊名稱

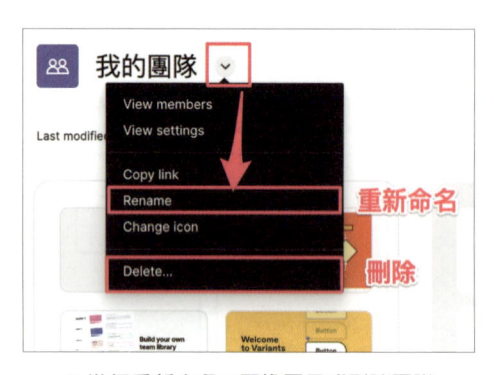

↑ 進行重新命名 / 更換圖示或刪除團隊

02. **開啟一個 Project（專案）。**

點擊進入 Team 之後，會顯示所有屬於 Team 層級以下的 Project 列表，初次使用的讀者，則會發現 Figma 已經內建一個 Project。依據官方規定，免費版的使用者僅能擁有一個 Project，所以讀者直接使用內建的專案即可（若是付費版的使用者有新增多個專案的需求，則點擊頁面的右上角「New project」，可新增所需要的專案）。

056　Figma UI/UX 設計技巧實戰：打造擬真介面原型

點擊進入 Project 後，就像進入下一層的小抽屜，將會看到 Project 層級下所屬的檔案（File）列表，在製作設計稿件時，為了讓其他團隊成員都能夠輕易找到對應的 Project，記得要幫 Project 重新命名。點擊專案名稱右側的三角形下拉式按鈕，點擊後除了可以重新命名，也可以進行新增檔案、移除 Project。

◑ 三角形下拉式按鈕，點擊後修改 Project 名稱

03. 進入一個 File（檔案）。

在一個 Project 底下，呈現的是其所屬的 File，現階段免費版使用者最多能夠擁有三個 File（不過因 Figma 規則改版頻繁，未來的免費版規則可能會有異動），請讀者點選右上角的「Files」，就能建立一個大畫布來開始進行 UI 製作。

◑ 點選右上角的「Files」，建立一個新的畫布

04. 容納所有物件的畫布 Page。

點擊進入 File 後，映入眼簾的是空白待編輯的畫布，在每個畫布裡允許讀者新增多個 Frame、元件和各式圖層。左邊的選單中，會發現畫布就是一個 Page，而下方視窗則分層級顯示圖層上下位置及物件從屬關係。如果讀者點擊不同的 Page，則下方視窗會切換顯示該 Page 所包含的物件。

❶ 左側選單顯示頁面以及陳列不同層級的物件

　　為了方便控管設計稿，免不了有新增 Page 的需求，讀者可以試看看點擊 Pages 標題右側的「＋」按鈕來進行新增 Page，並透過點擊右鍵來幫新增的 Page 重新命名。

❶ 點擊「＋」按鈕來新增頁面，即可新增一個 Page

05. 新增 Frame 及其他物件。

　　接下來，我們來著手建立一個 Frame（Frame 也可稱為「工作區域、框架」等，但本書主要會以「Frame」來稱呼）以及一些物件圖層。請讀者透過介面中左上角黑色功能列，來找到新增 Frame 按鈕，如下圖所示。

⋂ 建立 **Frame** 的點選位置

　　點擊後請選擇「Frame」，選取後游標若移動到編輯區，游標會變成「＋」的形狀，保持在這個狀態下，讀者可以在編輯區內點擊空白畫布，將會產生預設尺寸長寬皆為 100px 的 Frame。

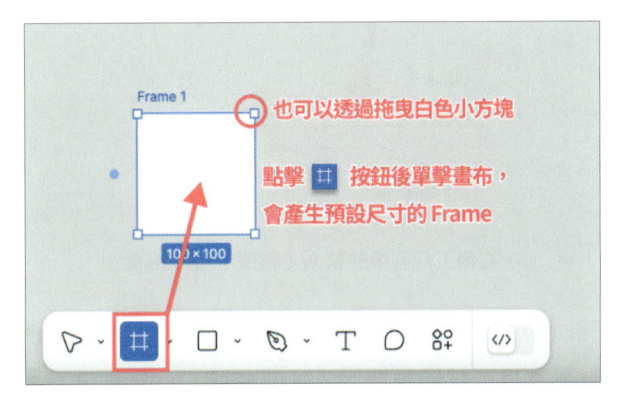

⋂ 點擊空白畫布，將會產生預設尺寸長寬皆為 **100px** 的 **Frame**

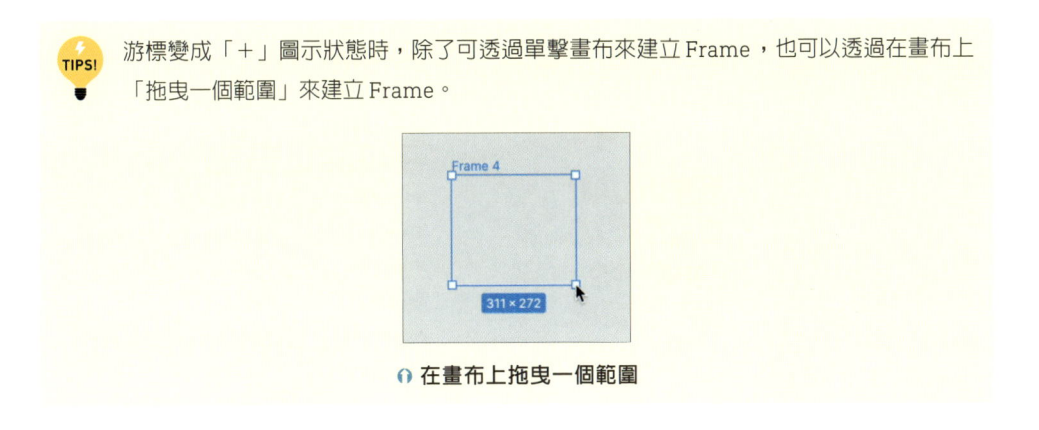

> **TIPS!** 游標變成「＋」圖示狀態時，除了可透過單擊畫布來建立 Frame，也可以透過在畫布上「拖曳一個範圍」來建立 Frame。

⋂ 在畫布上拖曳一個範圍

　　在這裡，讀者如果選取 Frame 的邊框，則可以透過拖曳範圍的大小，讓 Frame 變大或變小，讀者也可以透過右側工作面板來調整 W（寬度）、H（高度），以便調整成為讀者希望建立的 Frame 尺寸。

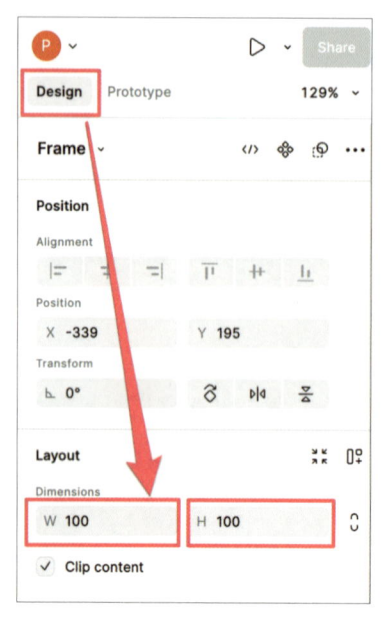

▲ 右側工作面板調整 W（寬度）、H（高度）

　　我們可以根據設計場景的不同，選擇對應產生的尺寸。以設計手機版登入頁面為例，讀者可選定 Frame 為手機螢幕顯示器尺寸，並且在 Frame 範圍內製作設計稿。播放 Prototype 時，Frame 的大小就等同於使用者在手機螢幕顯示器上實際觀看到的尺寸。

▲ 自動產生對應裝置大小的 Frame

> **TIPS!** 如果不想透過滑鼠建立 Frame，直接按下 F 鍵，就可以把游標切換為「＋」符號，這時點選畫面空白處，即可新增一個新的 Frame。

點選 Frame 後，從左方的選單找到「Set as thumbnail」的按鈕，可以把這個畫面設定為 Team 主選單的縮圖，未來進入 Figma 時，便可以更容易找到此檔案。

◎ 透過此按鈕來配置 Frame 為本檔案的縮圖

06. 工作環境調整：打開 Ruler 參考輔助線或更換背景顏色。

到此步驟，我們已經學會了從一開始進入到建立一個 Frame，在開始製作 UI 之前，我們先介紹一些工作環境的調整技巧。例如：Ruler 參考輔助線的開啟，請讀者開啟上方的「View」選單，點選「Show Rulers」按鈕，隨後就會發現編輯區的上方及左側，多了像尺規的標記，而 Windows 作業系統的讀者可透過點擊 Figma 圖示來開啟選單，如下圖所示。

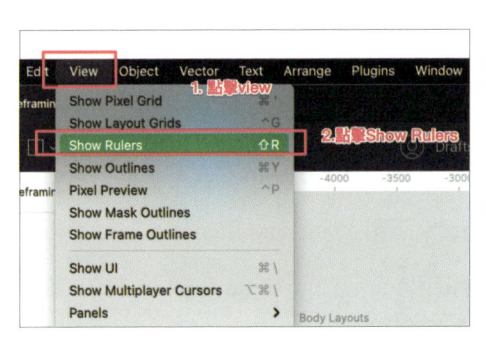

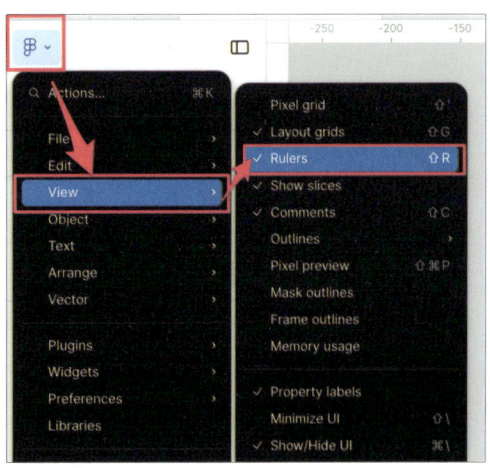

◎ 開啟 Ruler 參考輔助線

04　Figma 操作環境導覽　061

使用輔助線的方式，是透過從左側和上方的尺規拖曳到畫布上，就會出現紅色的輔助線。請讀者直接從最左側往右邊拖曳，會拉出一條紅線，以幫助我們做物件的基準線參考。

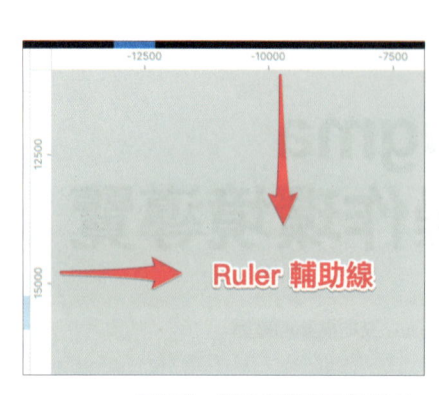

▶ Rulers 打開後，畫布會出現尺規標記 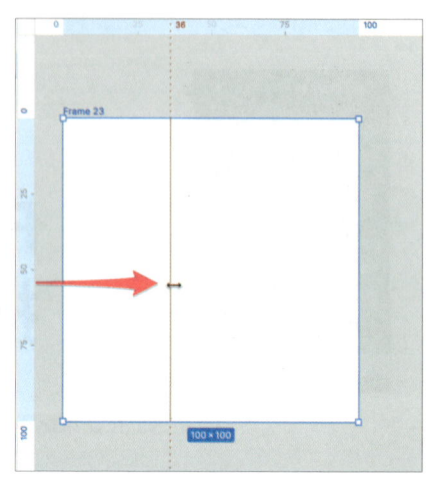　　▶ 直接從最左側往右邊拖曳，會拉出一條紅線，可以幫助我們做物件的基準線參考

如果想把輔助線刪除，除了往尺規方向拖曳回去，也可以選取紅色的輔助線，此時，輔助線將會轉變為藍色，按下鍵盤 Delete 鍵就可以了。

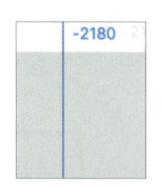

▶ 選取輔助線後轉變為藍色線

● 實作三：轉換社群素材到自己的設計環境中

01. 取用社群素材。

Figma Community 擁有大量豐富的設計資源，對於初學介面設計的新手來說，是非常好用的學習教材。此步驟將引導讀者從 Community 下載「Material Design」設計素材。

了解 Figma 作業環境後，接下來讓我們實際取用 Figma Baseline Design Kit，並擺放到自己的畫布中，有兩個方法可以完整取得這個設計系統。

> **TIPS!** Material Design 是 Google 所創造且持續更新的設計系統，官方網站有完整的說明（URL https://material.io/design），然而讀者並不需要到官網把元件一一進行復刻，Google 也公開了設計系統到「Figma Community -- Figma Baseline Design Kit」，讓所有設計師都能使用。

- **方法一**：到 Material Design 網站的「Resources」頁籤中，點選「Baseline Design Kit」並下載。

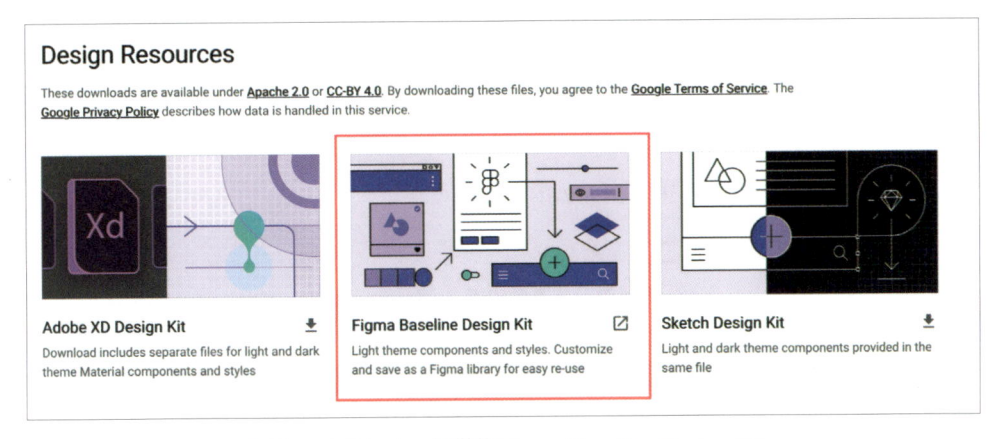

🎧 Material Design 提供的 Figma Baseline Design Kit

※ 資料來源：https://material.io/resources

🎧 點選「Open in Figma」來複製副本到自己的 Figma 帳號中

- **方法二**：回到 Figma 首頁，從左側的選單中進入社群（Community），並搜尋「Baseline Design Kit」，便能找到由 Material Design 提供的檔案，進入後點選「Open in Figma」後，複製副本到自己的 Figma 帳號中。

04　Figma 操作環境導覽　　063

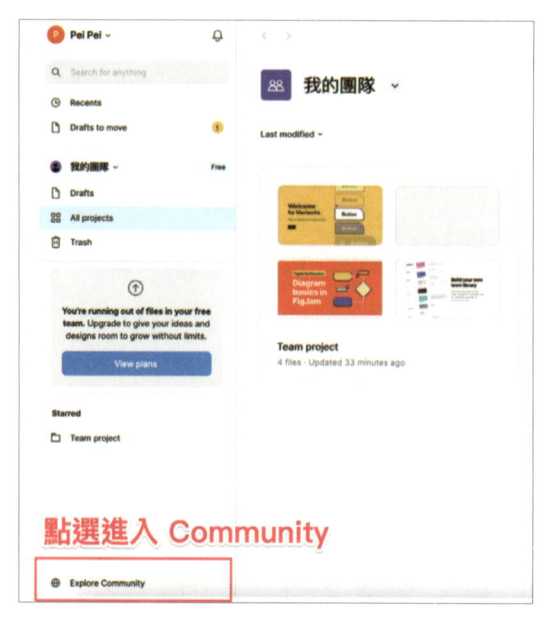

🎧 由首頁左側選單中進入 Community

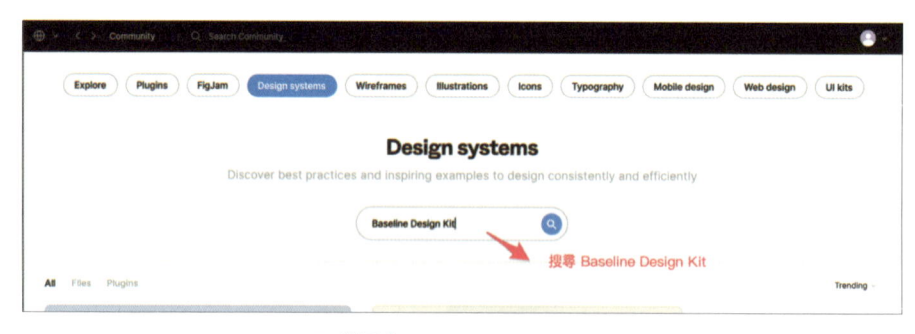

🎧 搜尋「Baseline Design Kit」

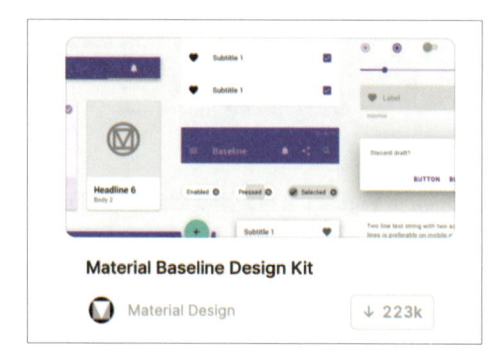

🎧 由 Material Design 提供的檔案，進入後點選「Duplicate」副本到自己的 Figma 帳號中

02. 嘗試編輯社群素材。

取得社群素材，並在自己的 Figma 帳號首頁開啓檔案後，可以看到左方有多個 Pages，請讀者點選其中的「Stickersheet」Page，Stickersheet 就像個剪貼簿，讓使用者可以在畫布上快速複製 / 貼上，來節省大量需要重新製作元件的時間。這個步驟請讀者隨意練習，從中挑選一個 Top Bar，以及幾個文字輸入框或按鈕，然後複製並貼上到自己的畫布中（也可使用複製快捷鍵 Ctrl / CMD + C 與貼上快捷鍵 Ctrl / CMD + V）。

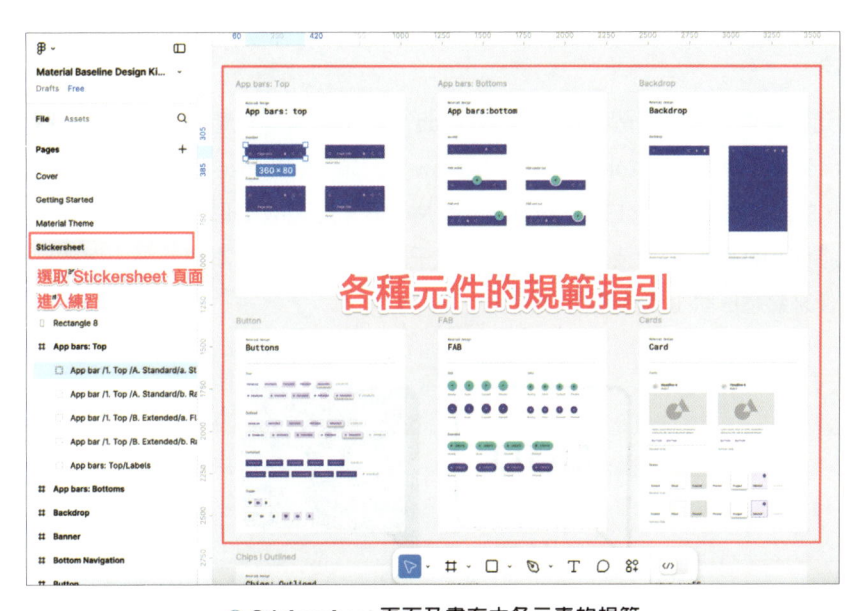

◍ Stickersheet 頁面及畫布中各元素的規範

請讀者新增一個符合手機螢幕尺寸的 Frame 來作為邊界，並貼上已複製的元件來進行頁面組裝（類似紙娃娃系統的概念），把不同元件拖拉到 Frame 範圍之內，例如：依序調整 Top Bar、文字輸入框、按鈕在介面上的位置。

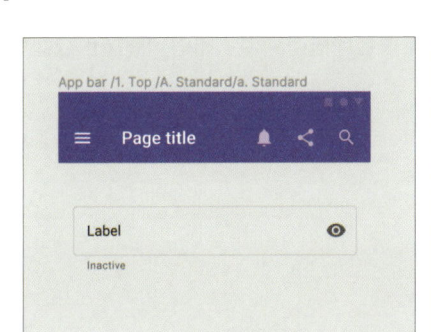

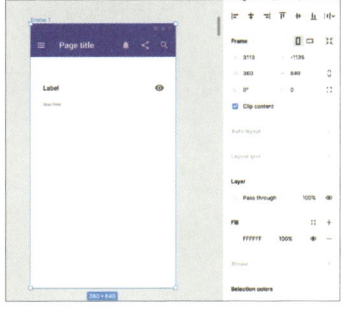

◍（左）原始的元件；（右）透過 Frame 組合後的效果

Unit 05 用形狀與鋼筆工具繪製圖樣

單元導覽

本單元將會帶領讀者了解形狀工具（Shape Tool）及實作技巧，Figma 的形狀工具包含 Rectangle（矩形）、Line（線條）、Arrow（箭頭）、Ellipse（圓形）、Polygon（多邊形）、Star（星狀體）、Place Image（圖片）等，透過改變形狀的線條粗細、顏色，或搭配進階布林圖形處理技巧，能夠創造出千變萬化的圖形。本單元將引導讀者透過圖示的製作來熟悉形狀工具的操作方式。

△ 本單元將透過 Figma 形狀工具繪製 icon 練習

Figma 練習素材連結　https://sites.google.com/view/figma-chinese/unit/unit05

> **TIPS!** 從本單元開始，如果為實作單元，前面會列出練習素材網址，會導引到本書官網來下載練習素材，其中也包括完成效果，建議讀者可搭配練習，如遇到問題也歡迎發信給作者。

066　Figma UI/UX 設計技巧實戰：打造擬真介面原型

重點學習技巧

◯ 技巧一：善用 Figma 形狀工具建構幾何形狀

幾何形狀是使用者介面的重要元素，大部分的按鈕、視窗、輸入欄位皆由幾何形狀所組成，不同的形狀和形狀樣式也代表不同的使用情境。以知名的設計框架 Material Design 為例，其針對不同形狀的使用做了定義，例如：形狀可以幫助我們強調出特定資訊，引導使用者閱覽介面重點，並傳達操作狀態，此外還能夠透過形狀建立圖樣，甚至是品牌認同，擁有許多的優點。

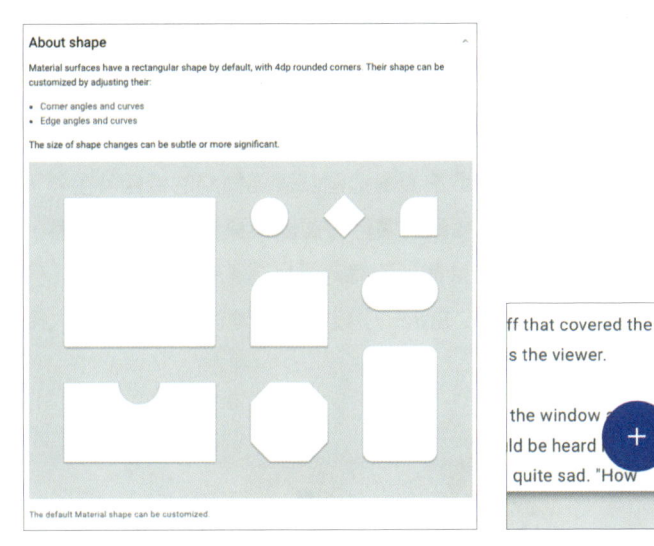

🎧（左）推薦閱讀 Material Design 專文，其介紹形狀的各種優點；（右）**Floating Action Button** 範例

※ 資料來源：https://material.io/design/shape/about-shape.html#shaping-material

◯ 技巧二：認識 Figma 的圖層類別

本單元將引導讀者建立更多的圖層類別，Figma 擁有多種圖層，例如：Frame（稱為「工作區域」或「框架」）、Text（文字）、Auto Layout（自動佈局）、Image（圖片）、Group（群組）、Component（元件）等。這麼多種類的圖層要如何進行識別呢？讀者可以透過每個圖層所對應的圖示，來快速辨識及尋找所需要的圖層。

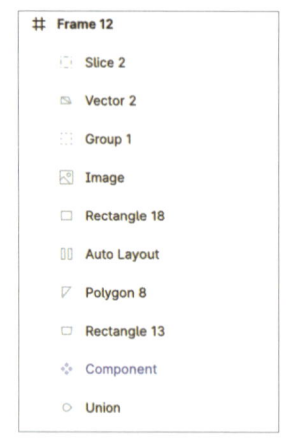

◐（左）圖層名稱前方符號示意圖層類別；（右）形狀工具種類

◉ 技巧三：認識 Figma 向量概念

　　Figma 的形狀皆是向量圖，向量圖主要是透過儲存錨點間的線條及色彩，再由瀏覽者的電腦自動轉為線條或色彩，因此相較於儲存每個像素資訊的點陣圖型態，向量圖能保有放大後不失真的優點。由於 Figma 圖形皆為向量格式，在繪製圖形上，完全不用擔心稿件放大出現模糊。下圖以 Twitter Emoji 小雞的向量圖為例，即使放大後，依然可以保持線條的銳利與顏色的完整性。

◐ 等比例放大後，點陣圖相較於向量圖嚴重失真

※ 資料來源：Twitter Emoji：baby-chick

　　由於 Figma 中的形狀以向量的方式儲存，讀者也可以從 Adobe Illustrator、Adobe XD 等軟體中，直接複製貼上「.svg」（可縮放向量格式）到 Figma 的作業環境中，來進行後續的編輯。

技巧四：多重物件選取、調整、旋轉

本單元將會練習透過 Figma 選取與調整物件。當我們選取一個或多個物件時，四周會出現矩形的藍框，代表目前所選取的範圍；在 Figma 作業環境中，讀者可以選取多個物件進行拖曳，或是進行物件縮放。此外，游標移動至物件附近的方形白點旁，也可以透過旋轉的提示符號，進行順時針或是逆時針的轉動。

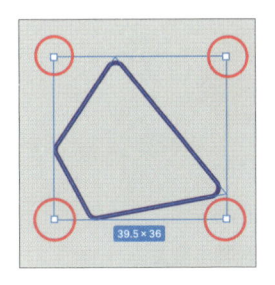

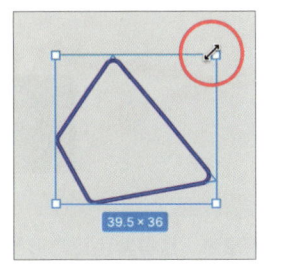

◯（左）選取範圍的四周有白色的方形白點；（右）將游標移動至四周的方形白點上方，來拖曳進行放大縮小

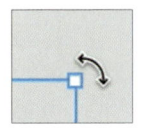

◯ 在形狀圖層的白色方點旁，會出現可旋轉的圖示

技巧五：熟悉圖層順序概念

在 Figma 畫布的左側面板，陳列了畫布中所有的物件，而左側面板不只是清單，它具有圖層（Layers）的概念。有了圖層概念，即說明物件有相對上與下的順序層級，上方的物件將會優先於下方的物件在畫布上顯示，因此下圖中紅色 B 圓形的圖層在紫色的 A 正方形之上，互相交疊的位置，將會以顯示完整的紅色 B 圓形為優先。

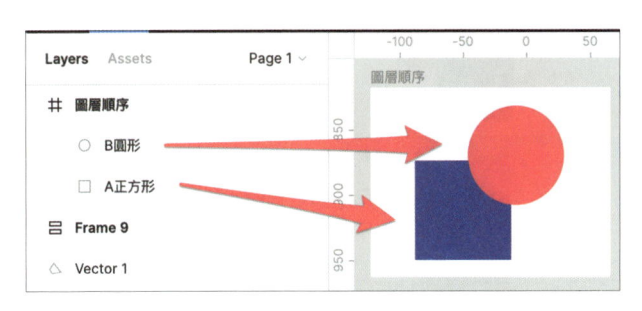

◯ 原本狀態，圓形圖層在正方形之上

讀者可於左側圖層管理面板中，透過拖拉物件的圖層，讓物件交換上下順序，如下圖中的紅色圓形與紫色方形，操作前紅色 B 圓形在紫色 A 正方形上方，我們在左側的圖層直接拖拉紅色 B 圓形往上，便能夠發現兩個物件交換了上下順序，變成紫色 A 正方形在紅色 B 圓形之上。

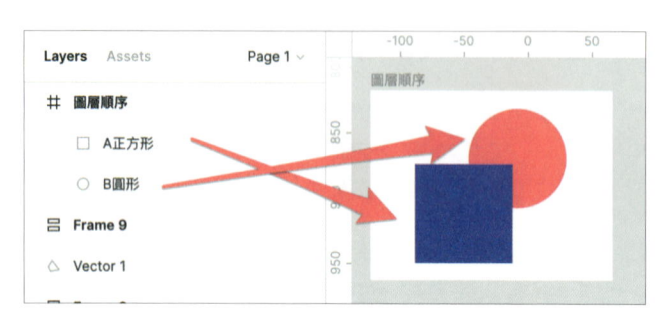

🔈 圖層拖曳交換上下順序，使得紫色正方形改成在圓形之上

◎ 技巧六：隱藏、鎖住圖層

遇到只想調整特定圖層的需求，可以暫時隱藏視覺干擾的物件，透過將游標移動至左邊圖層管理選單的眼睛符號（「隱藏 / 開啓圖層」按鈕），就可以將圖層隱藏。此外，選取圖層後，點擊鎖頭符號，可以將圖層鎖定住，不會受到任何游標操作影響，是製作設計稿時簡單且實用的功能。

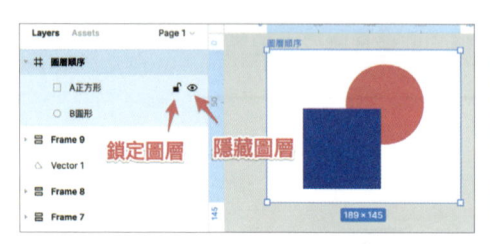

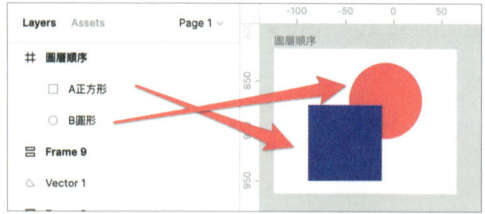

🔈 透過點選圖示來鎖定圖層 / 隱藏圖層

◎ 技巧七：了解製作布林的技巧（交集、聯集、裁減、排除）

在設計稿中，有許多圖示、按鈕或標示，會用幾何圖形的集合體來表示，這些圖形透過「布林」的概念（指的是圖形之間的交集、聯集、裁減、排除等），可以建構出更多種類的造型。以 Google 的聊天圖示為例，這是透過矩形與三角形的「聯集」效果製作出來；而透過兩個圓形的互相「裁減」，則可做出夜間模式的月亮圖示。

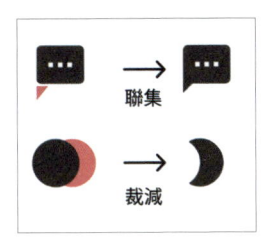

🔗 透過布林工具來製作圖示

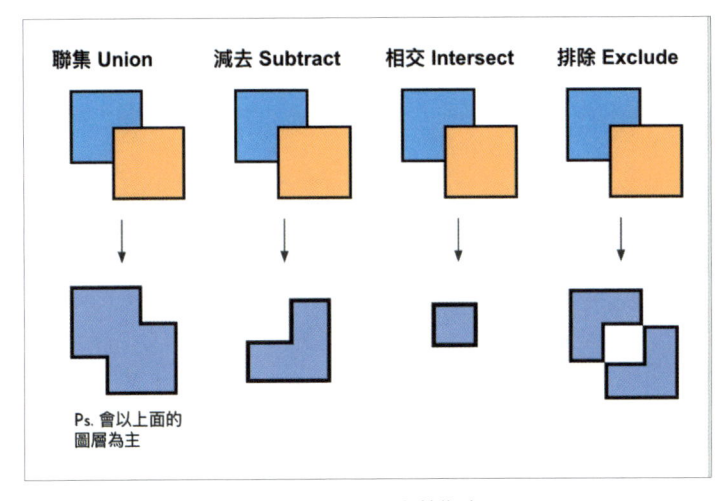

🔗 四種 Figma 布林概念

🔘 Figma 布林概念說明

項目	說明
聯集（Union）	結合兩個物件，並保留所有區域。
裁減（Subtract）	裁減與聯集互為相反。兩個物件中的交疊區域會被減去，只有在上層的形狀是實心並被採用。
交集（Intersect）	只保留兩個物件重疊在一起的部分。
排除（Exclude）	排除與交集互為相反。重疊的部分被裁減，只顯示圖層中不重疊的區域。

🔵 技巧八：設定物件參數

　　本單元將帶領讀者熟悉物件參數調整區域。在畫布中選取一個物件，在右邊的面板中，由上而下分別可調整物件位置、角度參數、對齊方式、圖層、填色、框線、效果等設定，由於可調整的參數眾多，我們將在後續的單元帶領讀者進行練習。

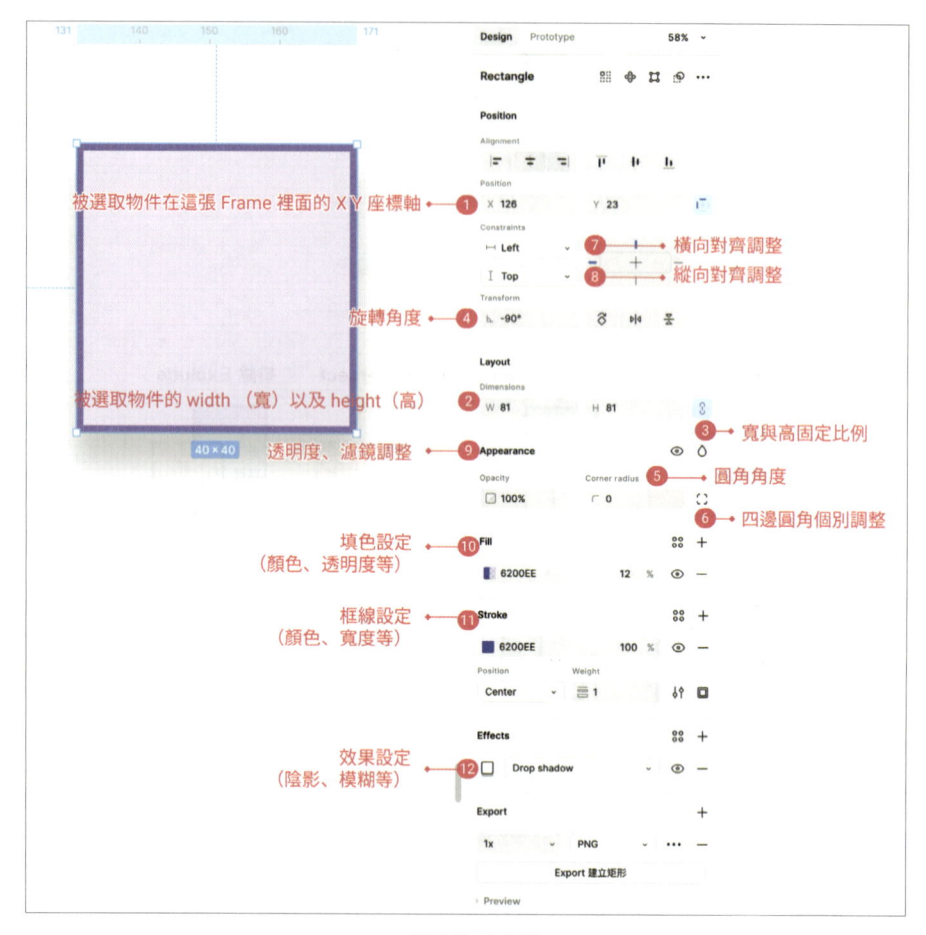

設定物件參數

◉ Figma 物件的參數控制區域與對應功能

編號	說明
1	Position：被選取物件在這張 Frame 裡面的 X、Y 座標軸。
2	Layout：被選取物件的 width（寬）及 height（高）。
3	Layout：寬與高固定比例。開啟後，輸入寬或高任一數值，則寬或高會依照既有的固定比例隨之調整。
4	Transform：被選取物件的旋轉角度。
5	Corner radius：被選取物件的圓角角度。
6	Corner radius：四邊圓角個別調整。
7	Constraints：橫向對齊調整。

072　Figma UI/UX 設計技巧實戰：打造擬真介面原型

編號	說明
8	Constraints：縱向對齊調整。
9	Appearance：圖層透明度、濾鏡調整。
10	Fill：填色設定（顏色、透明度等）。
11	Stroke：框線設定（顏色、寬度等）。
12	Effects：效果設定（陰影、模糊等）。

技巧九：認識 Pen & Pencil（鋼筆、鉛筆）工具

除了好用的形狀工具，Pen（鋼筆）或 Pencil（鉛筆）也是用來繪製向量圖形的工具，乍看之下，兩者像是單純繪製線段的工具，但只要線段的起始錨點和終點錨點相交合，就會被視為可在內部著色的封閉路徑。

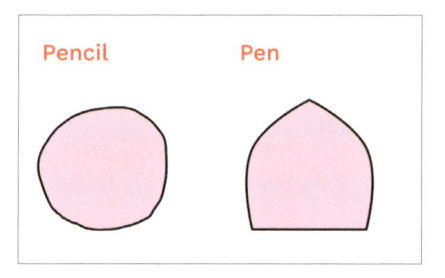

⊙ 在 Figma 上分別以 Pencil 及 Pen 工具來繪製封閉路徑並著色

⊙ Pen、Pencil 工具

TIPS! 分享一個好用的鋼筆練習網站，在此網站中可以從簡單到複雜來練習貝茲曲線的運用：URL https://bezier.method.ac/。

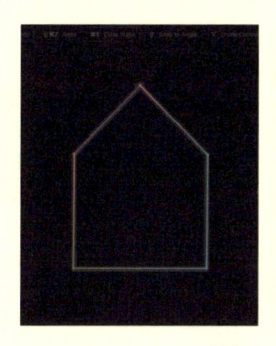

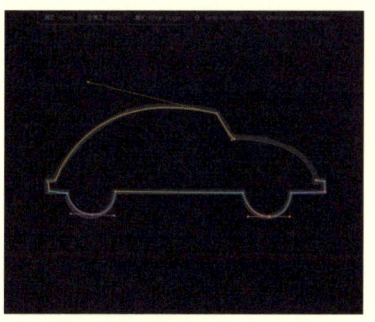

⊙ 鋼筆工具多用來處理複雜圖形

實作步驟

接下來進入實作,第一階段是「基礎形狀工具練習」,我們將繪製基礎圖形,包含框線、填滿、圓角、多邊形、星形多邊形、線條、箭頭、圓形、圓餅、環狀。

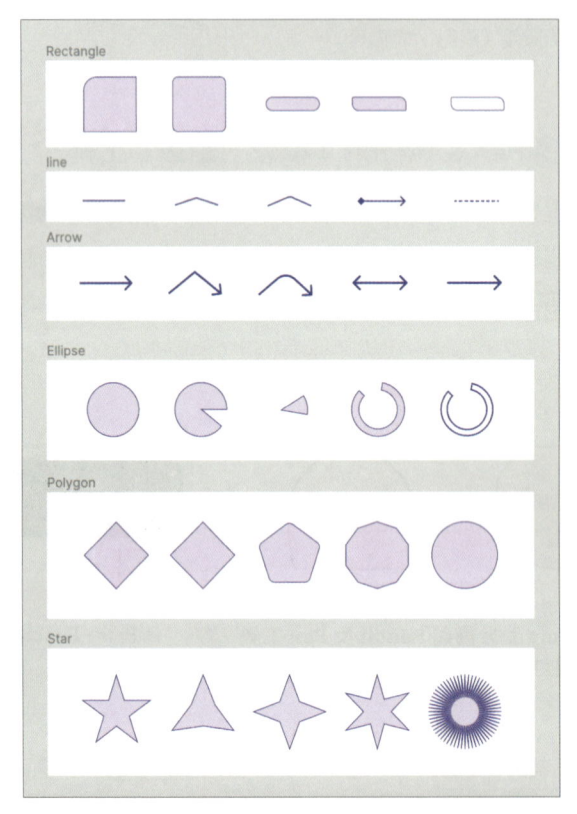

↷ 本單元的形狀基礎練習中,可了解如何完成基礎形狀

掌握基礎練習後,第二階段是進行「多形狀的布林技巧練習」實作,我們將帶領讀者使用布林圖形的技巧,實作完成圖示的製作。

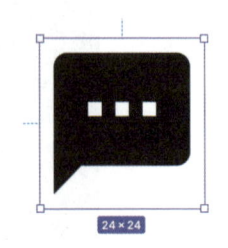

↷ 本單元進階練習中,可組合使用形狀技巧來完成對話圖示

實作一：基礎形狀工具練習

01. **複製練習畫布與建立形狀。**

　　首先複製本單元所提供的練習畫布素材（連結在本單元最上方，或是使用本書提供的「.fig」檔案），可在「完成效果」檢視本單元的相關練習目標，然後在「讀者練習區」親手做做看，相關素材與「.fig」檔案皆可於官網取得。

本單元實作區

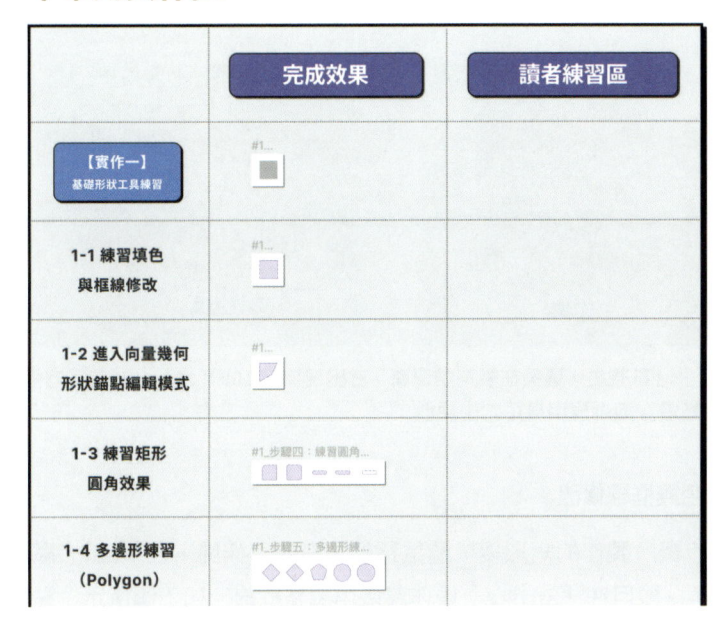

	完成效果	讀者練習區
【實作一】 基礎形狀工具練習	#1...	
1-1 練習填色 與框線修改	#1...	
1-2 進入向量幾何 形狀錨點編輯模式	#1...	
1-3 練習矩形 圓角效果	#1_步驟四：練習圓角...	
1-4 多邊形練習 （Polygon）	#1_步驟五：多邊形練...	

🎧 讀者可以複製本單元的練習素材畫布使用（素材連結在本單元最上方處）

　　建立形狀時，先從 Figma 介面上方的黑色工具列中，找到如「形狀」（Shape Tool）的圖示，並在子選單中選取「Rectangle」（矩形），選取後游標會變成「+」符號，讀者可以透過拖曳十字來選取任意範圍，或單擊畫布中的任意位置，來擺放矩形物件。

🔸 在工具列中選取「Rectangle」，以建立矩形

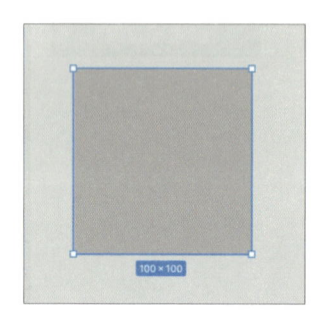

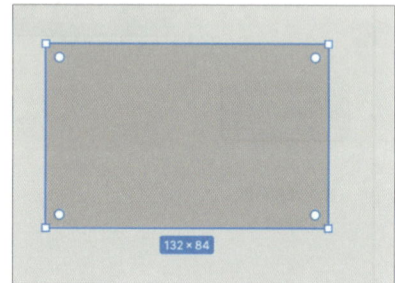

🔸（左）出現「＋」符號後，透過在畫布中單擊，會出現預設 100×100pixel 的正方形；（右）也可直接在畫布中點選，並拖曳出指定大小矩形

02. 練習填色與框線修改。

選取前面步驟所製作的矩形後，滑鼠移動至右側工作區，在「Fill」操作區域中，為矩形填滿顏色，並且在「Stroke」操作區域中調整框線。如下圖所示，點選圖片中框選的範圍，可以進一步修改顏色，也可以直接輸入色票號碼來調整為指定顏色。

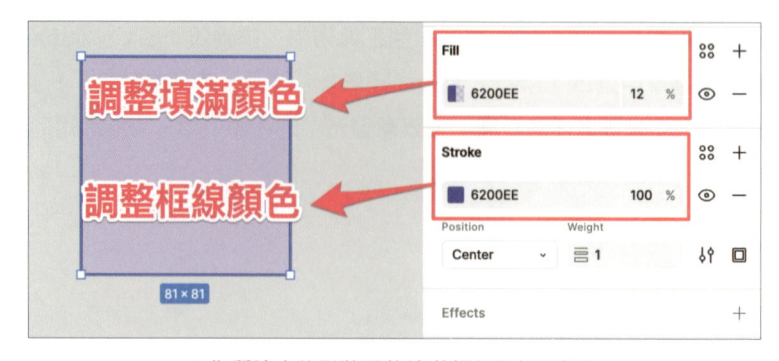

🔸 為所建立的形狀調整填滿顏色及框線顏色

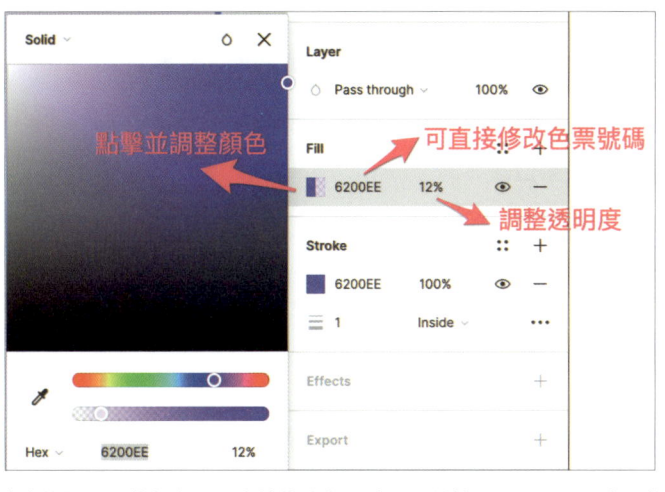

⊙ 為所建立的矩形調整顏色，可直接修改色票號碼，並輸入 1%~100% 來調整透明度

「Stroke」操作區域包含所有形狀外框的調整，在框線粗細設定欄位中輸入數字，可以進行框線粗細的調整，或者透過滑鼠往左（粗度減少）及往右（粗度增加）的拖曳，也可做框線粗細的調整。

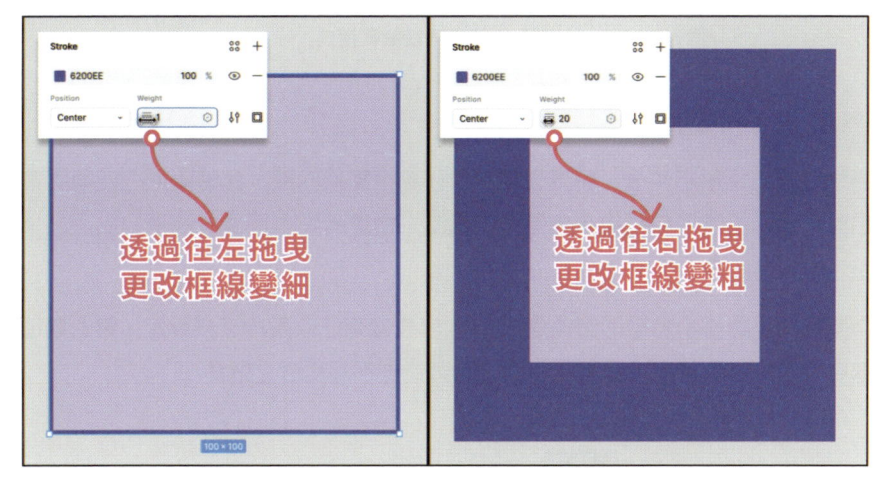

⊙ 除了輸入數字外，還可透過滑鼠拖曳來調整框線粗細

03. 進入向量編輯模式。

上一步驟對於矩形的填色、框線修改，會套用到整個矩形的四個邊和四個角。如果讀者想要針對形狀的特定邊或特定角，進行錨點與錨點間的線條相關調整，則需要進入「向量編輯」的模式。

請讀者在已建立的形狀路徑（錨點與錨點連結而成為的路徑），透過雙擊或在形狀上點選 Enter 鍵，此時錨點將會切換顯示為圓形白點的形狀。看到圓形白點時，代表這些錨點是可被編輯的狀態，可進行以下幾種調整：

- 拖曳移動錨點，以調整位置。
- 選取欲刪除的錨點範圍後，按下 Shift + Delete 鍵來刪除選取範圍的所有錨點。

最後按下 Enter 鍵或左上方工具列的「Done」按鈕，就可結束幾何形狀的編輯狀態。

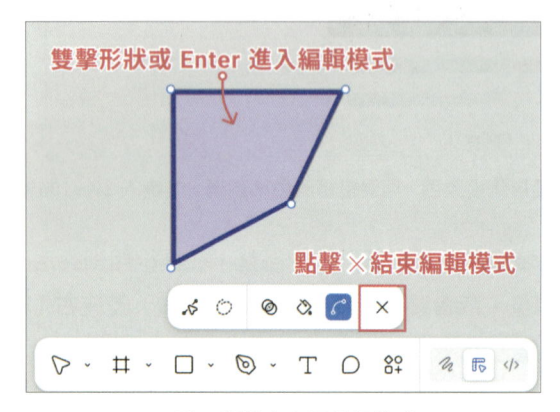

↑ 進入與結束向量編輯模式

04. 練習矩形圓角效果。

點選建立好的矩形物件後，請讀者將游標移動至矩形內部，此時矩形的四角將會出現圓形白點。這裡的圓形白點用來控制角的弧度，當讀者把游標置於圓形白點上方，游標旁會指示出目前的圓角弧度（Radius）。

以下圖為例，調整前的矩形圓角是「0」，代表沒有任何圓角樣式設定，當滑鼠往矩形中心拖曳，四角將隨著拖曳程度的不同，而製造出不同弧度之圓角。

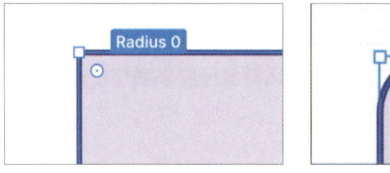

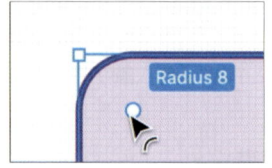

↑ （左）游標移動到小白點上，圓角會顯示為「0」；（右）拖曳游標，圓角顯示為「8」，在矩形物件上做出圓角效果

除了拖曳之外，在介面右邊的工作區也提供圓角弧度的設定欄位，請讀者找到圓角圖示，並在欄位中輸入任意圓角參數。

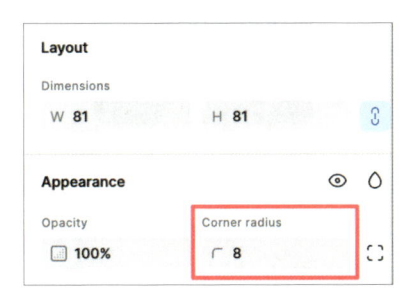

🎧 透過輸入圓角參數，直接調整矩形每個邊角的圓角樣式

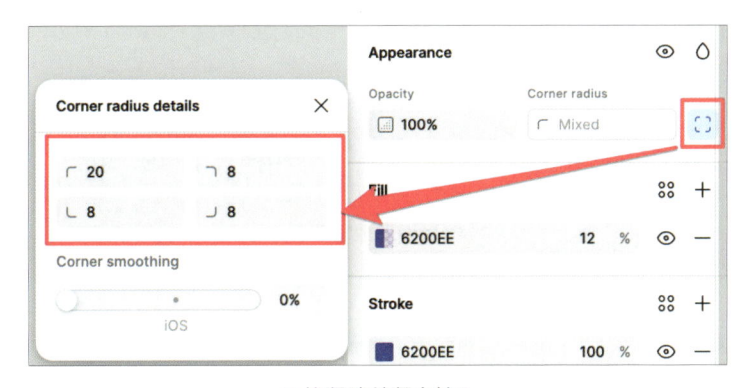

無論是透過矩形上的圓形白點拖曳，或者使用欄位輸入圓角參數，這些調整皆套用在矩形的所有角。如果僅需要對矩形的某一角進行調整，該如何操作呢？請讀者透過點擊 ⌗ 按鈕，在輸入框分別設定個別圓角，輸入的順序依照順時針的方向，由左上角出發。以下圖為例，在左上角輸入圓角「20」，將出現對應弧度的圓角。

🎧 依順時針順序輸入

05. 多邊形練習（Polygon）。

接下來進行多邊形的練習，請讀者在黑色的工具列中選取「Polygon」（多邊形）。新增多邊形後，游標將變成「＋」符號，請讀者單擊畫布中的任意位置，或單擊後在畫布上拖曳任意範圍擺放多邊形（多邊形的預設形狀是三角形）。

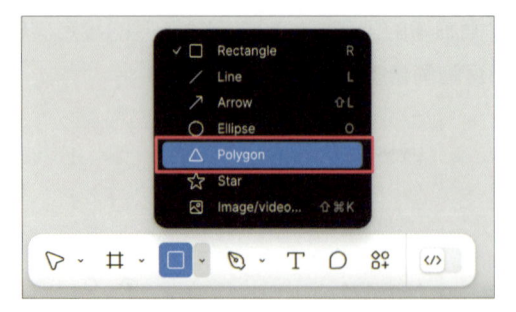

△ 在工具列中選取「Polygon」，以建立多邊形

完成第一個多邊形（預設為三角形）之後，請至右邊的工具面板依序輸入「4、5 或更多」，來建立四邊形、五邊形及多邊形，至多可輸入「60」。

接下來，請讀者小試身手，自己實作看看以下範本的多邊形。

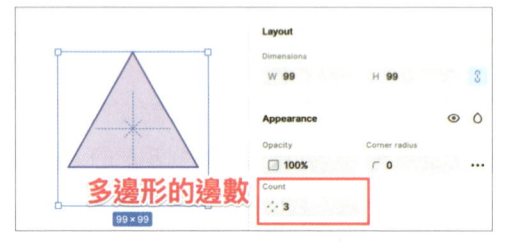

△ 透過設定數量，可更改多邊形的形狀（多邊形的邊數）

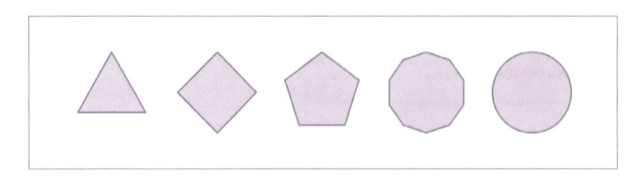

△ 多邊形練習範本

> **TIPS！** 當畫面物件比較多的時候，可以多選物件後，滑鼠滑到右下角，會出現一個九個點點的按鈕，這稱為「Tidy Up」（整理）功能，點選這裡後，它會自動對齊，很方便。
>
> 整理好的多物件，還可以手動改變位置或修改間隔。此外，也可以使用右上角的快速對齊功能，來幫助我們快速做出靠左、靠右、置中、靠上、靠下對齊、自動垂直、水平分布等效果。

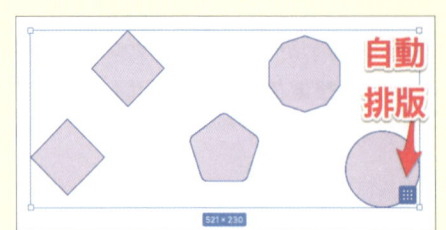

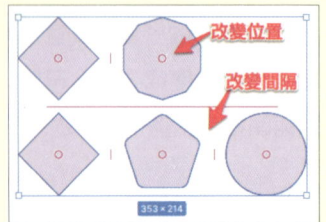

△（左）可以快速自動排版的按鈕；（右）自動排版完後，可以手動改變物件順序及間隔

Figma UI/UX 設計技巧實戰：打造擬真介面原型

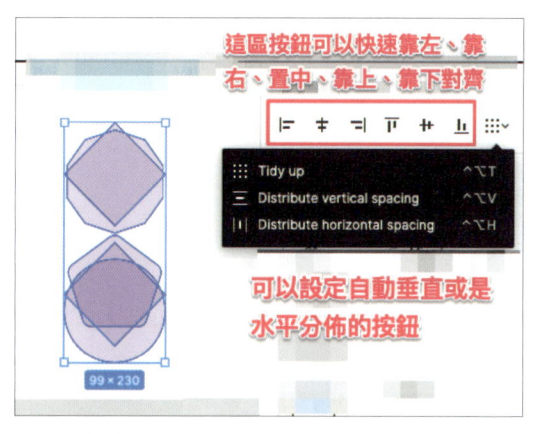

▶ 多選物件後，可以嘗試看看右上角這區的對齊功能

06. 星形多邊體（Star）練習。

星形多邊體能夠做出星星形狀，請讀者在黑色的工具列中選取「Star」（星形多邊體），游標會變成「＋」符號，請讀者透過單擊畫布中的任意位置，或單擊後在畫布上拖曳選取任意範圍，來擺放星形物件，因為多邊形工具預設是五角星，因此點擊後就完成了第一個圖示。

▶ 在工具列中選取「Star」，以建立星形

完成第一個星星之後，請找到右邊的工具面板，依序輸入「3、4 或更多」，來建立三角星、四角星及星形多邊形。

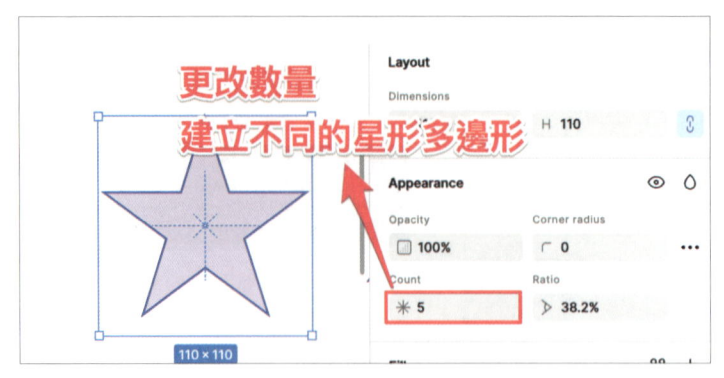

◐ 建立星形多邊形

接下來，請讀者小試身手，實作出以下範本的星形多邊形。

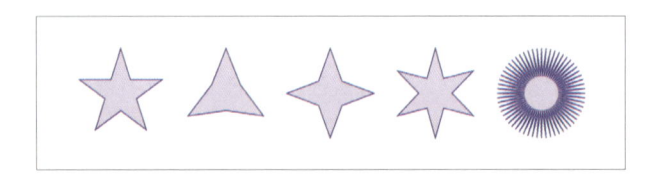

◐ 星狀練習範本

07. 線條與箭頭練習（Line、Arrow）。

線條和箭頭也是常用的形狀之一，用來繪圖及說明物件和物件之間的關聯等。建立線條（Line）或箭頭（Arrow），可以比照前幾個步驟，找到下圖中的按鈕，使用變成「＋」符號的游標，單擊或拖曳做出線條及箭頭。

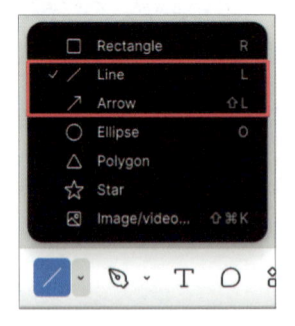

◐ 在工具列中選取「Line」、「Arrow」，以建立線條、箭頭

在畫布中建立了任一線段後，試著雙擊線段，會發現兩端出現了圓點把手，點擊中間的端點並向上拖曳，將可讓線段產生折角。

082　Figma UI/UX 設計技巧實戰：打造擬真介面原型

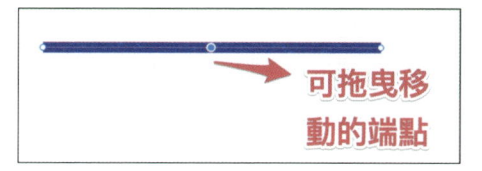

🎧 透過拖曳端點變化線條

　　如果想要調整線條、箭頭的端點樣式，則可以透過右側的設定面板進行端點樣式的調整。

🎧 調整線條兩側線條端點樣式

　　最後，點擊設定面板中的 ⋯ 圖示的按鈕，展開後可以在「Stroke style」更改為虛線或者實線。

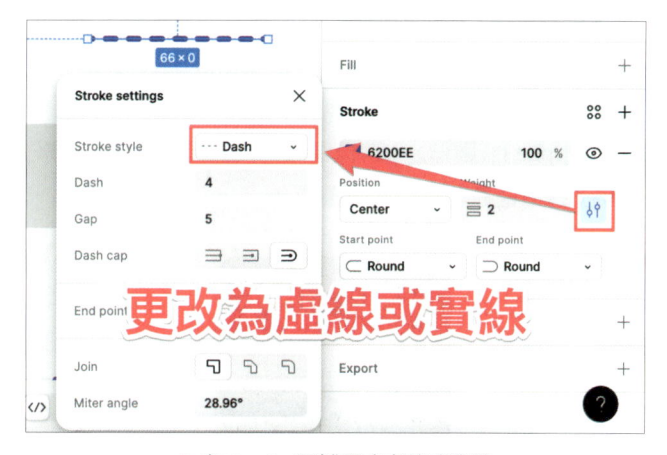

🎧 在 Stroke 區域更改虛線或實線

> **TIPS!** 讀者也可以調整看看 Stroke style 視窗中的相關效果，例如：「dash」可以加大每個線條、「Gap」可以增添線條間距、「Dash cap」可觀察每條虛線造型的改變、「Join」則會改變兩條線交會處的折角。

05　用形狀與鋼筆工具繪製圖樣　　083

接下來,讀者可以小試身手,實作出以下範本的線條和箭頭。

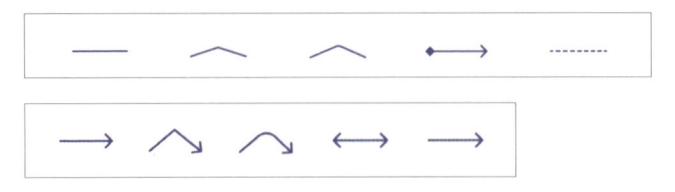

○ 各種線條的練習範本

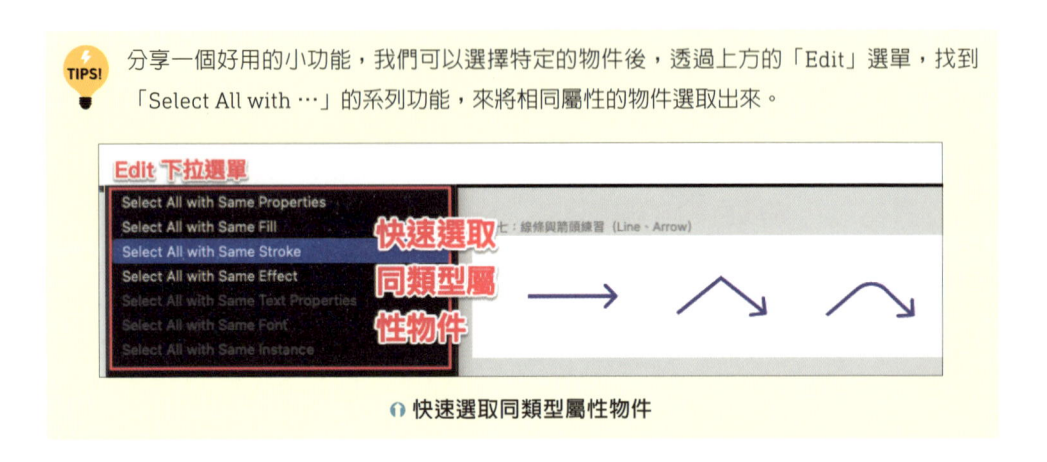

> **TIPS!** 分享一個好用的小功能,我們可以選擇特定的物件後,透過上方的「Edit」選單,找到「Select All with …」的系列功能,來將相同屬性的物件選取出來。
>
> ○ 快速選取同類型屬性物件

08. **圓形、圓餅與環形練習(Ellipse)。**

在工具列中選取「Ellipse」(圓形),游標變成「＋」符號,透過單擊畫布中的任意位置,或單擊後在畫布上選取任意範圍來擺放圓形。

○ 在工具列中選取「Ellipse」,以建立圓形

在畫布上建立一個圓形後，請讀者把滑鼠移動到圓形範圍內，此時圓形內會出現一個圓形白點。從前幾個步驟的練習，讀者會發現拖曳圓形白點，可以對形狀做出調整。白點向不同角度拖曳，圓形將會隨著拖曳角度，向外打開缺口，如下圖所示。

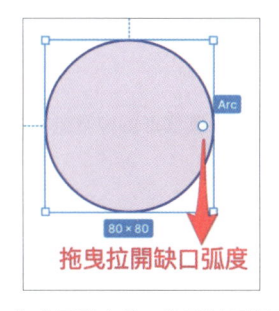

🎧 拖曳圓形白點，拉開缺口弧度

當然，也可以試著持續拖曳，讓圓形缺口更大後，改變成為圓餅圖的一小塊，如下右圖所示。

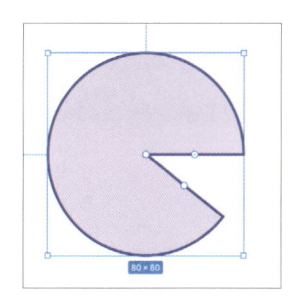

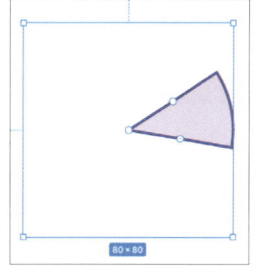

🎧（左）缺口圓形；（右）扇形

圓形還有不同的變化，如果想做出環形，只需要將滑鼠移動到剛才製作的圓餅形狀中心點，向內拖曳，就可以做出環形。

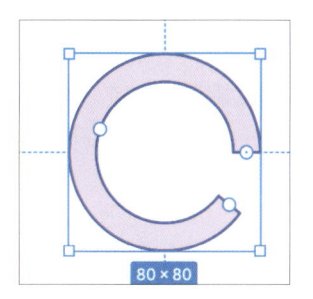

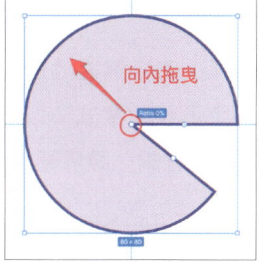

🎧（左）環形示意；（右）缺口圓形的中心點，向內拖曳

05　用形狀與鋼筆工具繪製圖樣　　085

請讀者試著依照步驟，實作出範本中的練習圖形。

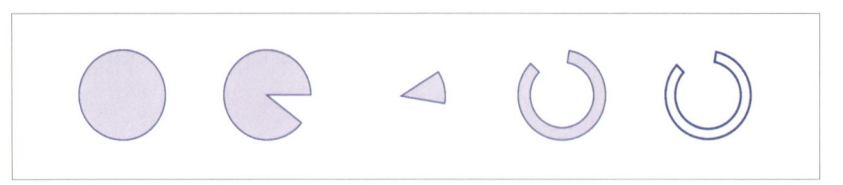

🔘 各種圓形的練習範本

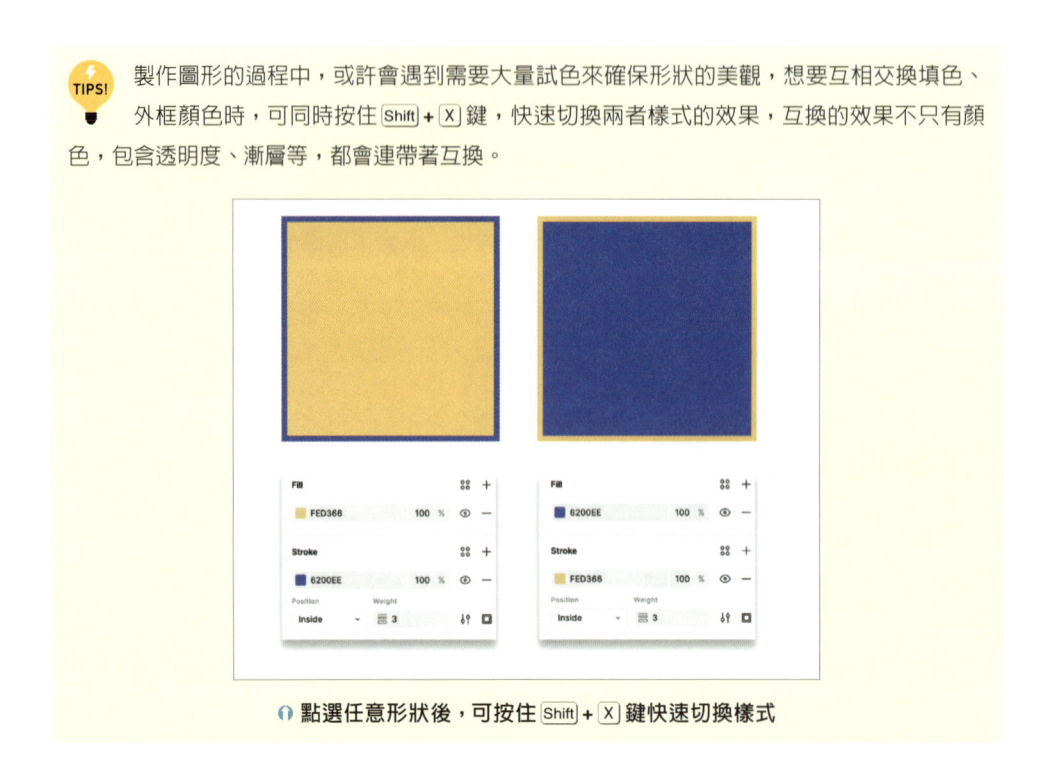

> **TIPS!** 製作圖形的過程中，或許會遇到需要大量試色來確保形狀的美觀，想要互相交換填色、外框顏色時，可同時按住 Shift + X 鍵，快速切換兩者樣式的效果，互換的效果不只有顏色，包含透明度、漸層等，都會連帶著互換。

🔘 點選任意形狀後，可按住 Shift + X 鍵快速切換樣式

09. 複製與貼上樣式練習。

在製作圖形的過程中，遇到需要大量複製貼上特定樣式時，可按住 Ctrl / CMD + option / Alt + C 鍵來複製指定形狀的樣式，以及 Ctrl / CMD + option / Alt + V 鍵來貼上樣式。複製貼上的樣式包含顏色、框線、圓角等。

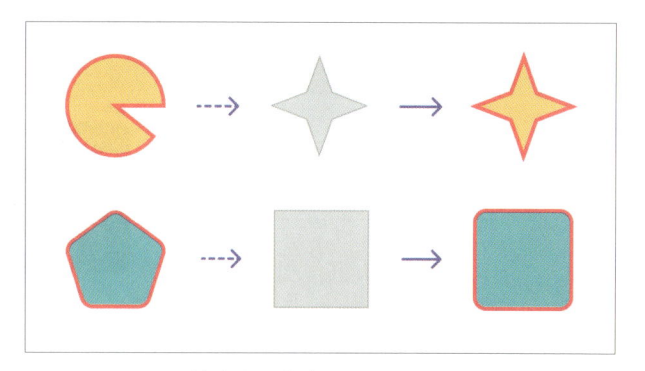

⬥ 可快速在形狀之間複製及貼上樣式

⬤ 實作二：多形狀的布林技巧練習

01. 建立形狀。

實作二會來試試看布林圖形組合技巧，並製作出對話圖示。首先，請讀者透過形狀工具新增一個圓角矩形、三個正方形、一個三角形。

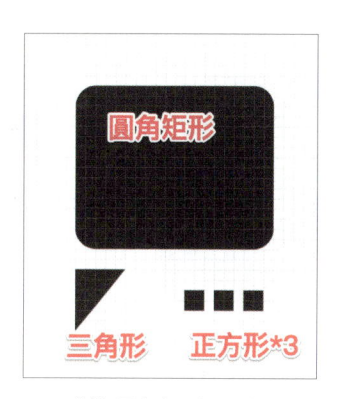

⬥ 製作圓角矩形及三角形

02. 設定形狀排除。

在畫布中建立形狀，選取後可以嘗試運用四種不同的布林概念，包含「聯集」（Union）、「裁減」（Subtract）、「交集」（Intersect）、「排除」（Exclude），只要選取兩個形狀物件後，從畫面右側工作區可找到這個按鈕。「展平」（Flatten）的功能則讓多個向量圖層，可以展開成為單一圖層。

05　用形狀與鋼筆工具繪製圖樣　　087

⋂ 選取物件後，可以由右側工作區選取布林工具按鈕

接下來，請將三個小正方形移動至圓角矩形中心，同時選取三個小正方形及圓角矩形後，設定為「Exclude selection」，完成形狀排除。

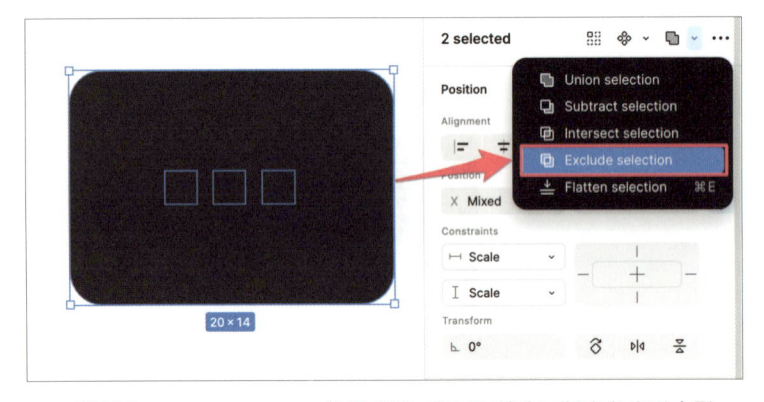

⋂ 選取「Exclude selection」進行排除，就可以挖空三個白色小正方形

03. 設定形狀聯集。

將三角形移動到與圓角矩形重疊的區域，並同時選取後，設定為「聯集」（Union）。

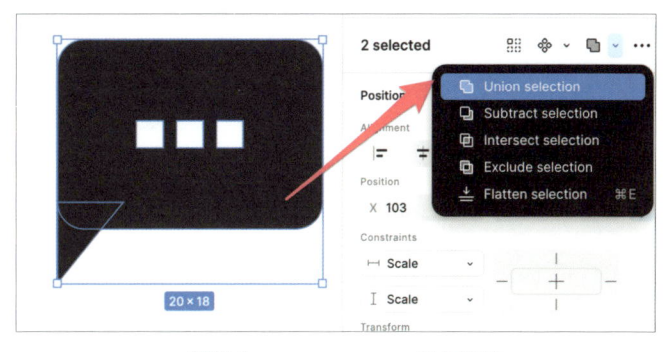

⋂ 選取「Union selection」進行聯集

04. 調整填色及框線粗度。

最後，使用「Fill」進行填色，或者使用「Stroke」調整框線顏色、線條粗度，就完成了用布林圖形建立圖示的挑戰，很簡單吧！透過各種多物件的布林關係，能夠做出無限多種造型的圖樣。如果圖示已不會再做較大的調整，可點擊「Flatten selection」，讓圖示展平成為一個圖層，而非多個圖層的聚合物。

⋂（左）純線框版對話圖示；（右）為填色版對話圖示

⬤ 實作三：鋼筆工具與貝茲曲線練習

鋼筆工具可以用來製作路徑較複雜的圖示，本實作將帶領讀者操作鋼筆工具。

01. 錨點練習。

請讀者先選取鋼筆工具（Pen），此時游標會顯示為鋼筆圖示，在此狀態下，請讀者在錨點 1 旁的位置點擊，並拉線至錨點 2。

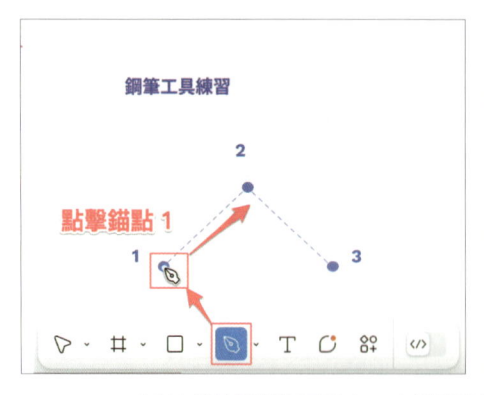

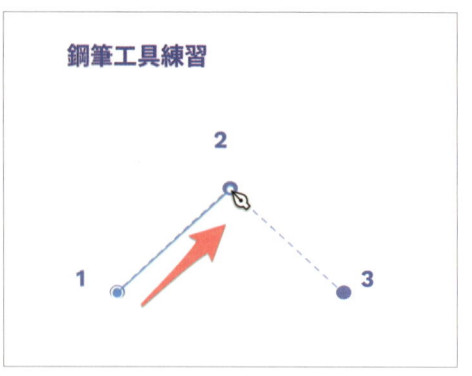

◯（左）進入到鋼筆工具（Pen）編輯狀態，點擊錨點 1；（右）將線拉至錨點 2

請讀者點擊至錨點 3 後，點擊工具列上的「×」關閉按鈕，或者在鍵盤上按下 Enter 鍵，結束錨點編輯狀態。

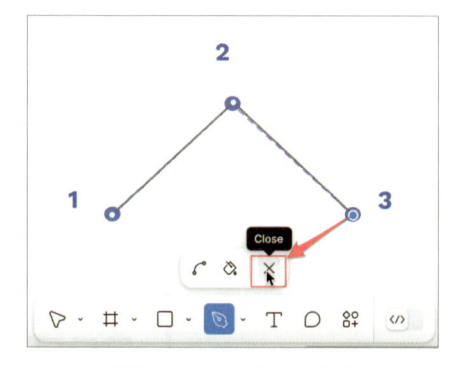

◯ 點擊工具列上的「×」關閉按鈕

02. 貝茲曲線練習。

此步驟將使用鋼筆工具繪製弧形的技巧，請讀者在練習素材上先點擊錨點 1，並且不放開滑鼠，跟著箭頭方向向上拖曳，到箭頭頂點放開，再往錨點二前進。此時，將發現把手頂端停留在箭頭頂端。

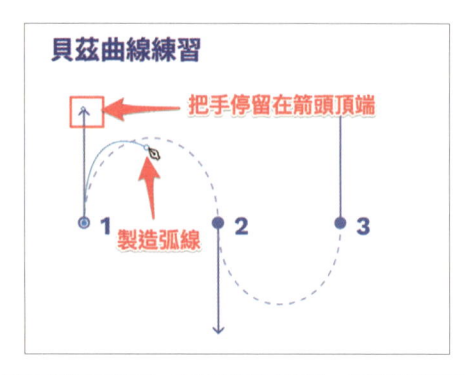

◯ 箭頭方向向上拖曳，到箭頭頂點放開，再往錨點二前進，此時將發現把手頂端停留在箭頭頂端

接著到錨點 2 的位置，請讀者再次拖曳順著箭頭方向向下到箭頭端點，讓把手停留在箭頭端點，製造的弧線則前往錨點 3，最後在錨點 3 向上拖曳完成波形。

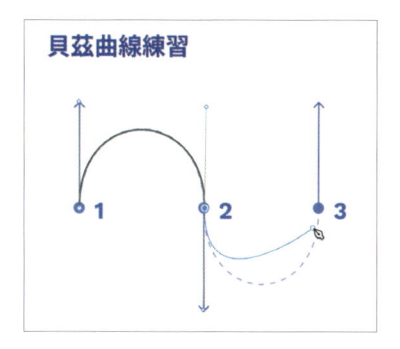

🎧 拖曳順著箭頭方向向下到箭頭端點，讓把手停留在箭頭端點，製造的弧線則前往錨點 3，最後在錨點 3 向上拖曳完成波形

03. 綜合練習。

最後的綜合練習中，請讀者取用素材，依序點擊圖中指示的錨點來連線，有箭頭指示的錨點，則依照箭頭拖曳，最後讓起始端點和終點交合，形成封閉路徑的圖形，然後可將圖形填滿顏色。

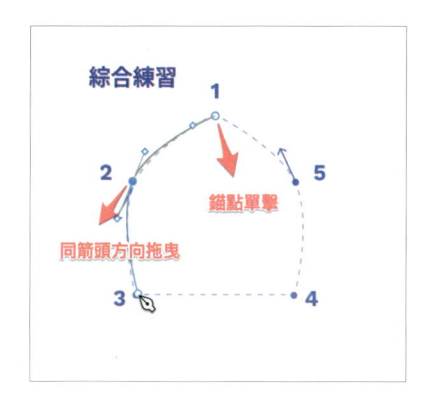

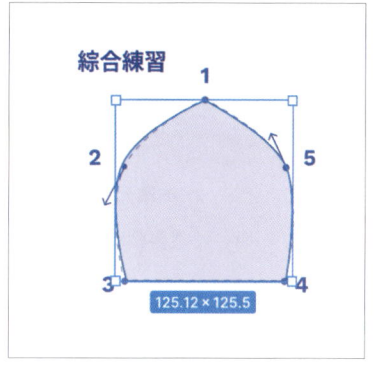

🎧（左）封閉路徑的錨點練習；（右）對封閉路徑上色

05　用形狀與鋼筆工具繪製圖樣　　091

Unit 06 認識文字元件工具

單元導覽

　　本單元將練習「文字」（Text）元件的操作技巧，透過易讀、吸引人的文字內容與排版，更能傳遞介面的服務目的。在本單元中，將帶領讀者操作 Figma 文字元件與相關應用，並實作常見的電商購物頁面。

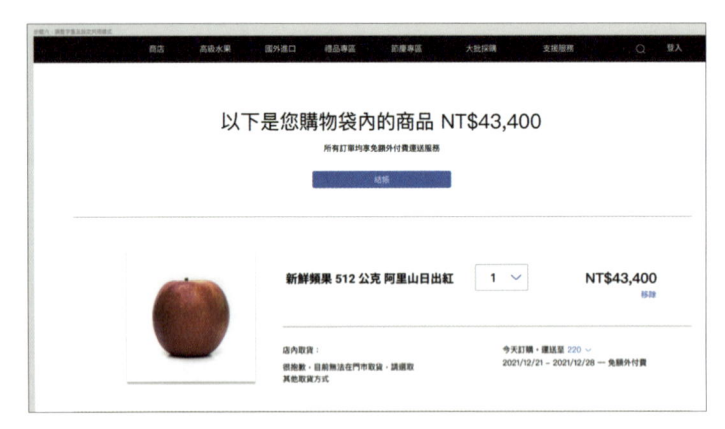

🎧 **本單元將實作的電商網站顧客填答表單頁面**

※ 本書實作範例圖片來源：https://unsplash.com/

Figma 練習素材連結　https://sites.google.com/view/figma-chinese/unit/unit06

重點學習技巧

◉ 技巧一：認識與修改文字屬性

　　「文字」（Text）在 Figma 中被視為文字圖層，在左側邊的圖層管理面板中，文字圖層前方會顯示「T」的圖示。

▶ 文字元件的符號

讀者必須點擊文字圖層,才能在右側功能面板看到對應的文字設定。以下表格的說明,提供讀者參考文字屬性的相關項目。

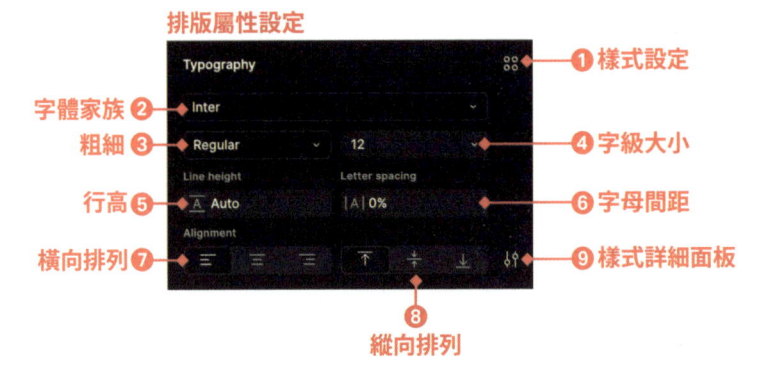

排版屬性設定

- 字體家族 ❷
- 粗細 ❸
- 行高 ❺
- 橫向排列 ❼
- ❶ 樣式設定
- ❹ 字級大小
- ❻ 字母間距
- ❾ 樣式詳細面板
- ❽ 縱向排列

▶ 文字屬性與對應設定面板介紹

▶ 文字屬性介紹

編號	文字屬性	說明
1	樣式設定 (Text Styles)	在此儲存文字樣式索引,或者選擇已建立的文字樣式,適合團隊用來建立大標題、副標題、階層一的樣式通則。
2	字體家族 (Font Family)	字體家族的概念是一組具有相似設計風格與特徵的字體(typeface),由不同用途、粗體或斜體等視覺變化的字型(fonts)所集合而成。常見的字體家族如 Helvetica、Times New Roman 和 Roboto,而 Figma 預設的字型家族則是 Roboto。
3	粗細 (Font Weight)	字體家族能夠選擇不同的粗細樣式。以 Roboto 字體家族為例,可以選擇的有 thin、light、regular、medium。
4	字級大小 (Font Size)	字級大小是指文字的字高的大小,在 Figma 字級的設定中,單位是像素(px)。

編號	文字屬性	說明
5	行高 （Line Height）	行高是文字和上下行文字的垂直距離。例如：1.5 倍行高通常是指字體本身的 1.5 倍高。Figma 提供兩種設定方式，一種是設定固定的行高，以像素（px）為單位，另一種則是幾倍行高，以占字體大小的百分比（％）為單位（輸入數字後面增加 ％）。
6	字元間距 （Letter Spacing）	字元和字元之間的距離，間距的設定是以百分比（％）為單位，Figma 將以字元本身寬度為基準，依比例縮放字母間距。
7	橫向排列 （Horizontal Alignment）	在圖層的寬度範圍中選擇如何分配文字，對齊方式包含靠左對齊、靠右對齊、置中對齊。
8	縱向排列 （Vertical Alignment）	在圖層的高度範圍中選擇如何分配文字，對齊方式包含置頂對齊、置中對齊、置底對齊。
9	樣式詳細面板 （Type Details Panel）	調整更多的文字屬性，包含預覽文字、新增刪除線、段落縮排、上下標等。

※ 資料來源：Figma 官方網站（https://help.figma.com/hc/en-us/articles/360039956634）

◯ 技巧二：結合 Google Fonts 預覽字體使用

選擇字體時，Figma 可以在選擇字型時同時預覽字體樣式，不過讀者亦可透過 Google Fonts 網頁來預覽字體的樣式。

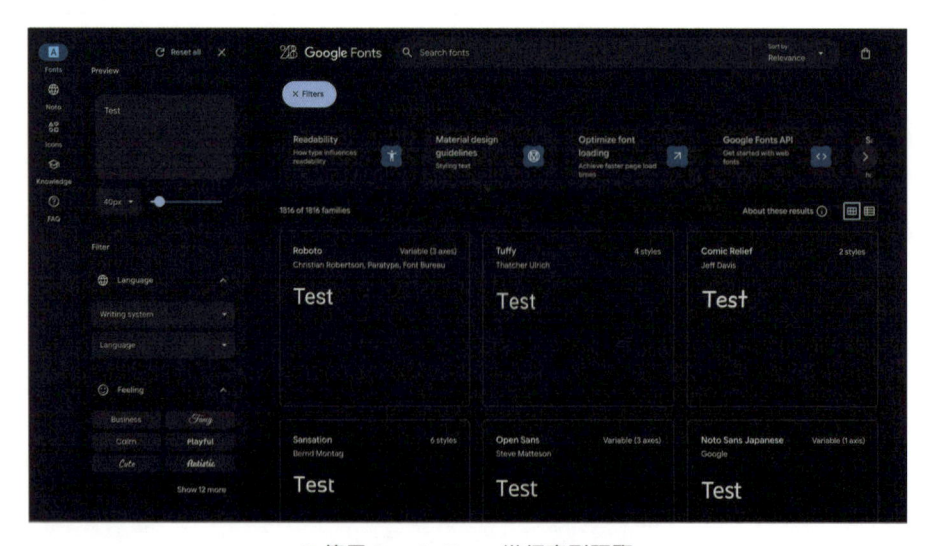

△ 使用 Google Fonts 進行字型預覽

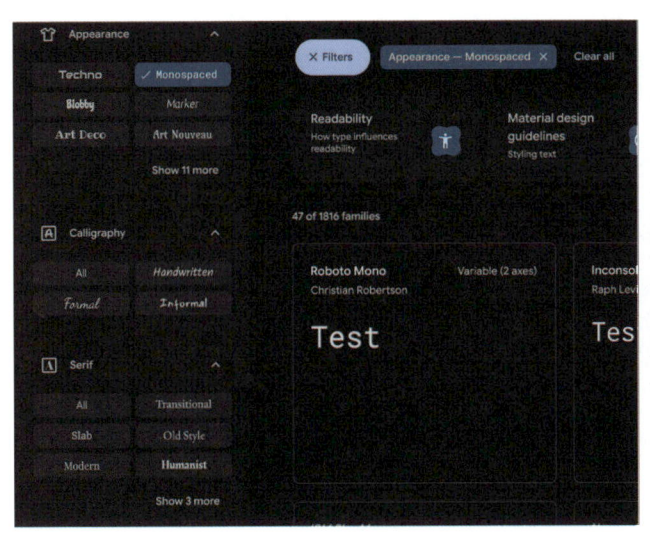

🎧（左）使用 Google Fonts 進行字型篩選；（右）可在 Figma 選取指定字型

技巧三：顯示與切換字型家族（Font Family）

「字體家族」（Font Family）是用來形容同一個字體（typeface）底下，用途不同的字型（fonts）。字體家族依據字重、斜度會有不同的變化，以思源宋體（Noto Serif）為例，字體家族包含了一般體、細瘦體、粗體、黑體等。Figma 內建的字體中，只要選取任意字體後，就能找到字體對應的字體家族，字體家族時常以不同粗細來作為字型的區分。

🎧（左）Figma 可切換相同字體的不同字體家族；（右）思源宋體（Noto Serif）的不同字體家族，可切換不同變化

06　認識文字元件工具　　095

> **TIPS!** 關於字體的使用技巧，筆者推薦拜讀《Jost Hochuli：Detail In Typography》這本書，裡面有更完整的介紹。

◉ Detail in Typography（by Jost Hochuli）

※ 資料來源：Amazon.com：Jost Hochuli：Detail In Typography（english Reprint）：9782917855669：Jost Hochuli：圖書

◯ 技巧四：透過 Figma 修改文字行高與段落間距

「段落間距」用來調整段落與段落之間的親疏關係，而「文字行高」則能控制一行文字上下所預留的空間。當多行文字進行排版時，文字上下空間太緊密，會看得很吃力；太疏遠，會讓每一行看起來毫不相關。

關於文字的段落間距調整，可以參考格式塔心理學的「接近性原則」，下面這張圖中 A 區塊和 B 區塊各有 12 個圓形，A 區塊內的 12 個圓形自成為一組，B 區塊第一排和第二排中間有較其他排更大的留白空間，看起來 4 個圓形、8 個圓形各自成為一組，「接近性原則」說明了人們會不自覺把排列距離比較緊密的對象，當成是更有關係的一群。

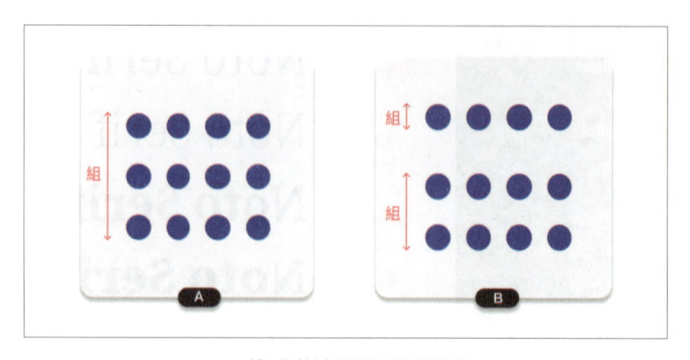

◉ 格式塔接近性原則說明

> **TIPS!** 格式塔心理學是知名的設計心理理論，提供許多設計上概念的輔助，例如：整體性、具體化、組織性和恆常性等概念，讀者可延伸閱讀參閱相關資訊。

◯ 技巧五：認識 Figma 文字調整單位

另外，行高依據字高的高度進行換算，字高、行高、段落間距的關係，則可以參考下面這張圖的範例，在文書軟體 Word 的功能選單中，提供調整行高的選項，如「1.5」倍行高、「2」倍行高，然而這種調整方式是以字級的字高比例級數進行調整，換算單位是 pt。要特別注意的是，在 Figma 中單位是 px，因此換算行高時，以 px 為單位進行換算。

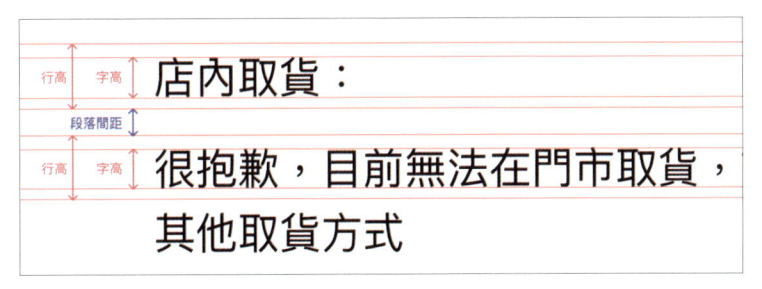

◐ 字高、行高與段落間距

◯ 技巧六：共用檔案文字樣式

為了避免花費大量精力在複製文字樣式，Figma 提供非常方便的共用文字樣式功能。建立文字共用樣式後，選取文字並套用設定好的樣式，便不需要再逐一調整文字的大小、間距、字體等參數。

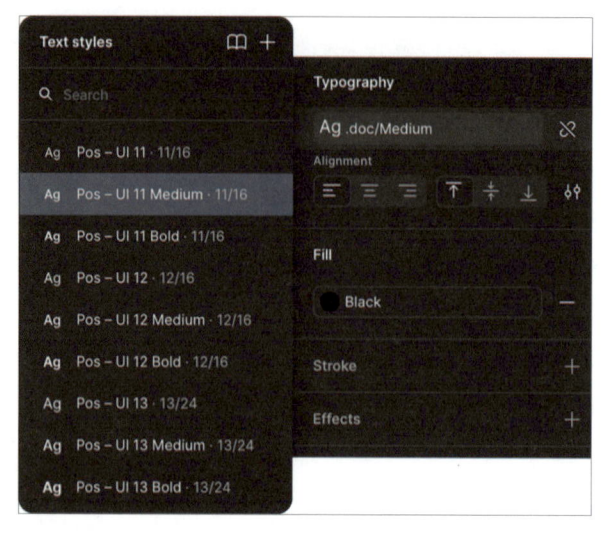

◐ UI2：Figma's Design System（Community）共用文字範例

※ 資料來源：https://www.figma.com/community/file/928108847914589057

實作步驟

　　在前一單元中，讀者已熟悉形狀工具，而本單元將混合使用形狀工具與文字工具，實作一個模擬的「水果電商」商品結帳頁，並在設計風格的編排上，以知名電商品牌 Apple 官網作為參考致敬的對象，引導讀者透過 Figma 實作出電商介面。

　　由於「商品結帳頁」需要陳列大量的商品資訊，讓使用者進行訂購前確認，包含商品名稱、商品圖片、商品詳細資訊、最終結帳金額等，在眾多資訊中，如何讓使用者在單次瀏覽的狀態下，有效吸收重要資訊呢？關鍵在於組合不同資訊層級、字級大小、段落排版等技巧來呈現，也因此挑選作為本單元的練習目標。

> **TIPS!** 本單元的練習並不鼓勵讀者追求百分之百擬真、完美，現階段練習的目標是為了讓讀者透過既有學習到的技巧，親手打造具有實用性的頁面，而文字和形狀工具的搭配練習，將會是本單元的實作重點。

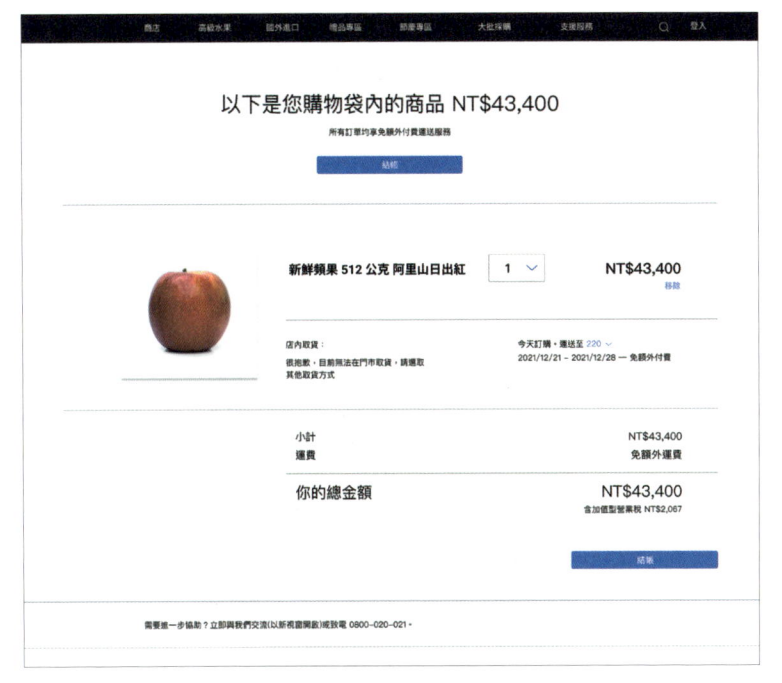

🔹 本階段實作成品示意圖

⬤ 實作一：新增結帳頁面文字內容並排版

01. **新增文字。**

請讀者複製本單元的練習素材（連結在本單元第一頁）後，可先行檢視完成的效果。接下來，請讀者在下方工具列點選有「T」字樣圖示的按鈕，在畫布中任意位置點選，以新增文字，文字的外層緊鄰著文字框，如果繼續新增文字，則文字框也會隨之擴展。

🔹 文字工具按鈕

🔹 在畫布中任意位置點選，來新增文字，展開本單元的實作

另一種新增文字的方式，則是點選「T」字樣圖示按鈕後，在畫布任意位置「拖曳」一個文字框範圍，則畫布會先出現文字框範圍，如果繼續新增文字，文字框並不會隨著新增的文字而改變尺寸。

06 認識文字元件工具　　099

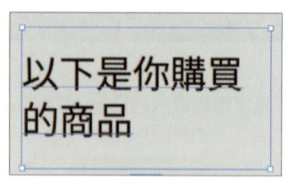

◐ 在畫布中任意位置拖曳新增文字框

新增文字後，右側工作區就會顯示文字排版參數的區塊，讀者可以在此進行相關文字參數的調整（相關參數的說明，請參見本單元的重點學習技巧）。

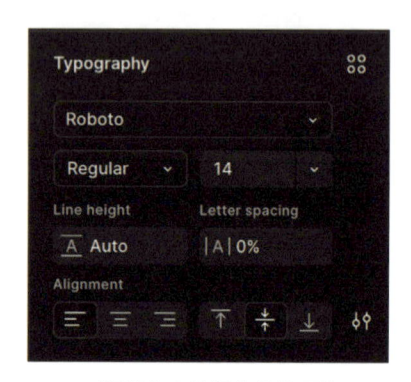

◐ 調整文字排版參數的區塊

02. 建立標題文字。

網頁使用者進入全新的頁面，就像看到一張陌生的地圖，也許會急著想找到自己所在的位置，再循著線索前往目的地，也因此放置一個明顯的「頁面標題」是重要的技巧。「頁面標題」是介面的第一個重要線索，讓使用者讀取後，知道該往哪個方向去尋找下一個線索。

這裡我們將製作水果電商結帳頁的標題，並且需要和其他文字做出強烈的區別，以讓使用者在第一眼便能夠注意到。在下圖的範例中，讀者會注意到這裡有兩行文字，「頁面標題」的字級較大、標題下的文字字級則較小，並放置一個顯眼的藍色按鈕。

◐ 創造文字層級區分

請讀者建立一個 Desktop（一般桌面）尺寸的 Frame，並且分別新增文字「以下是您購物袋內的商品 NT$43,400」、「所有訂單均享免額外付費運送服務」，記得要分兩個文字框，以利後續排版。

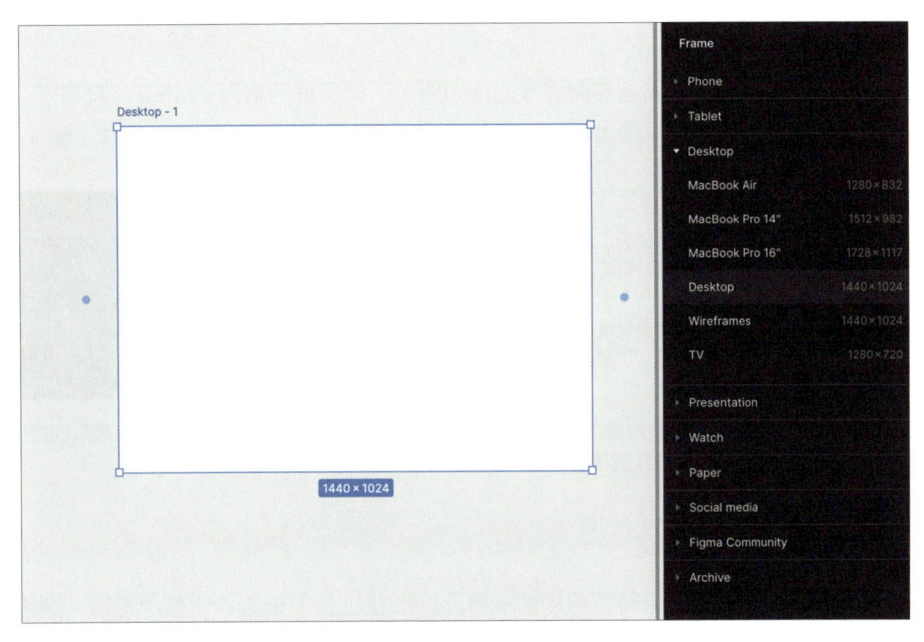

🎧 **Desktop 大小的 Frame**

接下來，請讀者分別對兩行文字設定不同字級，這是可突顯標題和一般文字差別的方法之一，請讀者試著將標題調整為「40」、一般文字為「16」（當然讀者也可以嘗試看看不同字級參數的感受）。

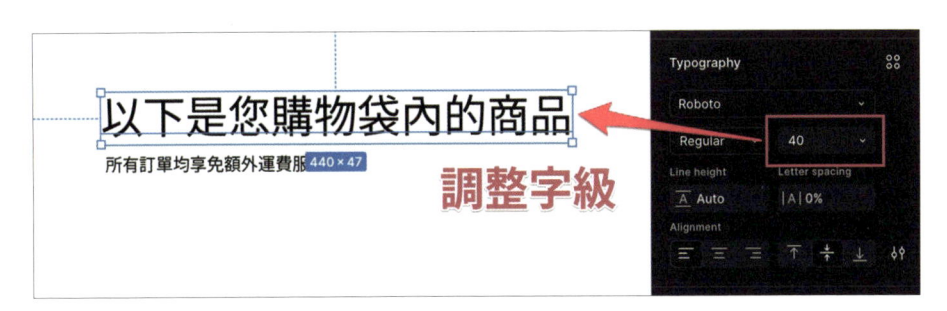

🎧 **調整字級**

03. 修改文字位置為「置中」。

在水果電商範例中，兩行文字皆位於頁面的正中間，在其他排版軟體中，常常會聽到「置左」、「置中」、「置右」對齊，Figma 也有對應的功能，可以快速將散亂的物件對齊。

請讀者選取文字框後，點選右側面板的置中圖示，文字框將會以 Frame 作為基礎，來計算置中的位置。請注意，這邊是以「文字框」為對齊的單位，而不是「文字」喔！

🎧 選取置中按鈕，文字框將以 Frame 作為基礎，移動至置中的位置（讀者也可嘗試點選其他按鈕，會將此物件擺放到頁面中的其他相對位置）

04. 透過文字工具製作按鈕。

完成上述步驟後，接下來將運用到前一單元的形狀工具，來製作出藍色按鈕。請讀者觀察按鈕，它是由文字和一個圓角矩形所組成，且文字在圓角矩形的上方。

請讀者建立矩形並設定圓角（可以參考後面的 Tips 參數製作），並新增文字，按鈕可以是任意顏色，或者參考範例填入色碼「#2D71DB」。接著，將按鈕設定為「置中」，並且為標題、文字、按鈕等彼此上下都保留一些空間。

🎧 按鈕常常是由文字加上圓角矩形所組成

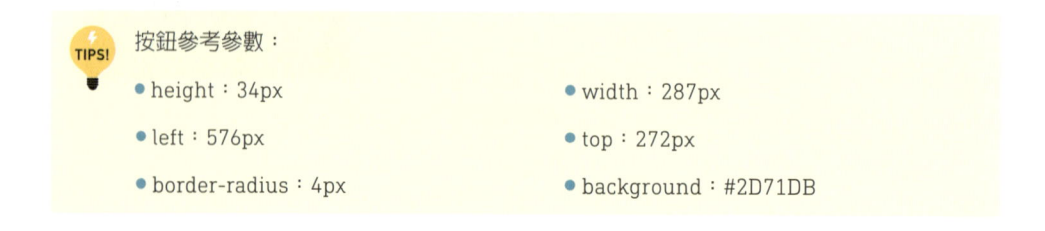

TIPS! 按鈕參考參數：
- height：34px
- left：576px
- border-radius：4px
- width：287px
- top：272px
- background：#2D71DB

Figma UI/UX 設計技巧實戰：打造擬真介面原型

05. 用文字與矩形做出下拉式選單。

接下來，要製作電商結帳常用的下拉式按鈕。在下圖中，可以看到下拉式選單是由一個圓角矩形、一個文字「1」及向下箭頭所組成。

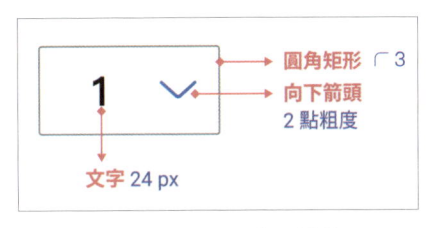

○ 下拉式選單的常見樣貌

請讀者依序建立出圓角矩形、文字，讓文字放在矩形範圍內，並保留右側的空間，預留三角形下拉箭頭的位置。

○ 保留右側空間，預備讓下拉箭頭置入

下拉箭頭需要進行較多的調整，請參考下圖的步驟。

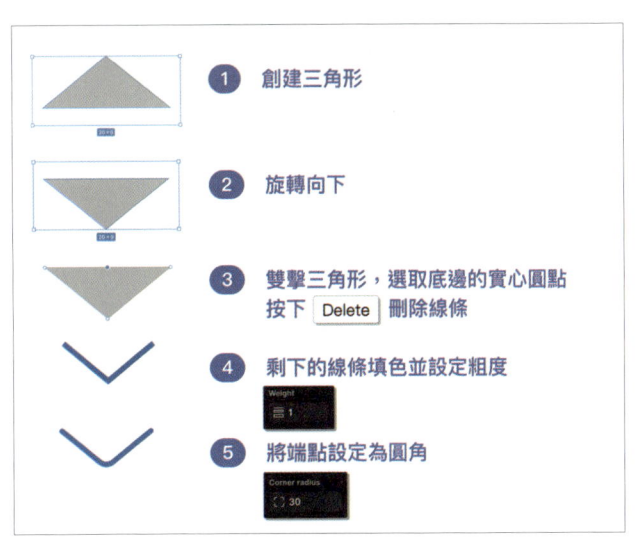

○ 下拉箭頭的製作順序

06 認識文字元件工具　　103

最後，微調圓角矩形、文字與箭頭之間的間距，讓使用者能夠直覺地區分文字「1」和箭頭具有不同的功能。「1」代表一件商品，下拉箭頭則是邀請使用者互動點擊的通用符號，視覺效果太過擁擠，將會讓兩者看起來好像是一體成形，請記得讓兩個元件保持舒適的距離。

筆者在下圖中做了兩個下拉式按鈕，左按鈕是文字、下拉箭頭分別占據了圓角矩形的左右一半，並且在左半邊及右半邊保持置中，而右按鈕示範了文字、下拉箭頭在圓角矩形的範圍內不對稱排列，製造出不勻稱的空間，這種排版方式從遠觀、近看皆較不易閱讀。

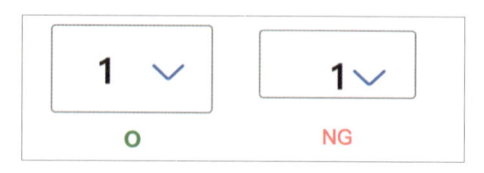

◯ 留意元件之間的排版

06. 將多個物件設為群組。

完成下拉式選單按鈕後，建議讀者先設定其為群組（Group）並命名，至於應該如何建立群組呢？讀者可以透過在畫布上（或左側的圖層面板）選取欲群組化的圖層，點擊滑鼠右鍵，找到「Group selection」的選項，或者使用快捷鍵 Ctrl / command + G，就可以快速組成群組。

◯ 建立群組

尚未群組化之前，滑鼠會很容易選取到非目標圖層的額外物件，且移動時容易有所缺漏，群組就像是把零散的小積木變成好拼裝、組好的積木塊，便於移動、管理元件。

讓我們看看下面的範例，上圖顯示的是尚未群組化前的圖層，下圖則是三個物件群組化後，透過點擊 Group 前方的三角形按鈕展開，三個子圖層（三角形箭頭、文字、矩形）皆被收納至 Group。

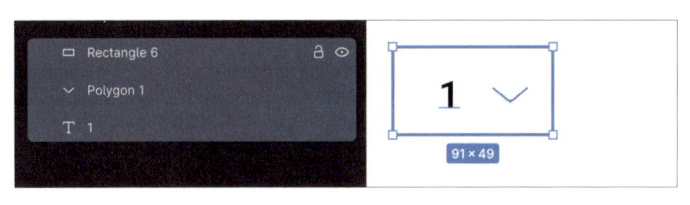

◐ 分散的圖層

◐ 群組後圖層將會自動命名為「Group（流水號）」

07. **為群組進行命名。**

設為群組後，會自動被命名為「Group（流水號）」群組圖層，雖然流水號可以辨識建立圖層的順序，但對於讀者尋找目標圖層的幫助並不大，這裡請讀者將群組重新命名，先雙擊群組的圖層，然後在可編輯的藍色輸入框輸入群組名稱。

如果對於命名沒有頭緒，筆者建議參考設計稿的協作對象，如果是對設計師團隊，以中文取名較直覺、便於快速辨認；如果是需要交付給開發團隊，用英文取檔名對於不同開發環境的相容性較高：

- 下拉式按鈕 / 預設。
- Dropdown / Default。

讀者可以利用「/」區隔，並補充按鈕的狀態，後續擴充其他種樣式時，才能快速辨識，例如：預設、覆蓋、選取等狀態。

本單元的實作目的是練習各項功能，然而實務上交付視覺稿給開發團隊時，不建議過度使用 Group 的方式交付，後面的單元十一「用 Auto Layout 製作彈性排版」將會帶領讀者使用更具彈性與一致性的元件製作方式。

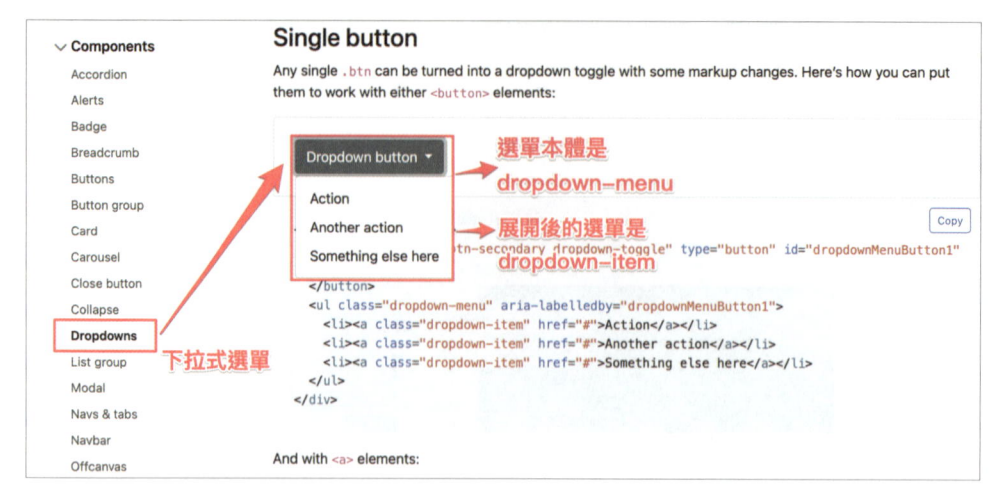

🎧 以 **Bootstrap 5** 的命名為例，下拉式按鈕命名為「**dropdown-menu**」，選單內容命名為「**dropdown-item**」

※ 資料來源：https://getbootstrap.com/docs/5.1/components/dropdowns/

🎧 雙擊圖層後，為群組重新命名

08. 調整行高。

　　文字的易讀性和行高、段落間距有高度相關性。在水果電商結帳頁中，下圖中沒被紅色遮罩蓋住的區塊是一段關於取貨的文字資訊，此步驟將透過「行高」的調整，使上下行文字不會擠在一起而難以閱讀，可讓使用者明顯感受文字屬於不同段落。

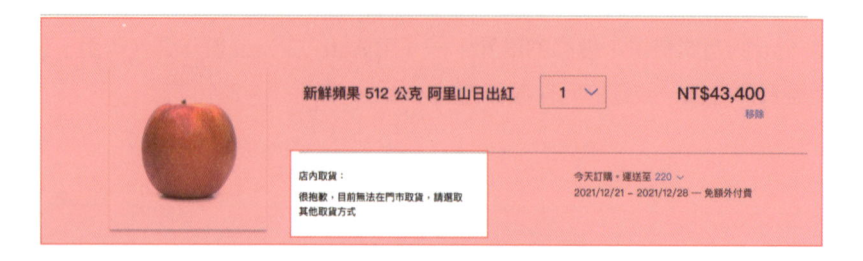

🎧 水果電商的文字說明段落

請讀者透過右邊工作區面板「Typography」區塊來調整行高，下圖紅色框選的範圍中，16 代表字高大小占了 16px，而 24 代表行高占了 24px。如果對於 px 的換算並不直覺，在行高輸入欄位中直接輸入「150%」，後面加上「%」的符號，Figma 會自動換算為 1.5 倍行高。舉例來說，16px 字高如果想換算為 1.5 倍行高，輸入「150%」和「24」都會取得相同的行高效果。

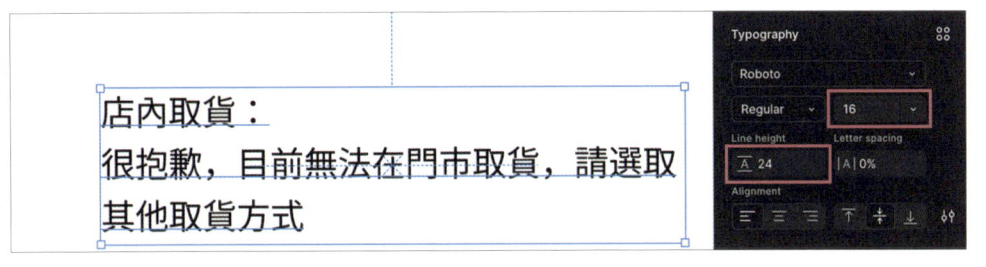

調整行高（改為 16px 字高，並輸入「24」來改變行高）

09. 調整字重及設定共用樣式。

結帳前，要讓使用者確認購買的商品品項，因此會選用強調的標題階層或粗體，用以區別其他資訊。在下圖的例子中，品項是「新鮮蘋果 512 公克阿里山日出紅」，使用粗體來強調品項。請讀者調整字體家族為「Bold」，或調整為筆畫更粗的「Black」，來達成製造粗體的效果。

使用快捷鍵 Ctrl / command + B ，會讓文字切換為該字體家族的「Bold」字型，如果讀者想要取消粗體，請再次選取文字，再使用一次快捷鍵 Ctrl / command + B ，粗體就會被取消了。

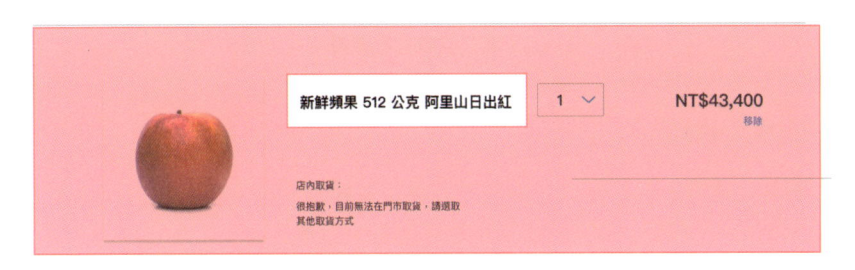

商品品項使用粗體與其他資訊作為區分

06　認識文字元件工具　　107

⓿ 選取字體家族中的「**Bold**」選項

⬤ 實作二：建立並套用共用文字樣式

01. **建立共用文字樣式。**

　　商品品項的文字階層樣式有可能會被套用在其他文字上，因此建立共用文字樣式，有助於節省後續逐一調整樣式的時間。請讀者依照下圖引導的步驟，選取已調整好樣式的「小計」，點擊右側面板「Text」區塊中的按鈕，並為共用的文字樣式命名，例如：「一般文字」。

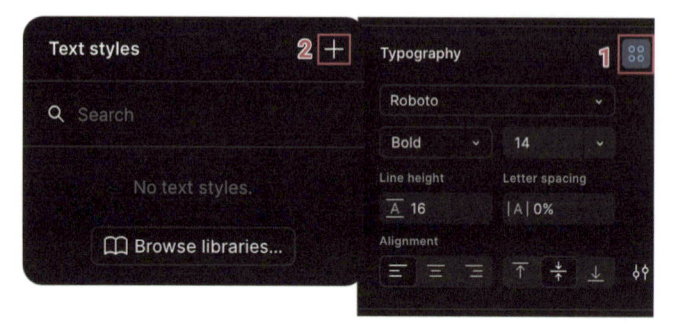

⓿ 建立共用文字階層

02. **套用共用文字樣式。**

　　請讀者選取「運費」文字框後，依照下列圖示步驟，在文字面板的「Text Styles」點選「一般文字」，「運費」文字將會套用設定好的文字樣式。

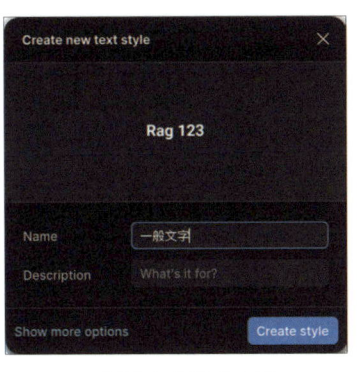

↑ 新增文字樣式命名

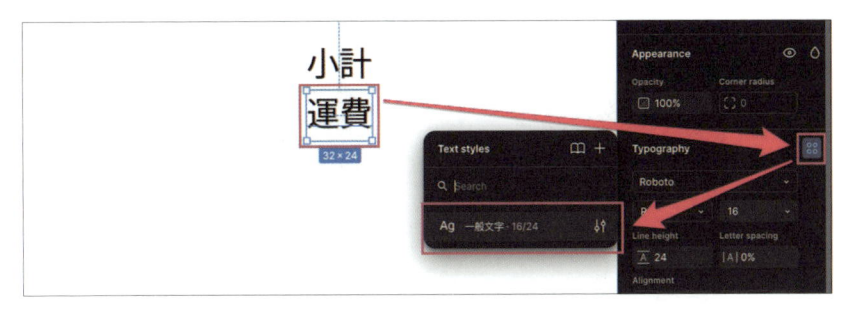

↑ 在文字面板的「Text Styles」點選一般文字

> **TIPS!** 如果讀者需要將設計稿輸出送印,或者轉換至不同軟體進行操作,可以將文字轉外框,讓文字變成封閉路徑的圖形,如此一來,就不必擔心送印的廠商是否擁有特定字型,或者在不同軟體開啟檔案時,遇到原本的文字變成空白或亂碼。

讀者可以透過選取文字圖層後,點擊右鍵並選取「Outline stroke」,或透過快捷鍵 Shift + command / Ctrl + O,如此一來,就完成了文字轉外框。

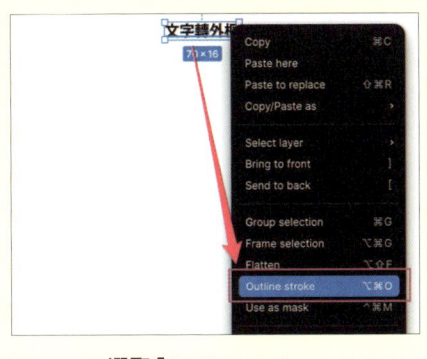

↑ 選取「Outline stroke」 　　　　　↑ 轉外框的文字

06 認識文字元件工具　109

Unit 07 彈性的圖片引擎

單元導覽

本單元將介紹 Figma 作業環境的圖片相關編輯技巧與效果，並以實作出本書虛擬案例「水果電商」的首頁為目標，逐步建造出具有圖片版面的網頁。

🎧 本單元將透過虛擬的「水果電商」案例，練習 Figma 圖片使用技巧

Figma 練習素材連結 https://sites.google.com/view/figma-chinese/unit/unit07

重點學習技巧

◯ 技巧一：認識圖片屬性區塊

Figma 圖片可上傳多種圖片格式（主要是 PNG/JPEG/HEIC/GIF/WEBP），並針對其進行相關屬性調整，例如：不透明度、填滿效果、濾鏡等，都會在本單元的實作中練習到，可參照下圖的說明。

◐ Figma 的圖片調整屬性與編號

◐ Figma 的圖片調整屬性與對應編號說明

編號	說明
1	「Image」表示在此圖層中，被填滿了一張靜態圖片（也可切換不同填色方式），並且會在最左側呈現預覽縮圖。若填滿的照片為 GIF 檔，則填滿的名稱會顯示為「GIF」，而非「Image」。
2	表示被填滿圖片圖層的透明度，可調整自 0% 至 100%。
3	眼睛按鈕提供讀者進行開關「是否要在畫布中顯示」。
4	可移除填滿圖片的圖層。
5	新增其他填滿的圖層（例如：單純的顏色或圖片）。
6	開啟更多圖片選項：濾鏡、旋轉、填滿型態等。

◯ 技巧二：認識圖片細節參數控制項

點擊進入圖片時，有許多更進階的參數控制項可以調整，例如：曝光度、填滿模式、旋轉、疊合模式等，如下說明。

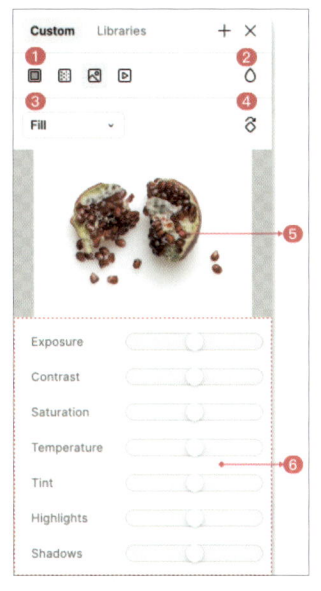

◐ 進階按鈕點擊後，可調整圖片更多參數

07 彈性的圖片引擎　111

◐ 圖片對應參數與說明

編號	說明
1	本單元對「Image」靜態圖片的調整進行說明。此區塊的四個圖示分別對應的圖層填充方式分別為：「Solid」實心填滿、「Gradient」色彩漸變、「Image」填滿圖片、「Video」影音（付費功能）。
2	水滴狀的按鈕點擊後，有不同的「疊合模式」，用於調整兩個以上的圖層，可以做出不同的疊合效果，例如：變暗、柔和的光線。
3	填滿模式，可切換「Fill」（填滿）、「Fit」（符合）、「Crop」（裁減）、「Tile」（拼貼）等四種模式。
4	旋轉是以 90 度角為單位，點擊以順時針調整圖片角度位置。
5	這個區塊用來預覽縮圖，如果將游標移動至縮圖中心，會出現「Upload from computer」按鈕，用以更換其他圖片。
6	圖片濾鏡調整參數，可以透過調整不同的參數，達到各式各樣的濾鏡套用效果。

技巧三：Figma 的四種圖片填滿模式

圖片的填滿模式有四種，包含「Fill」、「Fit」、「Crop」、「Tile」等四種模式，四種填滿模式將會影響圖片呈現的效果，以下分別介紹。

◐ Figma 圖片填滿模式

模式	說明
Fill（填滿）	圖片擴展 / 縮小至符合形狀的尺寸，為了填滿形狀，可能導致圖片局部被裁減。
Fit（符合）	在形狀內顯示完整圖片，為了顯示完整的圖片，圖片周圍可能會出現空白區域。
Crop（裁減）	裁減圖片顯示範圍，只要在圖片上雙擊，就可以再次調整裁減範圍。
Tile（拼貼）	就像把圖片變成磁磚一樣，在形狀內圖片將會重複拼貼，尤其適合套用在重複的花紋上。

◐ 四種填滿模式

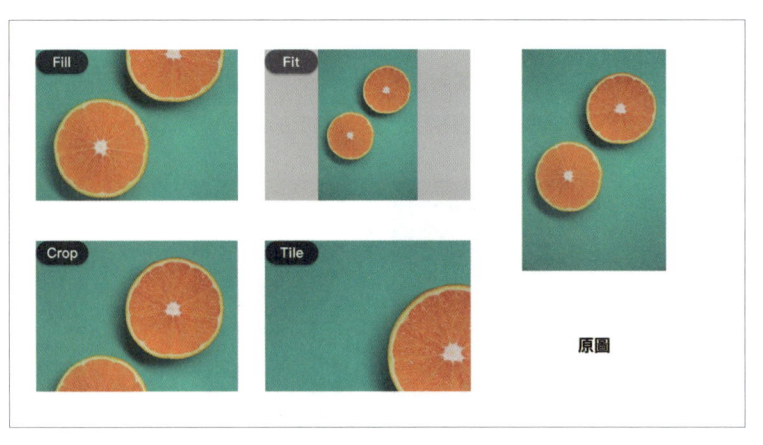

🎵 四種填滿模式示意圖

※ 水果圖片來源：https://unsplash.com/photos/8ZGgg6rhzxs

◯ 技巧四：超好用的圖片效果調整工具

　　Figma 可針對圖片進行若干修圖，主要像是曝光、對比、飽和、色溫、色調、高光、陰影等，只要透過面板中對應的七個拉桿，就可以控制正負值，向左表示負向數值，向右表示正向數值。

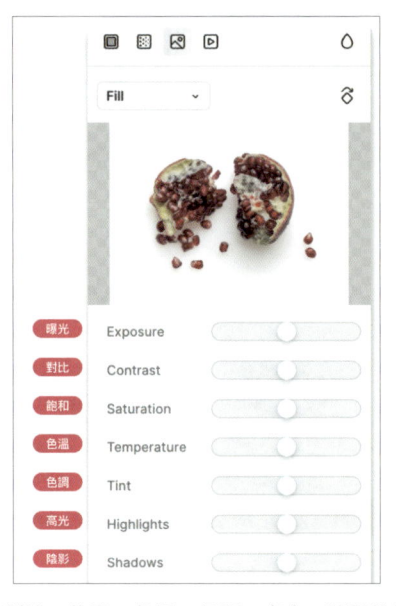

🎵 曝光、對比、飽和、色溫、色調、高光、陰影的對應拉桿

※ 番石榴圖片來源：https://unsplash.com/photos/qNlwGPxMd9Q

07　彈性的圖片引擎　　113

◎ Figma 圖片調整工具修圖效果說明

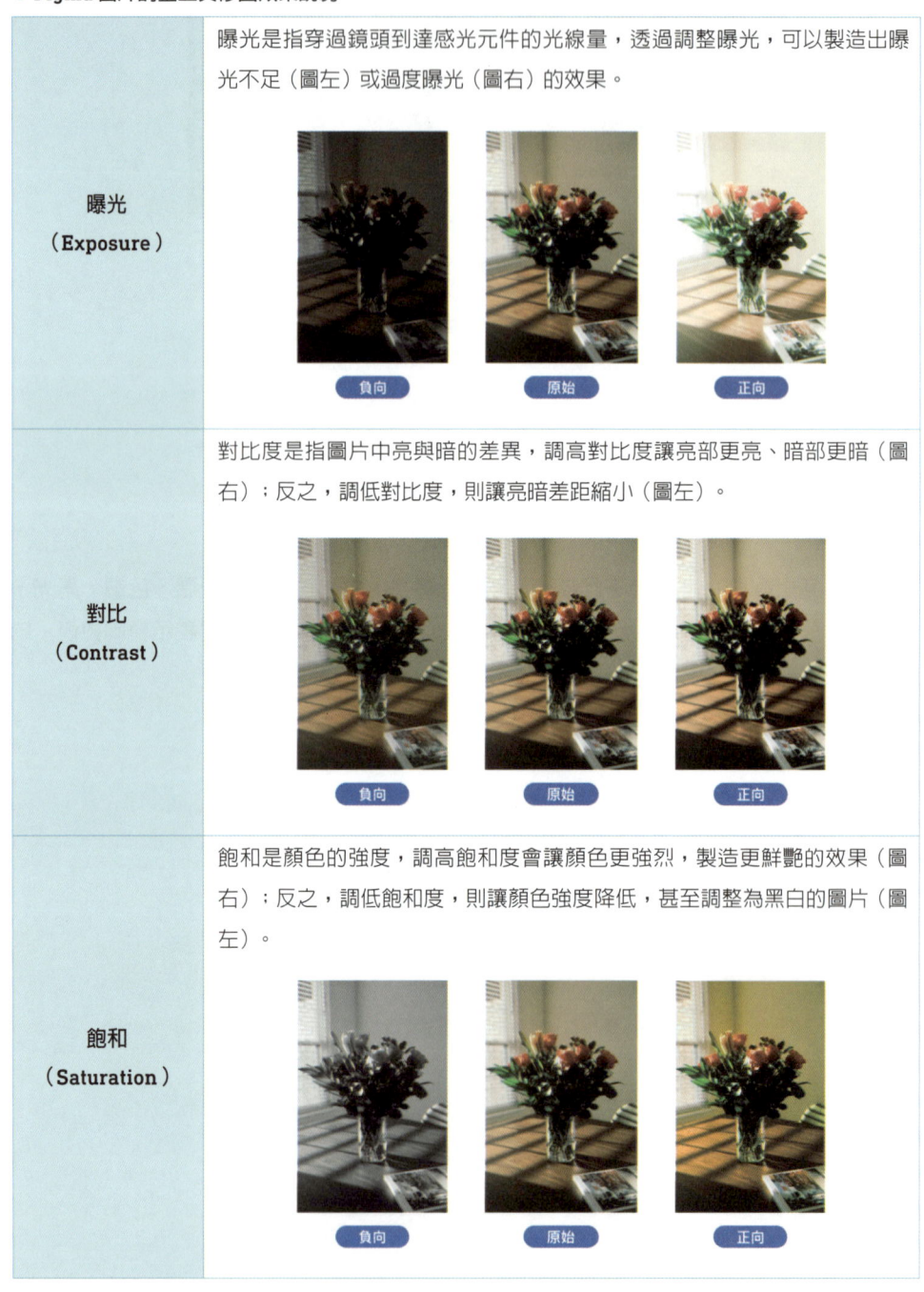

曝光 （Exposure）	曝光是指穿過鏡頭到達感光元件的光線量，透過調整曝光，可以製造出曝光不足（圖左）或過度曝光（圖右）的效果。
對比 （Contrast）	對比度是指圖片中亮與暗的差異，調高對比度讓亮部更亮、暗部更暗（圖右）；反之，調低對比度，則讓亮暗差距縮小（圖左）。
飽和 （Saturation）	飽和是顏色的強度，調高飽和度會讓顏色更強烈，製造更鮮艷的效果（圖右）；反之，調低飽和度，則讓顏色強度降低，甚至調整為黑白的圖片（圖左）。

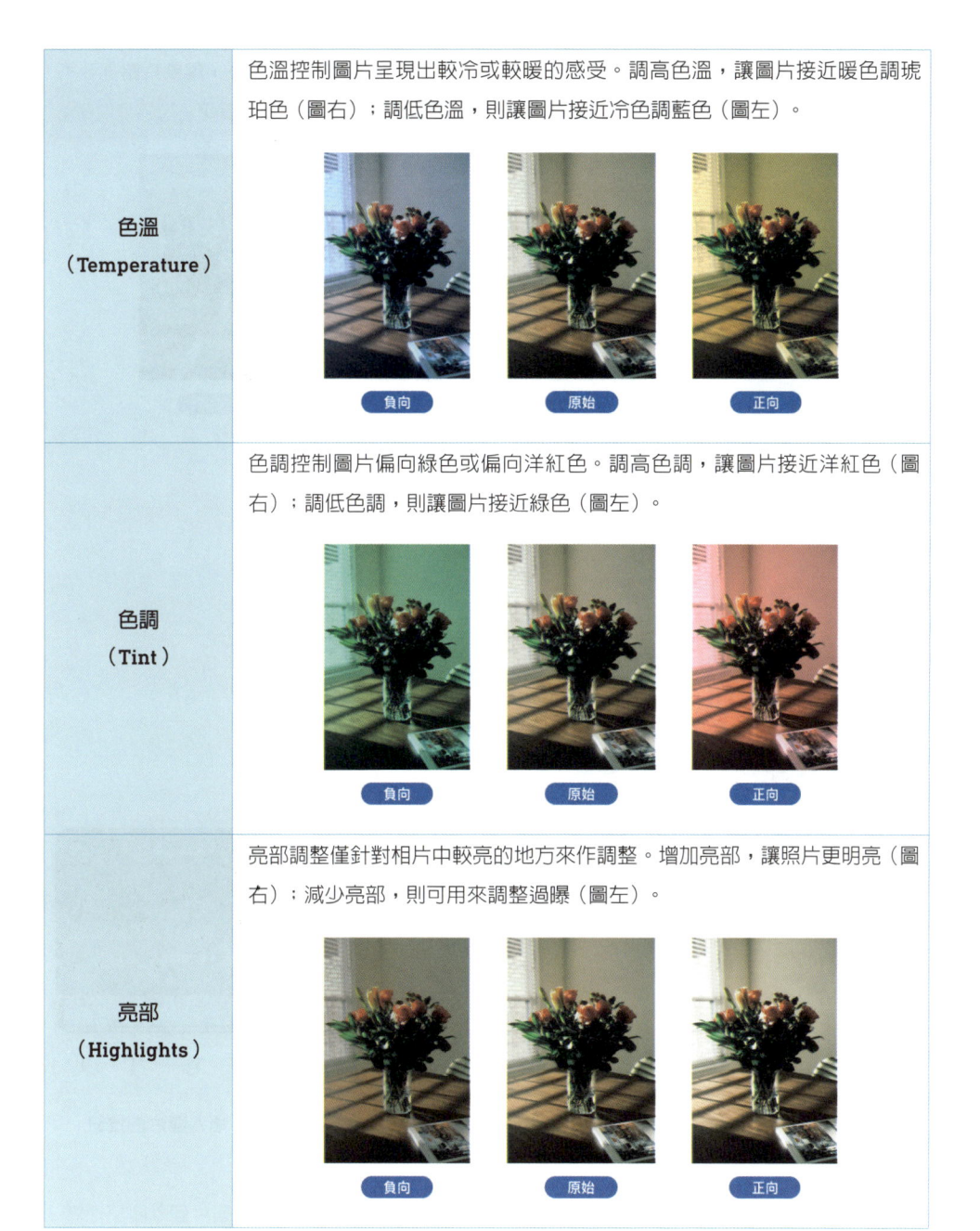

色溫 （Temperature）	色溫控制圖片呈現出較冷或較暖的感受。調高色溫，讓圖片接近暖色調琥珀色（圖右）；調低色溫，則讓圖片接近冷色調藍色（圖左）。 負向　　　原始　　　正向
色調 （Tint）	色調控制圖片偏向綠色或偏向洋紅色。調高色調，讓圖片接近洋紅色（圖右）；調低色調，則讓圖片接近綠色（圖左）。 負向　　　原始　　　正向
亮部 （Highlights）	亮部調整僅針對相片中較亮的地方來作調整。增加亮部，讓照片更明亮（圖右）；減少亮部，則可用來調整過曝（圖左）。 負向　　　原始　　　正向

07　彈性的圖片引擎

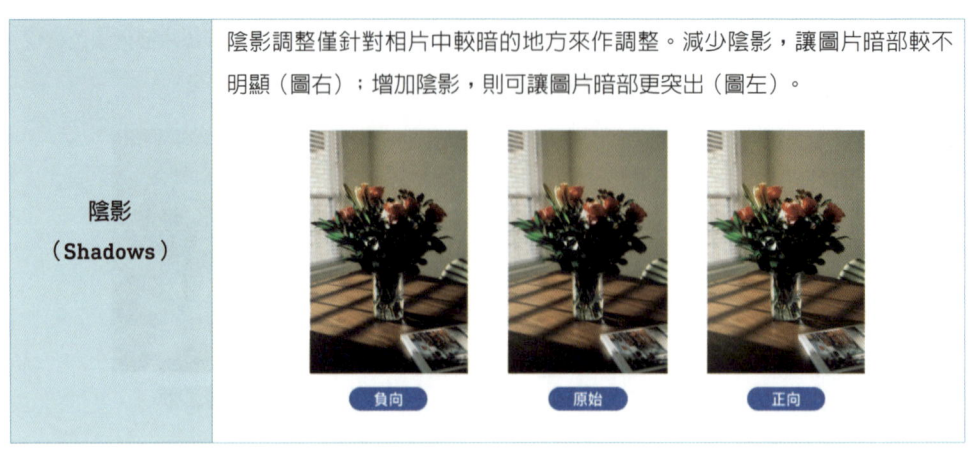

| 陰影
（Shadows） | 陰影調整僅針對相片中較暗的地方來作調整。減少陰影，讓圖片暗部較不明顯（圖右）；增加陰影，則可讓圖片暗部更突出（圖左）。

負向　　　　原始　　　　正向 |

※ 範例圖片來源：https://unsplash.com/photos/812jL3jmV1w

實作步驟

○ 實作一：製作水果電商網站頁面

01. **新增一張圖片。**

我們來做看看水果電商網站頁面吧！讀者可使用本書提供的 Figma 素材連結，並自己做做看。請先點選 Figma 正下方工具列的按鈕，並找到「Place Image」選項，選取後在畫布中單擊放置圖片。

↳ 插入圖片的按鈕

> **TIPS!** 除了用「Place Image」插入圖片之外，也可以直接複製一張或多張圖片到電腦記憶體後，直接在畫布用 Ctrl / Cmd + V 鍵貼上。

筆者以圖庫網站「Unsplash」下載取得的番石榴照片當作練習素材。在畫布中新增圖片後，將在左側的圖層管理中顯示原本圖片的檔案名稱。

🎧 在左側的圖層管理中，顯示原本的圖片檔案名稱

※ 番石榴圖片來源：https://unsplash.com/photos/qNlwGPxMd9Q

02. 使用形狀工具新增一張圖片。

除了透過上述步驟直接新增圖片的方式之外，另一種加入圖片的方式是透過在形狀上設定「填滿圖片」的效果。因原始圖片大小不一定符合在頁面中排版所需要的版位，透過形狀建立圖片的好處是能夠先框列特定範圍後，再把圖片用填滿的方式置入其中。

🎧 先拉出欲填滿圖片的形狀大小範圍，以便填入圖片

請讀者點選所建立的形狀，依照下圖進入 Fill 填色調整面板，選取「Image」選項來進行填滿。

07　彈性的圖片引擎

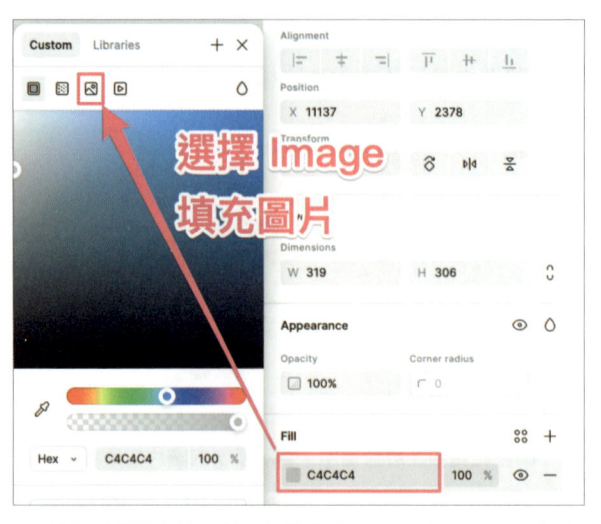

↪ 選取手動建立的形狀，切換為「Image」來進行圖片填滿

由於點擊「Image」後，Figma 預設顯示黑白相間的格紋圖片，請讀者將滑鼠移動至預覽縮圖上方，待畫面出現「Upload from computer」時，再點擊新增圖片。

↪ 將預設圖片更改為欲選取的電商圖片

03. 使用圖片遮罩（Mask）。

將練習素材再往下滾動到第二列版位。第二個版位希望讓電商使用者能夠透過大面積深色背景，看到鮮豔多彩的商品照片，因此在比例上照片與文字排版區塊所占的高度差異並不大。

🎧 第二個版位希望突顯商品的鮮豔多彩

※ 資料來源：https://unsplash.com/photos/_Zn_7FzoL1w

🎧 文字標高區塊 365，圖片區塊標高 372

　　為了練習遮罩，請讀者先製作高度 372px 且符合頁寬尺寸的矩形，矩形將會是圖片填滿的範圍。

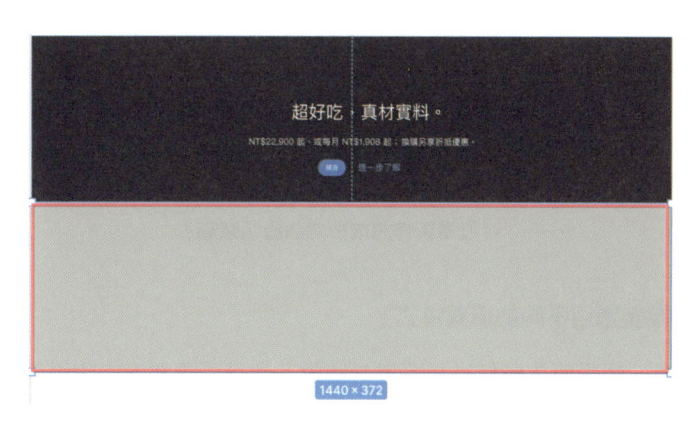

🎧 高度 372px 且符合頁寬尺寸的矩形

請讀者挑選適合放在首頁的圖片後，確保圖片在矩形圖層的上方，使用遮罩技巧時，請謹記最終呈現出來的圖層必須放在上層。

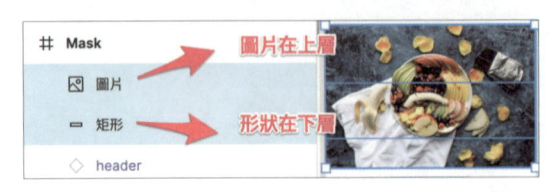

🎧 讓圖片保持在矩形圖層上層，才能夠做出遮罩

確認圖層順序後，請讀者同時選取矩形及圖片圖層，並且點選右鍵「Use as mask」來完成遮罩效果（或者使用快捷鍵 command / Ctrl + Shift + M ）。

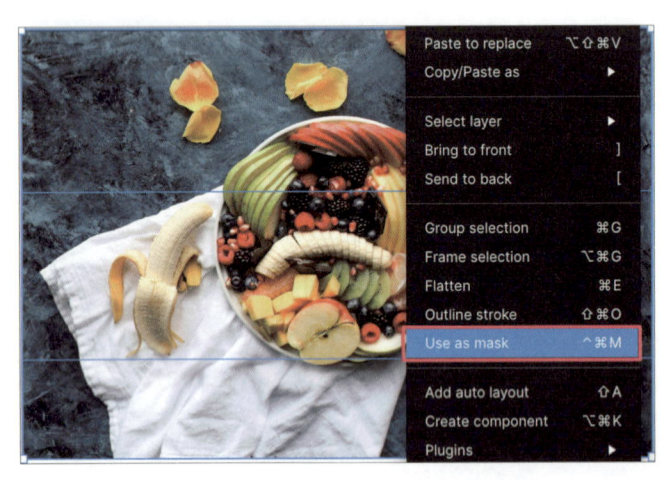

🎧 同時選取矩形及圖片圖層（請確保上下圖層順序正確），並點選右鍵「Use as mask」來完成遮罩效果。成功的話，圖片會被遮罩裁切

🎧 遮罩製作完成後的圖層示意圖

04. 針對不同圖表選用不同的填滿模式。

水果電商的第三個版位是製作推薦區塊，使更多商品可讓電商的使用者進行選擇，這裡不再主打明星商品，而是讓多個商品陳列在網頁中。填滿圖片後，因為原始圖片形狀不同、尺寸不同，仍然需要經過調整，才能讓多張照片看起來是協調的。

舉例來說，在矩形裡填滿鳳梨圖片，卻留下矩形原始的灰邊，圖片明顯比矩形瘦了一點、長寬比例不符；填滿在矩形的西瓜圖片，上下都過度留白，或只填滿到奇異果、荔枝整張照片的左上角，而照片正中心的核心商品並未清楚顯示。

△ 失敗的填滿範例

※ 奇異果圖片來源：https://unsplash.com/photos/a9rxefN9vgY；荔枝圖片來源：https://unsplash.com/photos/BTX7z4dENKI

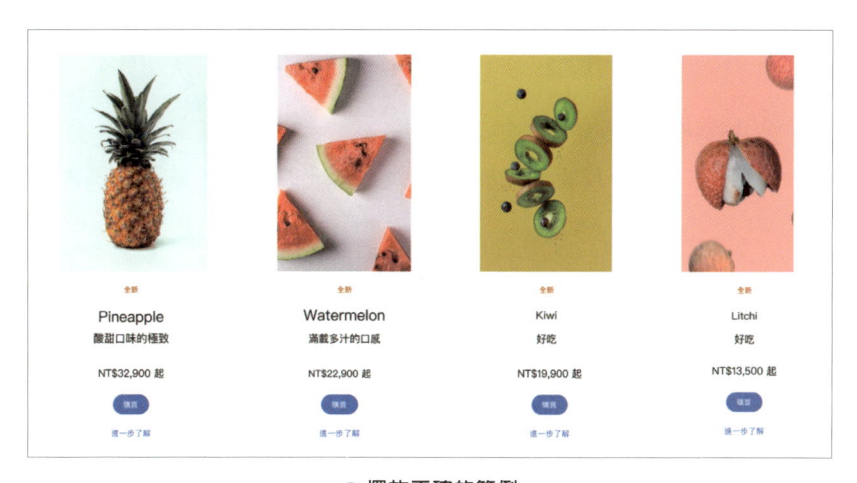

△ 擺放正確的範例

Figma 的填滿模式有四種，分別為「Fill」（填滿）、「Fit」（符合）、「Crop」（剪裁）、「Tile」（拼貼），請讀者取用本單元素材，將鳳梨圖片設定為「Fill」、荔枝圖片設定為「Crop」，調整到適合的位置上。

以鳳梨為例，相較於「Fit」，會留下兩條灰邊的效果，更適合使用「Fill」，讓圖片填滿矩形

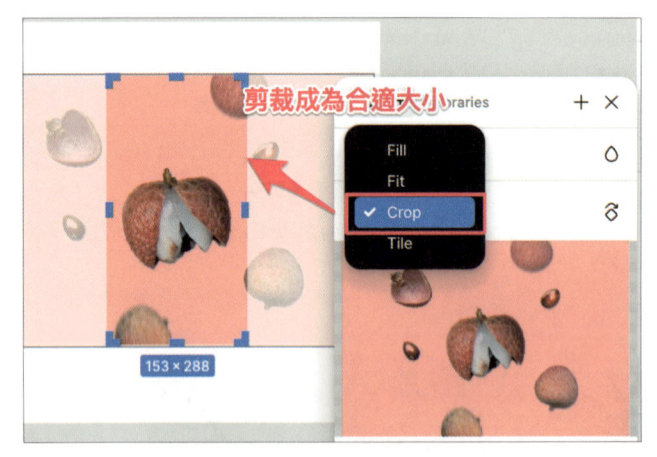

以荔枝為例，適合以「Crop」剪裁至適合的填滿範圍，把矩形的正中間，保留給整張圖片中最大的荔枝

05. 用 Figma 快速修圖。

　　Figma 內建的圖片調整功能，支援了普遍、常見又好用的修圖功能，為了讓水果電商中的商品看起來具有吸引力，請在此步驟中調整既有的商品圖片。請讀者點擊商品照片後，調高「Contrast」（對比）來讓亮部與暗部有更大的落差，以製造立體感，並調整「Saturation」（飽和）來讓圖片中的顏色更飽滿、更強烈。

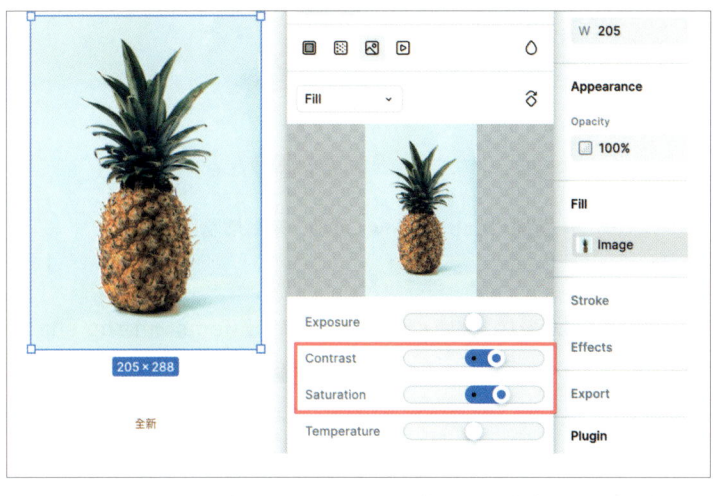

🎧 操作 Contrast（對比）、Saturation（飽和）等快速修圖效果看看

※ 資料來源：https://unsplash.com/photos/nAOZCYcLND8

06. 效果樣式（Effects）。

如果想讓陳列在網頁中的商品照片看起來像現實生活中有厚度的畫框，而不是緊黏著網頁背景的一張圖片，如下圖的兩張鳳梨照片，則透過設定陰影效果，可使右側的鳳梨圖片看起來相較於左側的鳳梨圖片更有立體感。

🎧 預設圖片（左）與加上圖片陰影效果的圖片（右）

為了幫鳳梨圖片加上陰影效果，請讀者選取電商中的水果商品圖片後，找到右側面板效果「Effects」屬性的區域，並選擇「Drop shadow」選項，進行這項調整後，將會出現從圖片上方而來的光源，並在圖片周圍形成的一圈陰影。

07 彈性的圖片引擎 | 123

🎧 選擇「**Drop shadow**」選項,來新增陰影效果

　　預設的陰影效果是以灰黑色呈現,請讀者點擊「Effects → Drop shadow 的左側按鈕」,進入進階調整面板。在面板中,進一步針對陰影的左右、上下位置、光暈、寬度、透明度、顏色等進行調整。

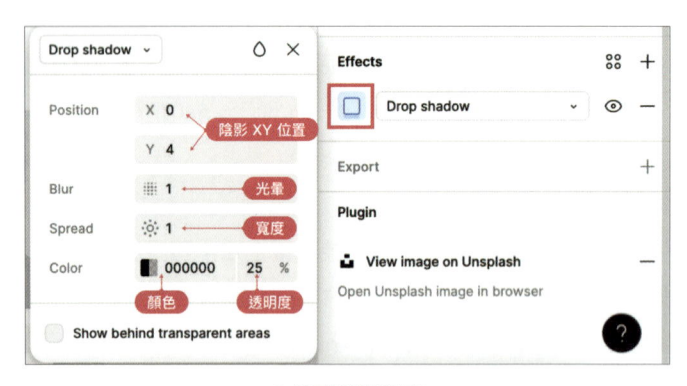

🎧 陰影進階設定

　　除了向外映射的陰影,仍有其他效果可以使用,例如:「Inner shadow」(內陰影)、「Layer blur」(模糊)、「Background blur」(背景模糊)等,如下表的彙整。

🎧 **Figma 的 shadow 共可分成三種類型**

效果	說明
Inner shadow	Inner 相較於 Drop shadow,營造出往內挖了一個凹槽,陰影向圖片內部展開的效果。
Layer blur	製造讓圖片模糊的效果,模糊效果有時會讓使用者把目光集中在特定情境中最重要的資訊上,相較之下,不重要的資訊則使用模糊效果來讓其無法識別。
Background blur	需要搭配不同的圖層,才能看出效果。在下圖的範例中,半透明的紅色矩形設定了 Background blur 效果,鳳梨圖片則無,而紅色矩形覆蓋的區域中,可以發現下方的鳳梨圖片被模糊效果影響了。

接下來，請讀者試著調整看看圖片的各種效果，以觀察不同風格的呈現效果。

🎧 **Inner shadow（內陰影）、Layer blur（模糊）、Background blur（背景模糊）效果示意圖**

07. 大量匯入圖片。

常見的電商商品清單往往會在一個頁面中呈現大量的圖片，因此 Figma 開放讀者一次性選取多張照片插入。請讀者透過快捷鍵 command / Ctrl + Shift + K 鍵，就可以完成新增多張圖片的動作（讀者可先任意準備一些素材在硬碟中）。

> **TIPS!** 推薦幾個好用的圖庫素材網站，讀者可下載自己喜歡的圖片，並搭配本單元的實作練習。筆者整理了幾個常見的圖庫網站，引用之前，記得看清楚取用圖片的版權說明。
> - **Unsplash**：🔗 https://unsplash.com/
> - **Shutterstock**：🔗 https://www.shutterstock.com/zh-Hant/
> - **Pexels**：🔗 www.pexels.com/zh-tw/
> - **Flickr**：🔗 https://www.flickr.com/

批次進行圖片填滿時，游標會變成「＋」符號，請讀者點選畫布中的任意形狀物件來進行填滿，而在游標的旁邊，會顯示小縮圖和待填滿的圖片數量。

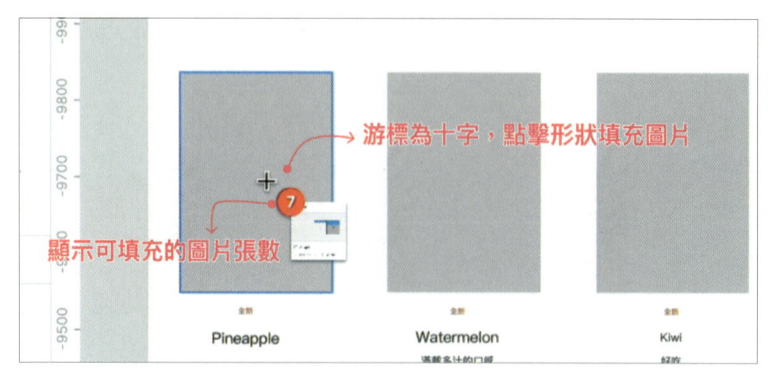

△ 批次匯入圖片時，游標狀態為「+」符號，點選任意形狀進行填滿

批次插入圖片，可以快速幫形狀填滿豐富的視覺，請讀者完成操作後，檢視目前形狀上的圖層。

△ 圖片填滿後的示意圖

> **TIPS!** 如果想要查看未經縮放在螢幕上呈現的頁面大小，可以透過快捷鍵 Shift + 0 來查看 100% 比例的畫面。

Unit 08 用 Component 與 Variants 打造可重用元件

> **單元導覽**

本單元將帶領讀者學習「Component」可重用性元件設計技巧，減少介面調整過程的反覆修改成本。此外，本單元也會實作 Variants（變體）元件的製作技巧，此元件可幫助我們產製相似的介面物件，更易於管理與套用。Component 與 Variants 屬於 Figma 較為進階的技巧，操作流程較多，但學會後會非常方便。本單元出現較多的專有名詞，請讀者不必緊張，以下將會一一說明。

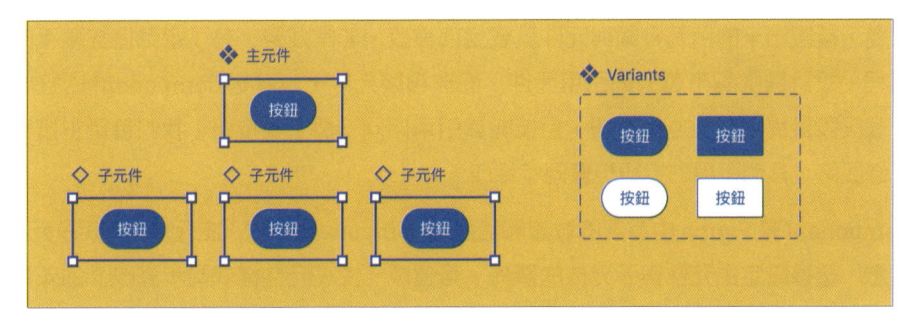

↑ 透過 Component 可複製子元件，而透過 Variants 可打造相似元件

`Figma 練習素材連結` https://sites.google.com/view/figma-chinese/unit/unit08

重點學習技巧

◯ 技巧一：用 Component 批次管理重複使用元件

製作網站、系統幾十頁或幾百頁 UI，常常面臨需要製作大量相同且重複的物件，例如：「樣式相同的按鈕（Button）」、「相同的頁首（Header）」、「相同的側邊欄選單（Menu）」、「相同的文字字串（Text）」等。「重複」的元件製作與修改，常常是

許多設計師的夢魘，過往對於眾多設計師來說，最直覺的作法是複製、貼上，再進行細部的個別化修改，複製貼上確實能夠解決大量重複的使用情境。

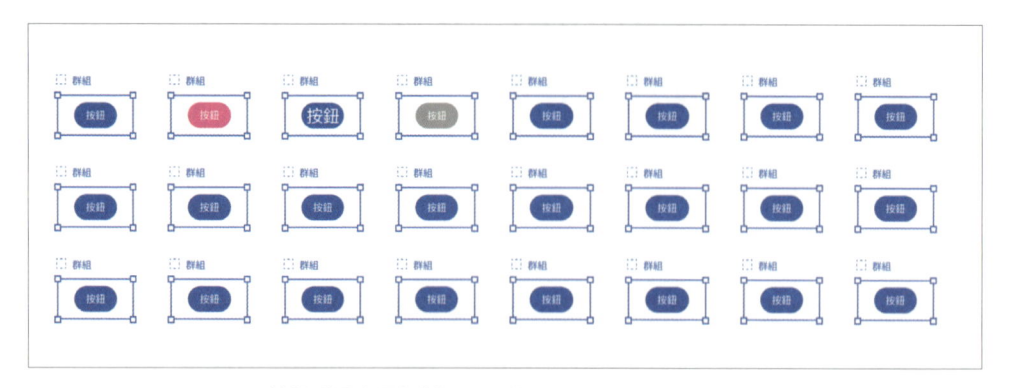

🎧 按鈕透過大量複製，需要修改細節時，僅能逐一調整

然而，想像一下，當設計稿完成 80% 時，客戶突然要求：「按鈕的字太小了，可以全部調大一點嗎？」，或是「按鈕顏色太暗了，請改成活潑一點的顏色」，如此當規格需要改變，複製出來的所有介面與元件就要全部重改，非常疲勞。為了避免這些棘手的修改過程，設計團隊越來越鼓勵引用元件，而非複製元件，也就是 Component 的核心精神。假設設計稿上有 100 個按鈕，且按鈕皆引用自同一個主要按鈕，我們希望主按鈕的樣式修改時，其他引用的按鈕也會同步修改。

Component 是 Figma 中重要的概念和功能，Component 提供「主元件」與「子元件」的概念，透過設定主元件與子元件的關係，可達成「主子元件樣式同步修改」的效果。舉例來說，將按鈕設定為 Component 主元件後，所有的修改都會套用到複製出去的子元件上。

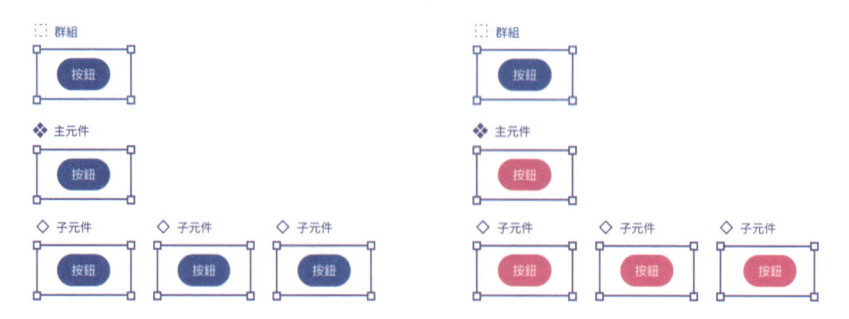

🎧（左）原始的按鈕群組、設定為主元件、由主元件複製出去的子元件；（右）更改主元件（Main Component）顏色，同步套用設定於其他子元件

技巧二：區分 Component 主元件與子元件

操作 Component 的功能之前，必須先了解主元件和子元件的區別。「主元件」屬於控制方，相關的修改都會自動套用於子元件身上；而「子元件」則是被控制方，還是可以進行調整，但子元件的修改不會對主元件有所影響。設定物件為主元件時，會在圖層上顯示紫色文字，以及圖示為四個實心紫色小菱形，從主元件複製出來的子元件，則會顯示空心紫色菱形。

主元件圖示與子元件圖示（修改主元件時，會自動套用到子元件上）

技巧三：認識 Components 常用情境

只要是在介面須重複使用的元件，都適合使用 Components 功能製作。以 Google 的 Material Design（URL https://material.io/components）設計系統為例，其把網頁、手機常用到的、容易重複使用的元件都寫在該份文件中，可作為重複性使用元件的參考。

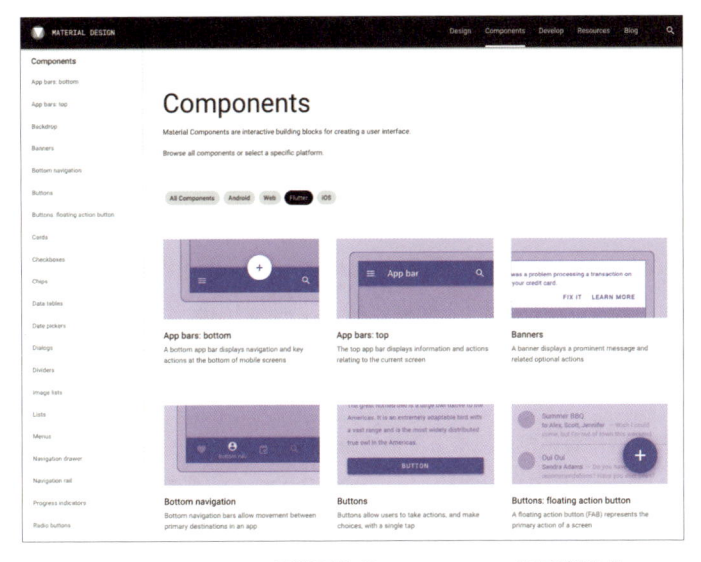

Material Design 彙整了許多 Components 的可能樣式

※ 資料來源：https://material.io/components

> **TIPS!** 一些適合用 Components 製作的元件，如 Header（頁首）、Footer（頁尾）、Navigation（導覽列）、Buttons（按鈕）、單選按鈕（Radio buttons）、複選按鈕（Check box）、Switches（開關按鈕）、Menu（選單）、Tooltips（工具提示）、Tabs（切換頁籤）等，都很適合用可重用元件的概念來思考。

技巧四：用 Variants 管理相似變體元件

Component 常常會和 Variants 搭配（中文可翻譯為「變體」），指的是「相似」的元件樣式的集合與切換效果，Variants 通常會建立在已完成的主元件基礎上，增加更多相像的變體，並可透過介面快速切換不同變體，來省下時間。

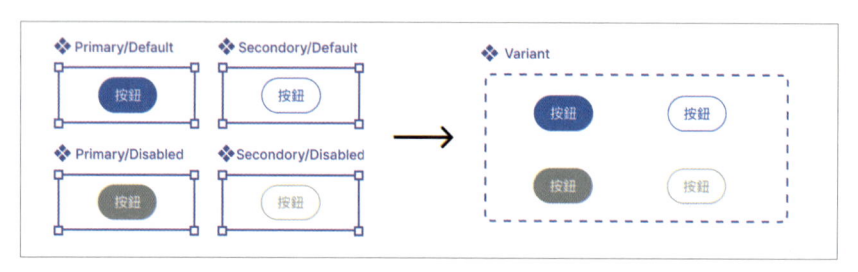

由主子元件製作為變體（本圖是透過 Variants 製作不同狀態的按鈕）

技巧五：認識 Variants 使用情境（按鈕元件）

使用 Variants 最常見的情境之一，是按鈕元件的管理，由於按鈕常會區分為不同狀態，例如：細分為「預設」（Default）、「不可選取」（Disabled）、「游標滑過」（Hover）狀態等。

下圖為製作按鈕 Variants 變體的範例，三種屬性（按鈕、形狀、狀態）各自分別對應兩種選擇，共用八個不同的變體（2 種變化種 ×2 種變化種 ×2 種變化 = 8 個變體）；可於 Figma 編輯狀態放上按鈕時，依照網頁需要的情境來選擇其中的變體。

> **TIPS!** 製作 UI 時，通常會將按鈕依據不同情境區分為「Default」（預設）、「Disabled」（不可選取）、「Hover」（游標懸停時）、「Click/Pressed」（點擊時）等狀態。 Default 表示使用者進入頁面時，預設呈現的按鈕樣式，而遇到使用者尚未完成某些操作，沒有權限點擊按鈕時，可能會以較不飽和的顏色或樣式呈現 Disabled 狀態。Click/Pressed 通常表示使用者點擊按鈕時的樣式，例如：點擊時按鈕顏色呈現較暗。Hover 則是游標移到按鈕上時的按鈕呈現樣式，例如：游標懸停時，按鈕周邊呈現光暈。

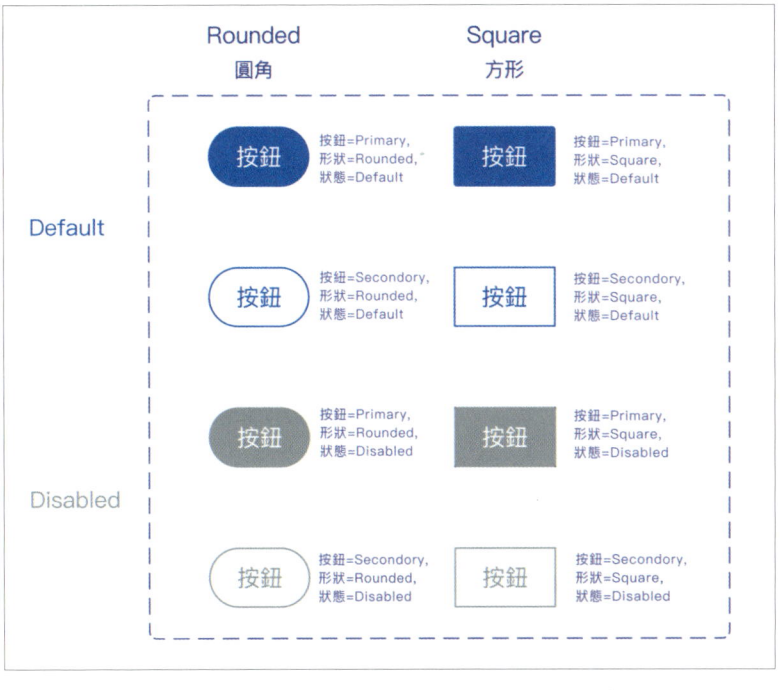

Rounded　　　Square
圓角　　　　方形

	Rounded	Square
Default	按鈕 按鈕=Primary, 形狀=Rounded, 狀態=Default	按鈕 按鈕=Primary, 形狀=Square, 狀態=Default
	按鈕 按鈕=Secondory, 形狀=Rounded, 狀態=Default	按鈕 按鈕=Secondory, 形狀=Square, 狀態=Default
Disabled	按鈕 按鈕=Primary, 形狀=Rounded, 狀態=Disabled	按鈕 按鈕=Primary, 形狀=Square, 狀態=Disabled
	按鈕 按鈕=Secondory, 形狀=Rounded, 狀態=Disabled	按鈕 按鈕=Secondory, 形狀=Square, 狀態=Disabled

🎧 **Variants 使用情境（按鈕元件）範例**

🔵 技巧六：認識 Variants 使用情境（開關元件）

　　一個開關元件需要有多種變化時，也是使用 Variants 的好時機。舉例來說，介面常見的開關按鈕，也可透過 Variants 將以下圖為例，可以用這些屬性作為區分：「Default」（預設）、「Pressed」（點擊時）、「Disabled」（不可選取），並且將開關區分為「開」（On）及「關」（Off）狀態。

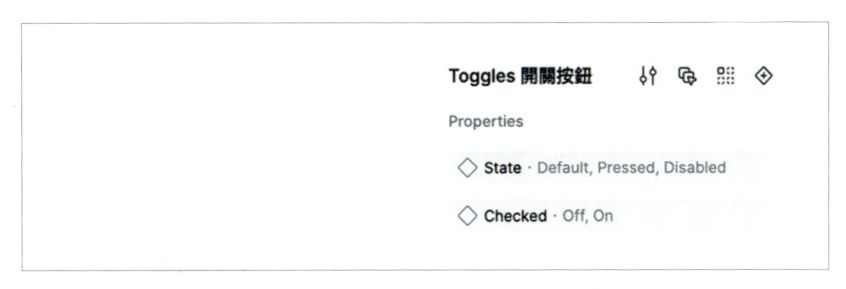

Toggles 開關按鈕

Properties
◇ **State** · Default, Pressed, Disabled
◇ **Checked** · Off, On

🎧 **Variants 使用情境（開關元件）範例**

◉ 技巧七：認識 Variants 使用情境（表單元件）

網頁、App 的表單型頁面中，常見多種填答輸入框，在下圖的例子中，Text Input（一般文字輸入框）適用於讓使用者進行簡答姓名、手機、地址等輸入欄位。Drop-down（下拉式選單）適用於提供已預設的選項，讓使用者進行選取，例如：商品品項、購買方式、運送時段等選項。以下圖為例，可以用這些屬性作為區分：「Default」（預設）、「Filled」（填寫文字時）、「Error」（錯誤警示）、「Disabled」（不可填答）。

🎧 Variants 使用情境（表單元件）範例

◉ 技巧八：Components Library

已建立完成的 Components 要如何在設計其他頁面的過程中隨時可被取用？在左側面板中，我們可以從 Assets（資產）找到已建立完成的 Components。付費版本中，則可以進階使用 Library 功能，在團隊中的所有專案、檔案皆可「共享」已被發布的 Components，相關團隊成員能看到被發布的 Components 顯示在左側面板中，Components 會在 Assets 頁籤下，依據來源區分為「Local Components」或「Used in this file」，如此一來，便能夠區分元件製作的所在地。

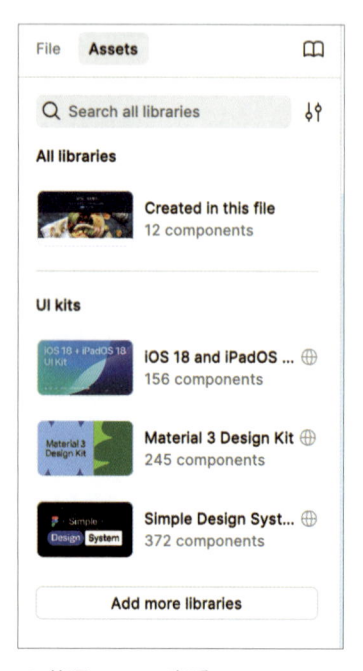

🎧 使用 Assets 查看 Components

實作步驟

● 實作一：打造 Component 元件

01. 轉換按鈕為 Component 主元件。

請讀者直接複製本單元素材，或是手動建立一個按鈕元件（可透過文字與形狀工具達成），將其選取後，點選右鍵選單的「Create Component」選項，即可建立共用的主元件。被標記為主元件或子元件的圖層，在 Figma 作業環境中，會顯示為紫色框的選取框。除此之外，元件圖層也會在左側圖層管理面板中，呈現紫色文字及圖示。

> **TIPS!** 建立主元件，也可以透過快捷鍵 `Ctrl` + `Alt` + `K`（Windosw）或 `command` + `option` + `K`（iOS）來完成。

❶ 選取物件後，選擇建立 **Component** 的按鈕

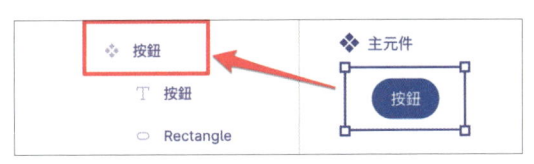

❶ 建立為主元件的「購買」按鈕（主元件是實心的紫色小菱形）

02. 從主元件中複製子元件進行使用。

請讀者試著複製一個已組成主元件的按鈕至空白範圍內，並且觀察圖層出現兩個按鈕以及圖層上圖示的不同。

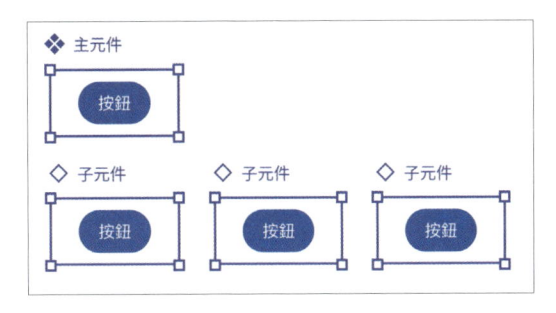

❶ 從主元件複製出來的子元件將會是空心的菱形

08 用 Component 與 Variants 打造可重用元件

03. 複製與修改子元件。

讀者可自由複製幾個 Component，並嘗試修改其中的子元件（空心菱形符號的元件），進行子元件編輯時，舉凡文字、顏色、大小、形狀等，所有的調整並不會和其他子元件共享，而只能透過主元件進行一致性的修改。

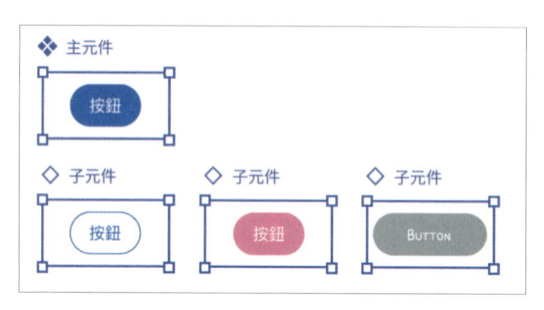

◯ 子元件的樣式調整，並不會和影響其他子元件

04. 套用子元件修改回主元件。

透過上一步驟的練習，我們讓子元件各自調整，但是主元件不受影響，然而該如何讓散落在各頁面的子元件也可以套用回主元件呢？請讀者選取任意更改過的子元件，右鍵點擊後選擇「Main Component」選單，接著選擇「Push changes to main component」。

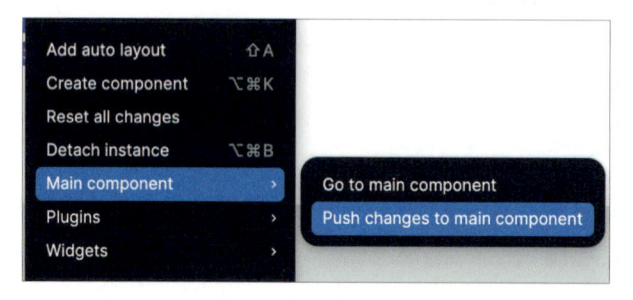

◯ 在子元件右鍵選擇 Component 對應選項，可將施作效果套用回主元件

讀者可發現套用回主元件的按鈕樣式，包含主元件在內，所有複製出來的子元件也隨之改變了。

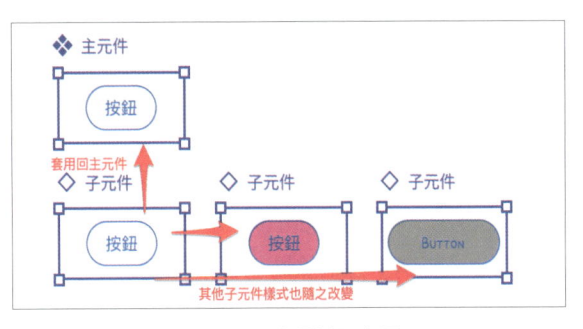

⊙ 主子元件關係示意圖

> **TIPS!** 點選同個選單的「Go to mainComponent」，則可自動前往主元件。

05. 解除主子元件關係。

在製作設計稿件時，遇到子元件已不適用於當前的主子關係時，讀者可解除主子元件關係。此時，選取欲解除的子元件，點選右鍵並找到功能選項「Detach instance」，就可以解除了。

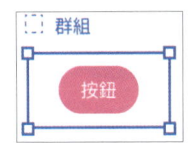

⊙（左）點選右鍵後，選取「Detach instance」選項；（右）解除主子元件關係的按鈕，恢復為藍色選取框

08 用 Component 與 Variants 打造可重用元件　135

◐ 實作二：打造 Variants 變體元件

01. 展開第一個變體編輯。

實作二中，我們來製作 Variants 變體元件，請讀者先找到在前一步驟中建立的主元件按鈕，選取後找到右側面板的「Add property」區塊，點選旁邊的「＋」按鈕並選擇「Variant」，此時將會看到虛線的紫色框線圍繞著元件。

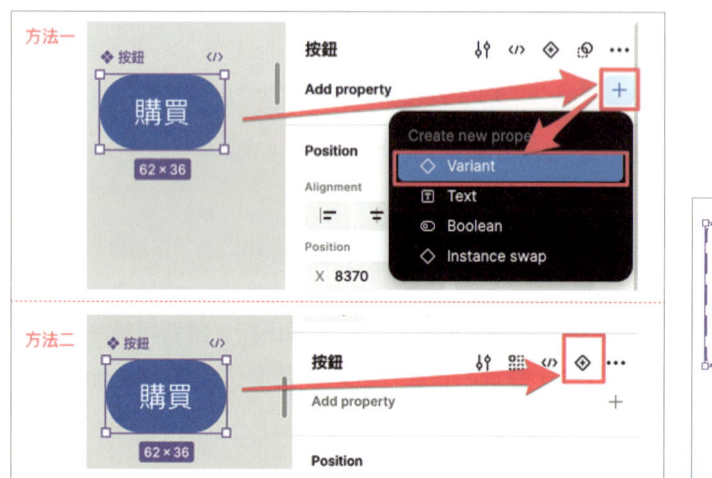

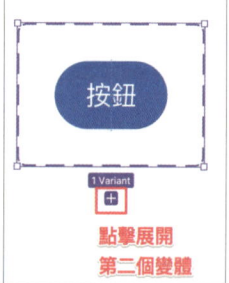

◯ 選取一個主元件按鈕，並於右方選單點選「＋」按鈕，或依照方法二直接點擊按鈕，以展開第一個變體編輯

點擊後，Figma 會自動複製一個和主元件相同的元件在 Variants 集合的紫色框框內，並且在 Property1 階層帶入新的變體名稱「Variants2」，讀者可自行重新命名。

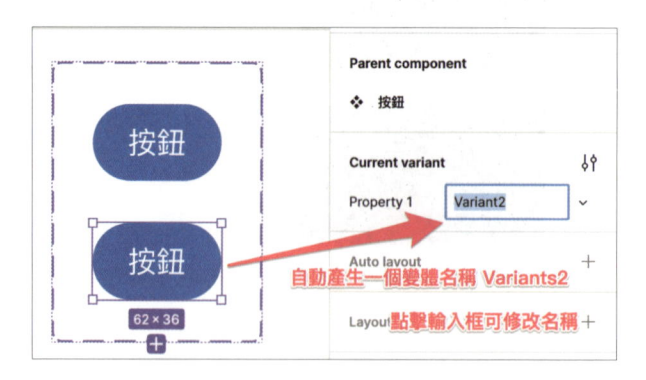

◯ **Figma 會在 Property1 自動產生一個變體名稱「Variants2」**

02. 配置第二個變體。

這個步驟將會讓第二個變體按鈕和第一個按鈕做出區別，最重要、最顯眼的按鈕呈現實心填滿的藍色，第二重要的按鈕則設定為藍底白框，來與最重要的按鈕進行區別。請讀者把第一個按鈕（實心填滿的藍色按鈕）在 Property1 的輸入框輸入，並命名為「Primary」。

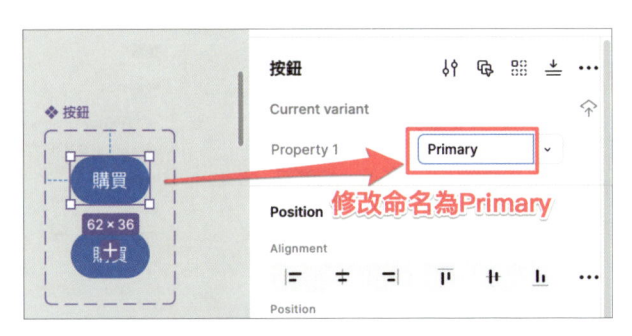

↑ 在 **Property1** 的輸入框輸入，並命名為「**Primary**」

接下來，我們將要改變第二個按鈕的變體樣式，請讀者將複製出來的變體按鈕，更改樣式為白底藍框，文字顏色修改為藍色，並在右側的 Property1 中，將預設名稱由 Variant2 修改為「Secondary」。

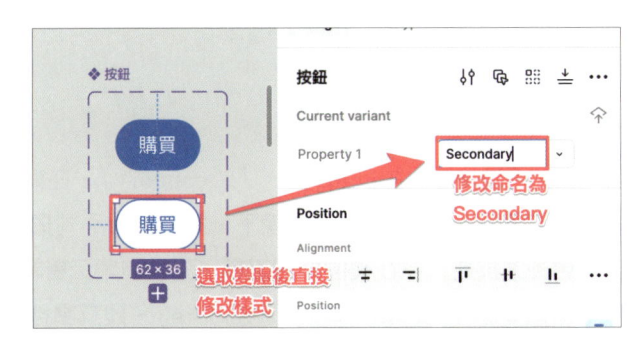

↑ 修改複製出來的按鈕樣式為次要按鈕的樣式，並在右側面板中框選雙擊重新命名為「**Secondary**」

> **TIPS！** 由於在編輯時讀者可能會遇到圖層眾多的情況，要點擊多層，才能選取到想修改的物件圖層，例如：包覆在圓角矩形中的文字，需要點擊 2~3 次才能成功選取。有個小技巧分享給讀者，按住 Mac 的 command 鍵（Windows 則是 Ctrl 鍵），再選取物件，就可成功一次選取圖層。

08 用 Component 與 Variants 打造可重用元件

03. 重新命名 Variants 屬性名稱。

Variants 可擁有多重屬性（是指變體組合），因此預設會自動帶入 Property1 作為第一層屬性的名稱，但為了方便辨識，我們可以把 Property1 做更好的命名。請讀者讓游標移開變體內的任何元件，直接選取最外層的紫色框變體容器，至右側工作面板的 Property1 修改名稱，將第一層屬性改名為「按鈕」。

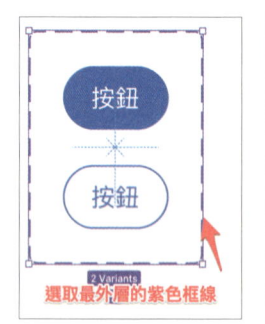

🔊 為 Property 命名，請選取最外層的容器紫色框，游標移動至名稱上方並修改為「按鈕」

> **TIPS!** 主要按鈕（Primary）通常會搭配肯定或主動型的措辭，例如：「確定」、「完成」、「購買」、「下一步」，次要按鈕（Secondary）若和主要按鈕擺放在一起，則通常會搭配非肯定或比較被動的措辭，例如：「取消」、「返回」、「關閉」。

04. 新增第二個屬性層。

「按鈕」屬性目前包含兩種變體「Primary」、「Secondary」，在網頁建置中，除了會遇到按鈕主次之分，也會遇到不同的操作情境下，需要使用不同形狀的按鈕。接下來，我們將會複製出更多的按鈕，但在複製按鈕之前，先新增第二層屬性「形狀」，我們將在此屬性內新增兩種變體：「Rounded」、「Square」，建立屬性這個動作就好比先建好索引，讓接下來複製的按鈕都可以塞到對應的分類之下。

請讀者選取變體的紫色容器外框後，右方面板會出現可新增 Properties 的「＋」按鈕，接著選取「Variant」，點擊後會出現 Property 的文字編輯框，以及底下自動產生的「Default」標籤。

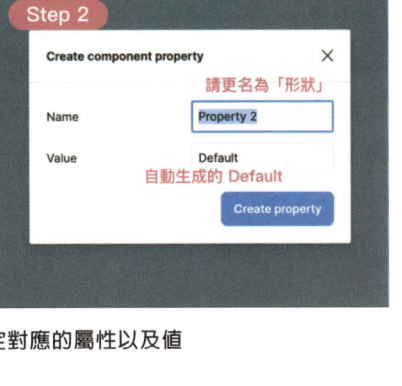

○ 新增的變體需要設定對應的屬性以及值

> **TIPS!** 完成以上步驟後，讀者會發現既有的兩個按鈕，第二層屬性都被自動標記為「Default」，請讀者雙擊左側面板檢視目前的變體圖層，在「按鈕」元件中，包含了兩個變體，且第一個按鈕命名為「按鈕 =Primary, 形狀 =Default」，這是變體元件會自動修改並遵循的命名規則，也就是按鈕屬性名稱為「Primary」，但同時在「形狀」屬性則被註記為「Default」。

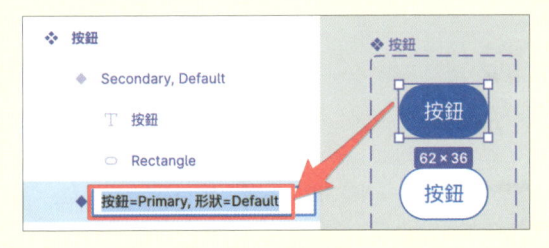

○ 圖層會自動命名為「第一層屬性 = 對應的值，第二層屬性 = 對應的值」規則

05. **修改形狀屬性對應的標籤「Rounded」。**

新增形狀屬性的名稱後，我們要把 Default 的名稱改掉，請讀者同時選取兩個按鈕，並且在右側形狀屬性旁的輸入框輸入「Rounded」，意思是這兩個按鈕在第二層分類，形狀 = Rounded。

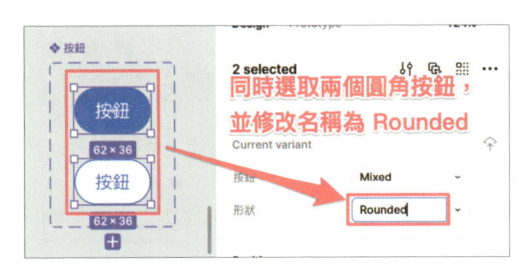

○ 新增屬性後，選取兩個按鈕，在屬性旁的輸入框中修改名稱為「Rounded」

08 用 Component 與 Variants 打造可重用元件

06. 新增兩個方形變體按鈕。

除了既有的圓角按鈕，我們需要再新增兩個變體，並將按鈕改成方形。請讀者選取原本的按鈕樣式後，點擊變體容器紫色框右下方的「＋」符號，新增新的變體，並將複製出來的按鈕樣式更改為方形。

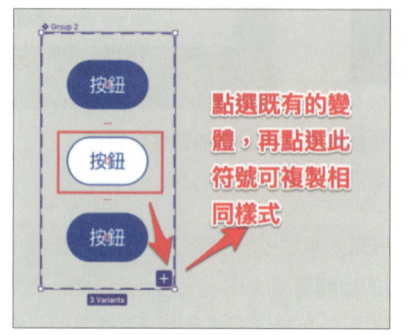

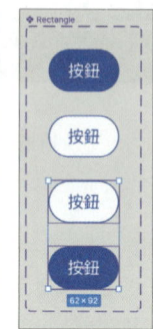

🎧 點選「＋」的符號可新增變體（小技巧：可選擇指定變體進行複製）

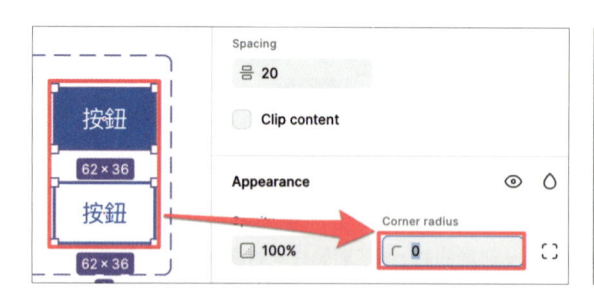

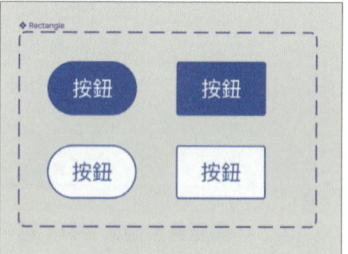

🎧 新增兩個變體按鈕，並更改新增變體按鈕樣式為方形（可透過右上角的屬性面板修改弧度為 0）

07. 修改形狀屬性對應的標籤「Square」。

新增了兩個方形變體後，請讀者選取兩個方形變體按鈕，在右側形狀屬性旁的輸入框中，修改名稱為「Square」。

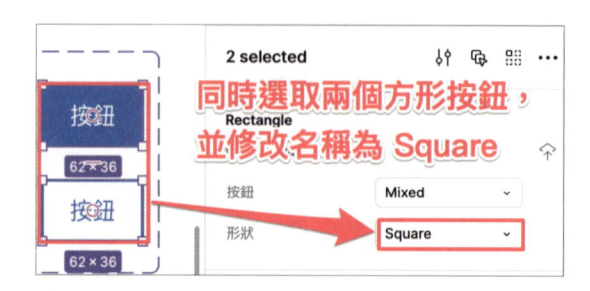

🎧 選取兩個方形按鈕，在屬性旁的輸入框中修改名稱為「Square」

完成 Variants 物件兩項屬性配置，會發現按鈕屬性有 Primary、Secondary，形狀屬性下有 Rounded、Square。

🎧 完成 Variants 物件兩項屬性配置的畫面

08. 確認變體的標籤對應。

接下來，畫面當中應該已經有「兩個圓角變體」與「兩個矩形變體」，可從圖層與畫面進行綜合檢視，並請確認變體確實對應到正確的標籤上（圓角對應到 Rounded；矩形對應到 Square），可觀察左側的圖層中，變體按鈕物件的名字是否有正確對應。

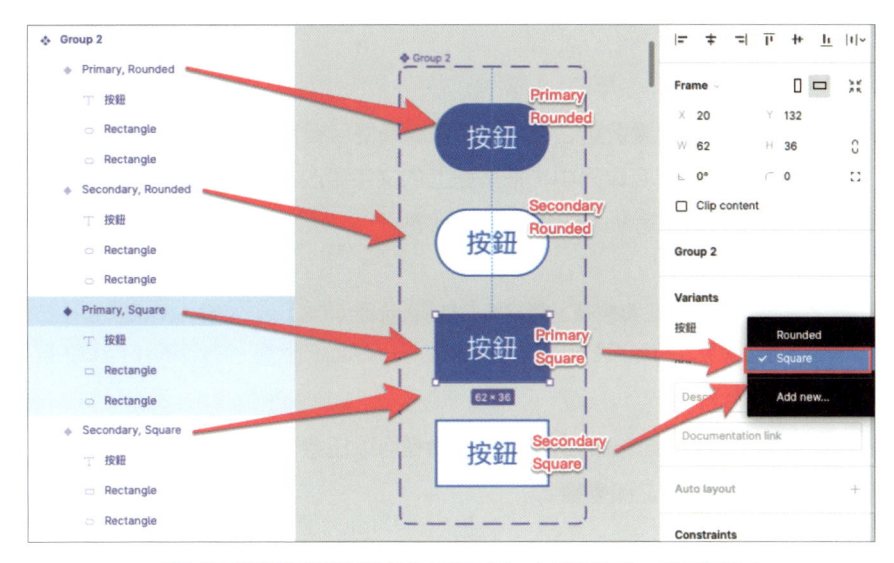

🎧 確認目前配置的相關對應（左方圖層、中間的物件、右方屬性）

> **TIPS!** 如果到這裡完成了所有步驟，恭喜讀者已經成功製作出兩階層的變體按鈕，讀者可以視狀況新增第三個屬性層，也可配置 Variants 物件更多層屬性，常見的情境是讓按鈕再根據狀態區分為「可以點選」和「不可點選」，讀者可再依照前面介紹的技巧，再新增一層屬性名稱「狀態」，藉此區別「Default」、「Disabled」等。

08　用 Component 與 Variants 打造可重用元件　　141

🎧 配置更多 Variants 物件屬性的畫面　　　🎧 變體設定成果範例

09. 引用 Variants。

製作了厲害的多屬性變體按鈕之後，我們可以來使用看看。請讀者複製變體中的任一按鈕，並添加至將水果電商頁面中，把按鈕上的文字更改為符合使用情境的「購買」，複製的按鈕元件將可切換為 Variants 的任一狀態。

> **TIPS!** 讀者在進行變體按鈕複製時，請同時按住 option 鍵（iOS）或 Alt 鍵（Windows）按鈕，再進行複製，務必確保複製出來的按鈕皆是「子元件」的狀態，才能夠進行變體的選擇。

在右側面板中，有 Variants 的選擇區域，讀者可以任意切換至不同屬性變化的按鈕，就會發現畫布中的按鈕隨之改變樣式。

🎧 辛苦建立好 Variants 物件之後，就可以快速切換上同變體按鈕，很方便吧！

142　Figma UI/UX 設計技巧實戰：打造擬真介面原型

PART

03

建立動態元件與
介面轉場

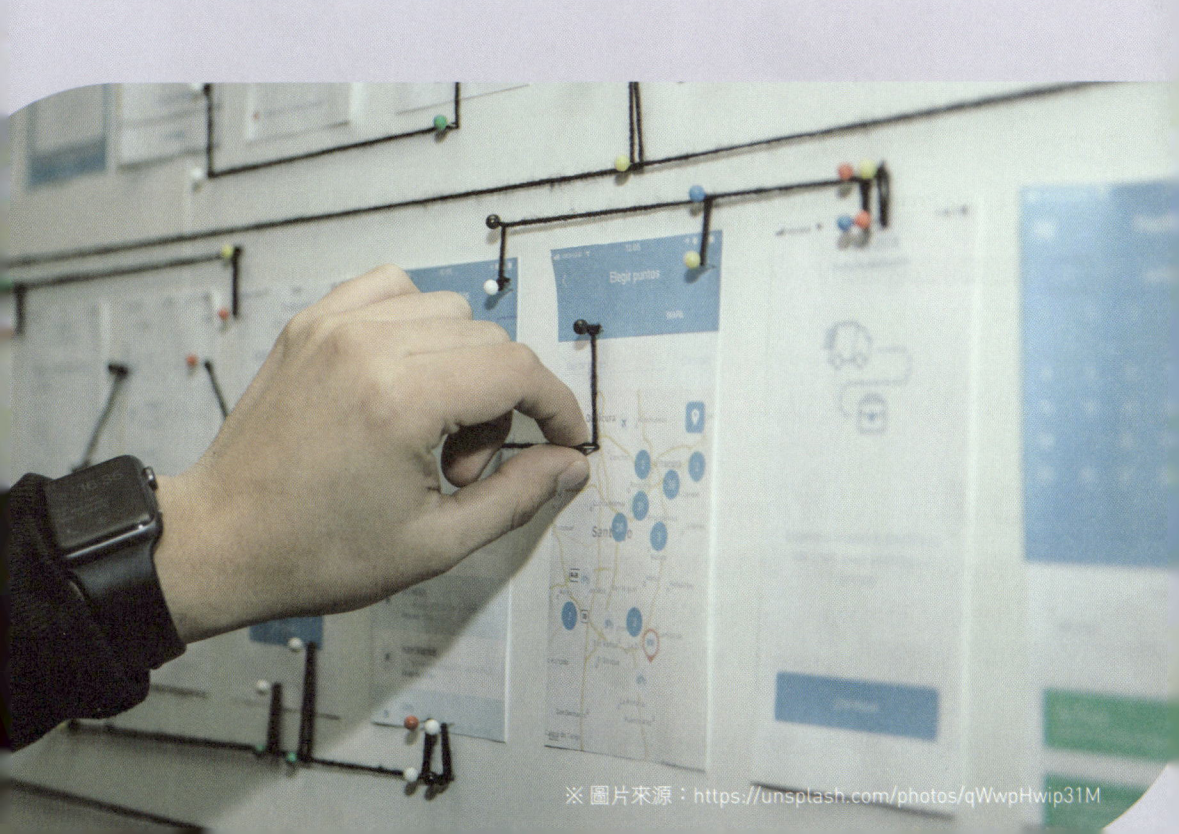

※ 圖片來源：https://unsplash.com/photos/qWwpHwip31M

Unit 09 動態轉場技巧：Prototype

單元導覽

產品開發的過程中，為了以低成本的方式模擬流程，具象化服務體驗，並促成更多溝通，會快速製作出 Prototype（原型），重點在於早期就提供給使用者進行測試。在 Figma 當中，Prototype 指的是類似動畫的功能模組，可以在設計好的頁面基礎上，加入各種動態效果。

本單元將帶領讀者使用 Prototype 動態實作技巧，完成常見的頁面切換效果練習，例如：導覽至下一頁、覆蓋視窗、回到頁面頂端、移動至頁面區塊、輪播轉場效果等。

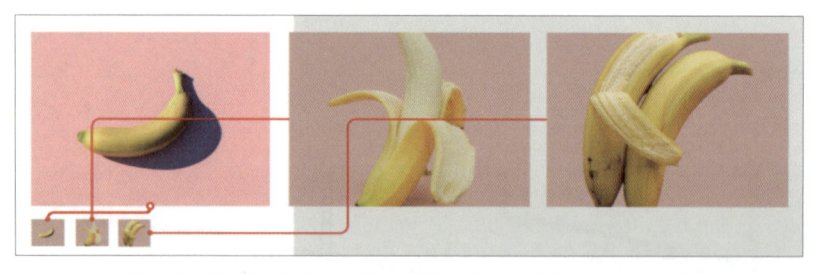

🎧 **Figma Prototype** 可以透過拉線的方式，建構頁面與物件的轉場效果（圖片擷取自本單元實作範例）

`Figma 練習素材連結` https://sites.google.com/view/figma-chinese/unit/unit09

重點學習技巧

◯ 技巧一：認識 Figma Prototype（原型）

Prototype 是 Figma 製作動畫的核心功能，Figma 右邊的工作面板區有兩個選項（Design、Prototype），同時也代表兩種不同的工作模式，透過「Design」模式製作設計稿，並透過「Prototype」模式進行動態設定。

144　Figma UI/UX 設計技巧實戰：打造擬真介面原型

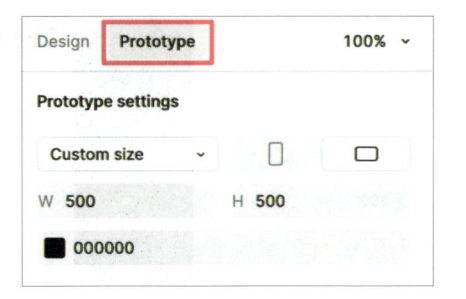

⊙ Figma 透過此處可切換至 Prototype 工作面板

◉ 技巧二：透過 Prototype 測試不同裝置選項

　　Figma Prototype 可指定測試的裝置，如手機、平板、筆電、桌機、手錶等，而選擇裝置後，還可選擇裝置的顏色，而如果設定的裝置是手機或平板，還可以指定要擺放為橫式或者直式進行原型預覽。

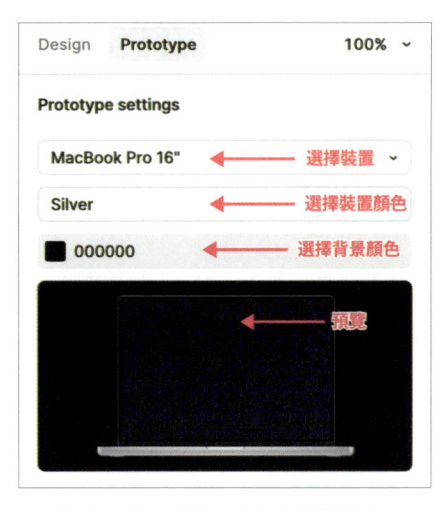

⊙ Prototype 可切換裝置及裝置顏色

◉ 技巧三：熟悉 Prototype 的相關任務功能

　　除了可切換裝置之外，Prototype 還可以設定瀏覽的背景顏色，或是針對畫面中的不同流程進行管理，包括針對特定流程進行「選取所有 Frame」、「複製預覽連結」以及「播放預覽」等操作。

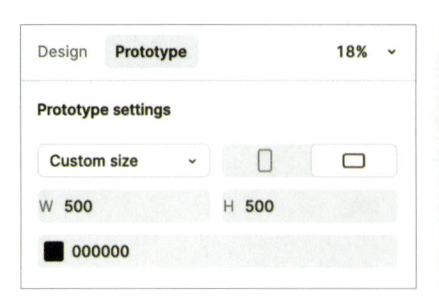

🎧 （左）背景顏色設定；（右）預覽時背景會顯示黑色

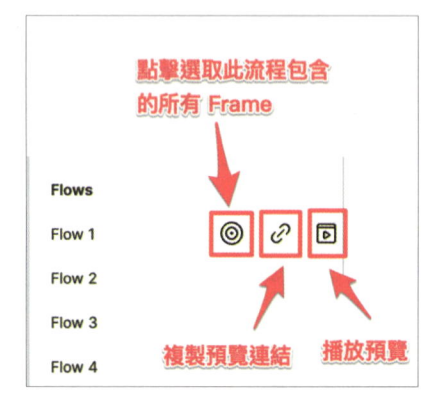

🎧 Prototype 可針對頁面中的不同流程（Flow）指定執行之任務

⬤ 技巧四：透過拉線配置 Prototype 頁面動態串接

　　Prototype 與過往單元所介紹的「Design」模式操作方式完全不同，當我們切換至 Prototype 模式後，可針對動態效果進行設定，但此時便無法對任何圖層進行上色、調整大小、更改文字等。

　　在 Prototype 模式下，選取一個 Frame，會被視為為「起始頁面」，串連箭頭的終點是另外一個 Frame，也是 Prototype 動畫希望抵達的「終點頁面」，透過此線條，即可配置出「在第一頁點擊後，將跳轉到第二頁」的動態效果。

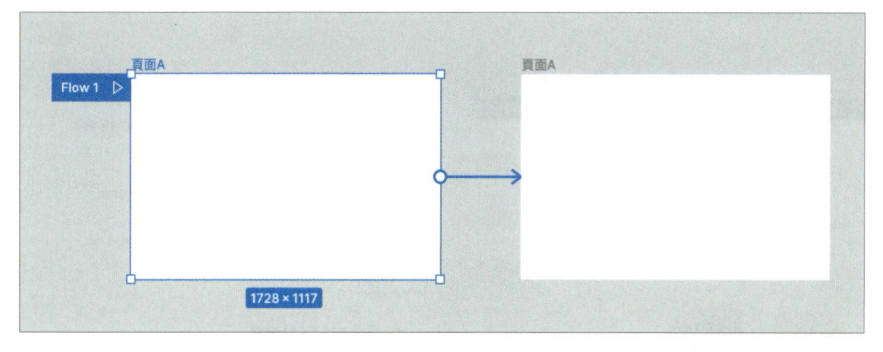

⁙ 在 **Prototype** 模式下，選取 **Frame** 的意思和 **Design** 模式有所不同

　　請注意，起始的使用者動畫觸發點可不限於 Frame，其可以是一個按鈕、一段文字、一張圖片，但是串接的對象一定是一個 Frame，並不會細化到 Frame 裡面的物件。同理，使用者在真實網頁中的互動，點擊 A 頁的按鈕後，會跳轉至整張的 B 頁面，並不會只有 B 頁面的某一部分。

⁙ 在購買按鈕上點擊，達到跳轉到結帳頁面的動態效果

◯ 技巧五：Prototype 的多種觸發行為

　　當配置 Figma Prototype 行為時，可於右側進行「觸發行為」以及「動畫效果」的配置。「觸發行為」是使用者進行特定動作時，動畫才會被觸發；而「動畫效果」則能夠配置其觸發後所發生的動態行為。

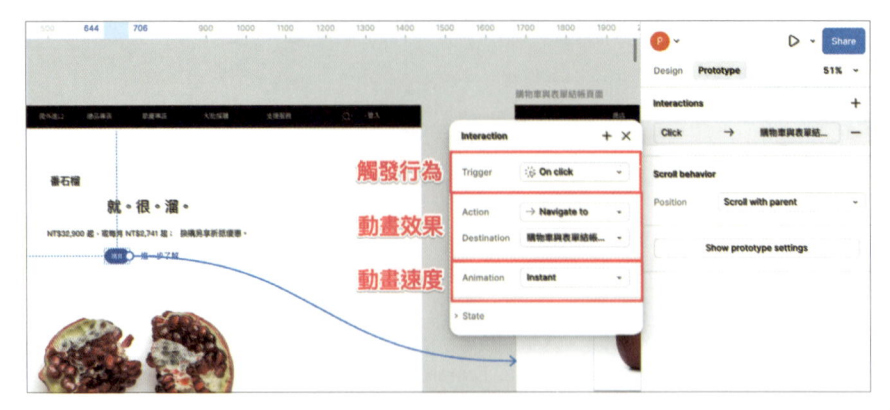

❶ 互動設定中的觸發行為及動態效果設定

❶ 彙整的觸發行為說明

動作	說明	使用情境
On click / On tap （滑鼠點擊一下／觸碰移動裝置一下）	使用者使用滑鼠在頁面進行單次點擊，或者在手機上用手指點擊一下觸發事件動作。	點擊按鈕、點擊選單、關閉視窗等。
On drag （拖曳）	使用者使用滑鼠或手指在頁面中拖曳觸發事件動作。	在網頁左側自左而右拖曳，返回到上一頁。
While hovering （游標覆蓋時）	使用者使用滑鼠讓游標覆蓋，或者停留在某個圖層物件上，則觸發事件動作。如果游標移開該物件，則返回到 Prototype 流程中尚未觸發事件動作的 Frame。	游標移動到按鈕或輸入框的回饋效果（顏色改變、形狀改變等）。
While pressing （游標按下時）	點擊後不鬆手，以觸發事件動作。	iOS 系統中的 3D Touch 效果、讓 IG 限時動態的播放暫停。
Key / Gamepad （鍵盤輸入或遊戲手把按鈕輸入）	透過鍵盤或遊戲手把上的按鈕輸入，來觸發事件動作。	輸入字母 X 後，讓視窗關閉。
Mouse enter （游標進入）	滑鼠游標進入某圖層區域後，觸發事件動作。游標移出，則需要新增搭配 Mouse Leave，才是完整的互動。	進入文字輸入框後，輸入框顏色改變。
Mouse leave （游標移出）	滑鼠游標移出某圖層區域後，觸發事件動作。	移出文字輸入框後，輸入框顏色改變。

動作	說明	使用情境
Mouse down / Touch press（滑鼠按下後 / 觸碰按下後）	當滑鼠游標在指定物件圖層按下，或觸碰裝置之後，觸發事件動作。釋放則需要新增搭配 Mouse up / Touch release，才是完整的互動。	滑鼠按下下拉式選單後，展開下拉式選單選項。
Mouse up / Touch release（滑鼠釋放後 / 觸碰釋放後）	當滑鼠游標在指定物件圖層按下之後鬆開，或觸碰釋放、觸碰結束後，觸發事件動作。	滑鼠從下拉式選單釋放後，收起選單選項。
After delay（延遲一定時間後）	頁面延遲一定時間後，延遲時間設定單位為毫秒（ms），觸發事件動作，且只適用於 Frame 與 Frame 之間。	結帳完成後三秒，跳轉至電商首頁，引導使用者繼續購物。

※ 參考來源：https://help.figma.com/hc/en-us/articles/360040035834-Prototype-triggers

技巧六：Prototype 的各類動畫效果

當使用者進行觸發行為後（例如：點擊一下、拖曳等），將會觸發動態效果，類似於電影的運鏡，畫面將進行轉場移動，並決定使用者所看到的上一個場景及下一個場景的轉換方式，下表整理了相關的動畫效果。

彙整相關動畫的動作種類

動作	說明	使用情境
Navigate to（導航至）	從一個觸發點跳轉到另外一個 Frame。	最常見的網頁跳轉。
Change to（變更為）	需要搭配 Variant 變體功能使用，在變體之間做改變，此功能的動態起點需要設定在 Component 主元件的變體圖層上，因此如果選取非主元件的圖層，會顯示為不可選取的狀態。	點擊一下預設的複選框（check box）元件後，變更為有打勾的複選框元件。
Back（退回）	導航回到上一個畫面。	點選「上一步」回到畫面。
Scroll to（滾動到）	從觸發點滾動到目標圖層。	選單滾動至頁面中的錨點、頁面上的橫向或縱向輪播。

動作	說明	使用情境
Open link （打開連結）	超連結打開外部任意指定網址。	點選超連結前往觀看外部網站影片。
Open overlay （打開疊加圖層）	讓目標框架圖層（Frame）疊加覆蓋在觸發的 Frame 上方。	彈跳視窗、警示訊息。
Swap with （替換圖層為）	替換為目標框架圖層（Frame），並且會出現在觸發的 Frame 上方。	接二連三的視窗進行替換。
Close overlay （關閉覆蓋圖層）	關閉出現在 Frame 上面的任何疊加圖層。	點選「取消」按鈕，關閉所有疊加圖層。
Set variable （設定變數）、 Set variable mode （設定變數模式）、 Conditional （用條件式控制動態流程）	這三項動畫為付費功能，通常會搭配使用，能夠針對進階的變數做運算，例如：數字的加減、搭配條件式。	頁面上顯示商品的剩餘數量，隨著點擊購買1件商品按鈕而剩餘數量減1，並搭配條件：減1僅限於數量大於0，如果購買數量少於0，則不再減少。

※ 參考來源：https://help.figma.com/hc/en-us/articles/360040035874-Prototype-actions

◯ 技巧七：Prototype 動畫速度效果

　　相同的動態效果搭配不同的速度，感受也不同。Figma 提供了對應功能，讓我們可以配置動畫的速度，製作出如快速的轉換、緩慢的轉換、轉換後製造反彈等效果，具備高客製化的彈性修改功能。

◉ 動畫效果種類

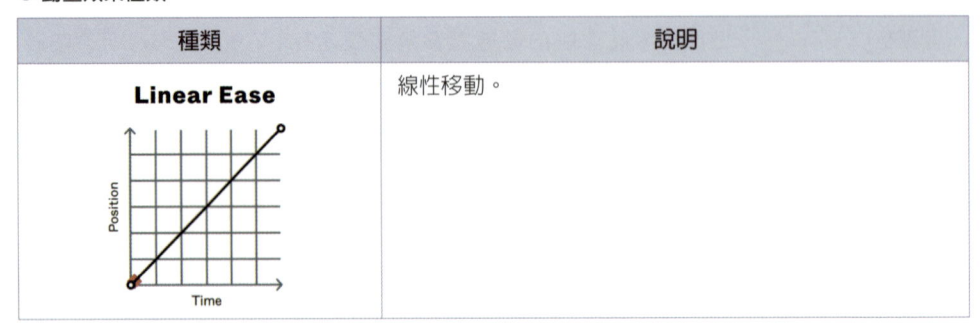

種類	說明
Linear Ease	線性移動。

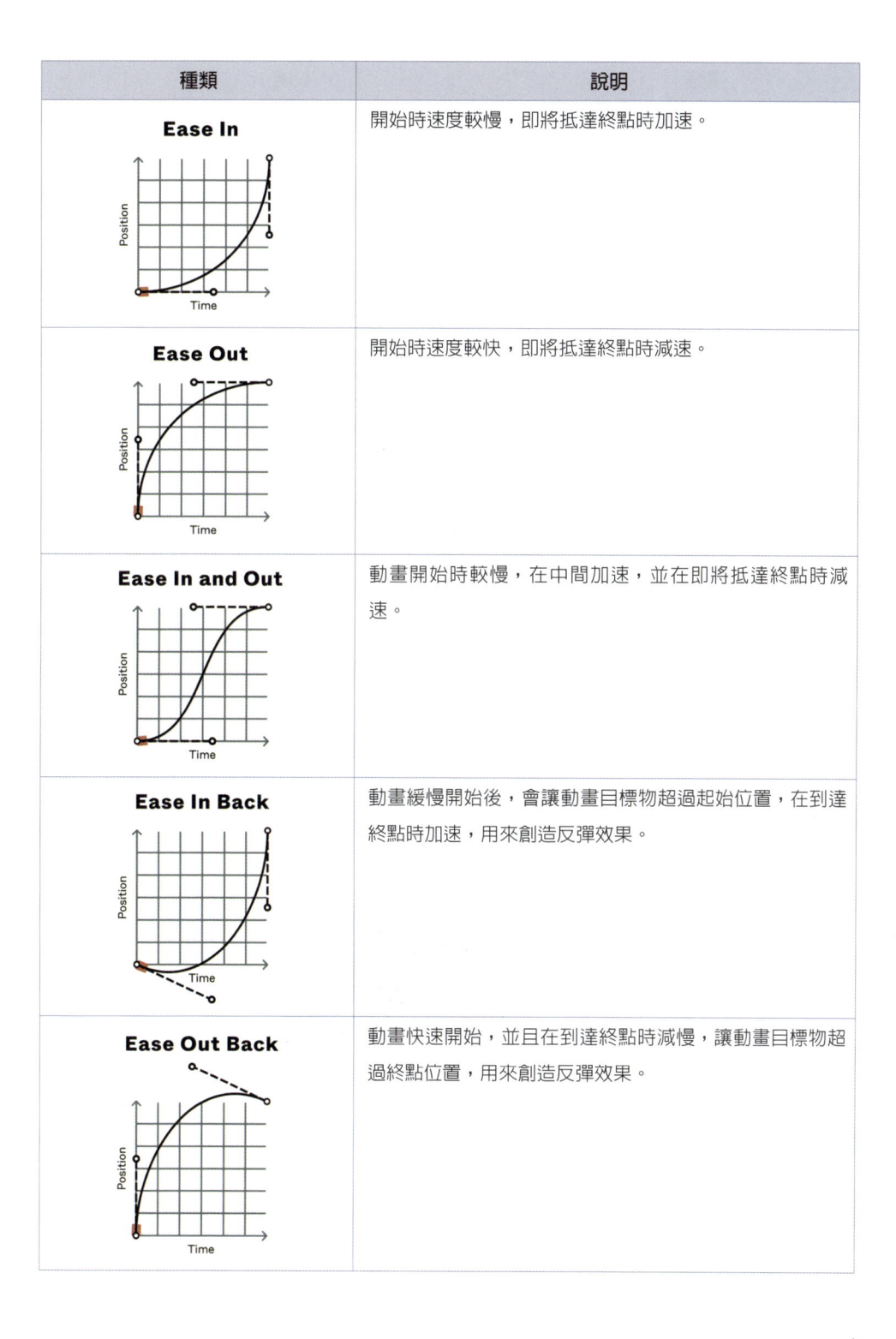

種類	說明
Ease In	開始時速度較慢，即將抵達終點時加速。
Ease Out	開始時速度較快，即將抵達終點時減速。
Ease In and Out	動畫開始時較慢，在中間加速，並在即將抵達終點時減速。
Ease In Back	動畫緩慢開始後，會讓動畫目標物超過起始位置，在到達終點時加速，用來創造反彈效果。
Ease Out Back	動畫快速開始，並且在到達終點時減慢，讓動畫目標物超過終點位置，用來創造反彈效果。

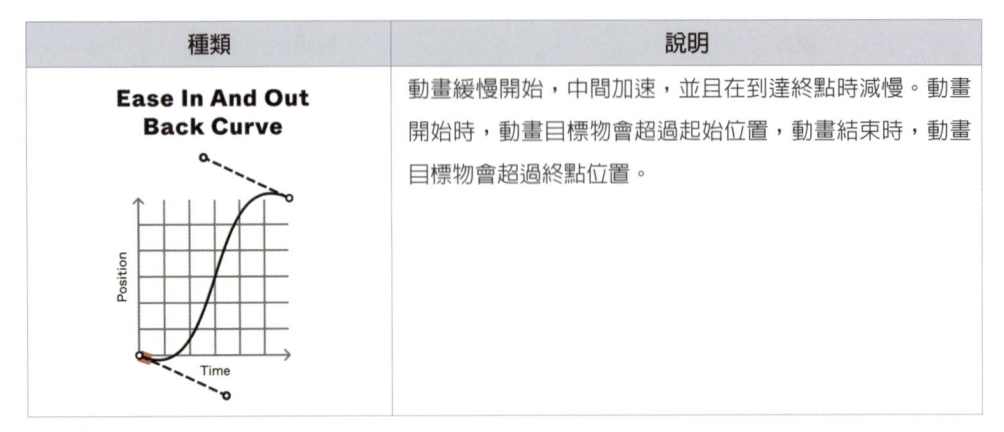

種類	說明
Ease In And Out Back Curve（曲線圖）	動畫緩慢開始，中間加速，並且在到達終點時減慢。動畫開始時，動畫目標物會超過起始位置，動畫結束時，動畫目標物會超過終點位置。

※ 參考來源：https://help.figma.com/hc/en-us/articles/360051748654-Prototype-easing-curves

技巧八：控制圖層溢出滾動方式（Overflow）

Prototype 當中的「Overflow」功能，可讓溢出 Frame 的內容進行滾動控制（指的是當圖層內容超過 Frame 所設定的邊界，就稱為「溢出」）。溢出的內容可以設定進行垂直滾動、平行滾動、不做任何滾動，或者垂直與平行都滾動等。這種動畫設定常見於控制輪播效果時，或者介面較長，以至於需上下滾動來查看完整內容的地方。

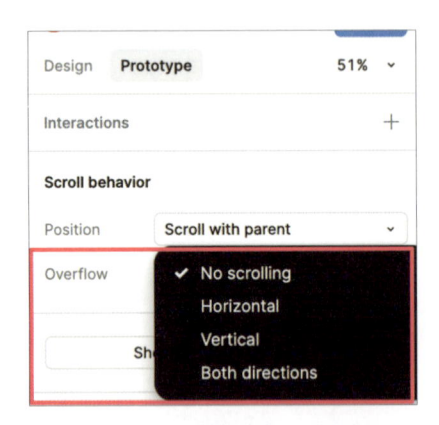

↑ 溢出的內容可以進行不做任何滾動、垂直滾動、平行滾動，或者垂直與平行都滾動

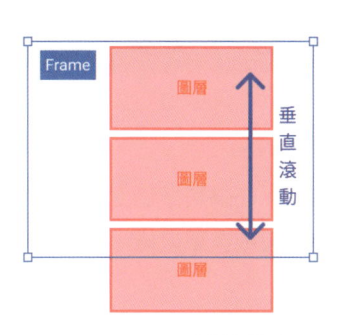

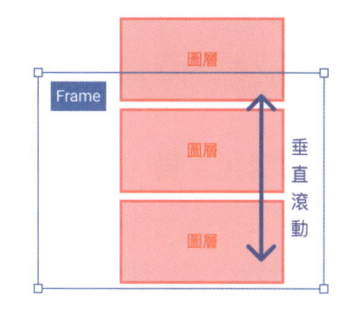

◐ 垂直滾動（Vertical scrolling）的示意圖

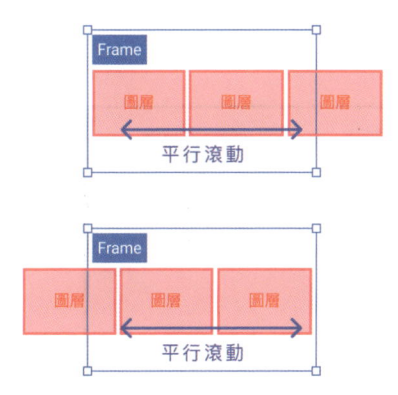

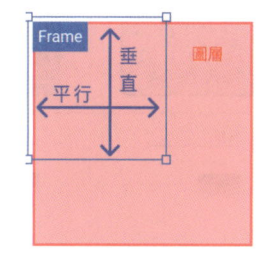

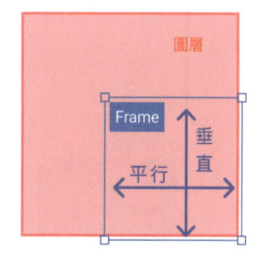

◐ 水平滾動（Horizontal scrolling）的示意圖

◐ 水平和垂直滾動（Horizontal and Vertical scrolling）的示意圖

◉ 技巧九：熟悉 Figma 播放模式

完成 Prototype 的設定後，讀者可以藉由分享 Prototype 給客戶或團隊其他成員，來進行動態模擬測試，其他成員只需要透過瀏覽器打開連結，便能夠操作網頁的動態效果。

◐ 透過分享 Prototype 來測試動態效果

實作步驟

⬤ 實作一：導覽至某頁（Navigate To）

以水果電商為例，我們希望擬真達到讓使用者有「在購買按鈕上點擊，跳轉到結帳頁面的動態效果」的體驗，這也是常見網頁中點選按鈕或選單之後，跳轉到下一頁的進行方式。

01. **複製相關素材。**

請讀者複製本單元提供的實作一素材至練習區。

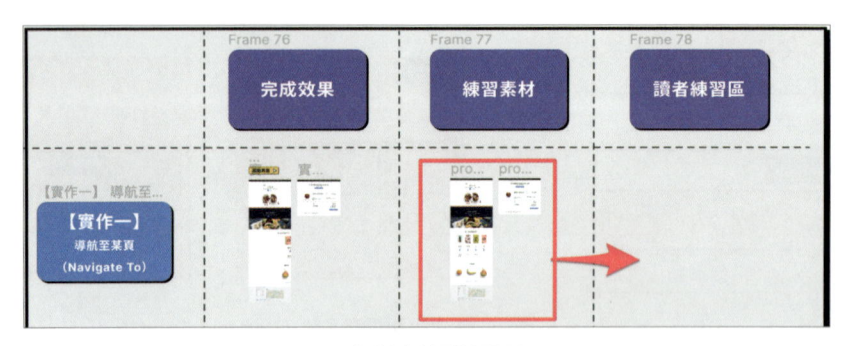

◐ 複製素材到練習區

02. **由待觸發物件串連至目標頁面。**

請讀者切換至 Prototype 模式，點選水果電商首頁的「購物」按鈕，可從按鈕右方拉線與結帳頁進行串連。請將「購買」按鈕設為起始點，在被選取的「購買」按鈕右側，讀者會發現有一個相較於錨點稍大的圓型白點，這個白點能夠藉由拖曳製造出串連用的藍色箭頭，請讀者把箭頭指向目標結帳頁面來進行串連。

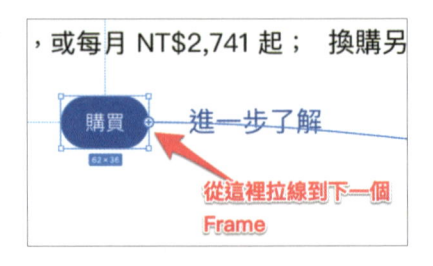

◐ 拉出起始線條的感測位置

◯ 將「購買按鈕」物件設為起始點，並拉線串連至目標 Frame「結帳頁面」

03. 設定動態觸發參數。

觸發條件雖然有許多，不過我們這裡先設定為基礎的「On tap」（點擊一下觸發），並將動作效果設定為「Navigate To」（導覽至某頁），這雖然沒有特殊或者華麗的過場，但卻是最常見的網頁跳轉方式。當使用者操作後，直接抵達結帳頁面，因此請讀者在動作欄位後面的目標 Frame 調整為「實作 #1_ 結帳頁」。

◯ 設定事件動作為「On click」搭配「Navigate To」（導覽至某頁）

Animation（動畫）效果的部分，可先設為一般網頁常見的「Instant」（馬上變化）即可。

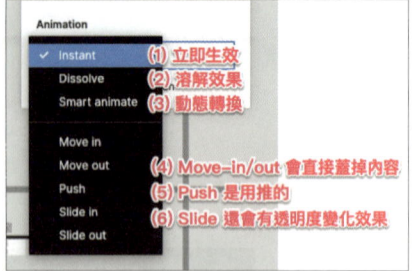

◯ Animation 設定為「Instant」（讀者可自行嘗試看看其他的效果）

完成後回到畫布編輯區，點擊起始 Frame 左上角的「播放」按鈕（三角形播放按鈕旁的預設名稱為 Flow+ 流水號），會出現一個三角形的「播放」按鍵，讀者點擊該按鈕，就可以進入該頁面的預覽模式來進行播放測試。

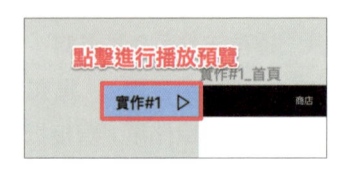

◯ 點擊「播放」按鈕進行播放預覽

> **TIPS! Flow 流程名稱可以修改**
>
> 每個 Prototype 流程，Figma 會自動建立以 Flow 開頭的流水序號名稱。為了方便後續的管理，讀者可以雙擊 Flow 名稱，並編輯命名。重新命名後，只要再次點擊空白畫布周圍，就能夠結束編輯狀態來完成更名。 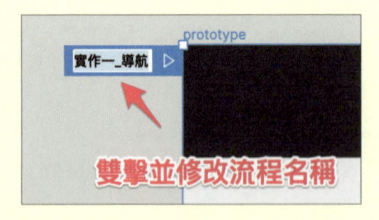
>
> ◯ 雙擊可更改 Flow 流程名稱，有利於後續的管理

156　Figma UI/UX 設計技巧實戰：打造擬真介面原型

◉ 實作二：Open overlay 效果（打開覆蓋型視窗）

第二個實作想帶領讀者練習透過 Prototype 製作 Open overlay 效果，也就是在一般網站常見的搜尋框效果（當點擊查詢放大鏡按鈕之後，顯示搜尋關鍵字輸入框及推薦搜尋內容）。Open overlay 覆蓋型視窗預設上並不會直接出現，如此可避免使用者覺得選單排版過於擁擠，接下來將透過 Prototype 實作出打開「關鍵字輸入框及推薦搜尋內容」的動態效果。

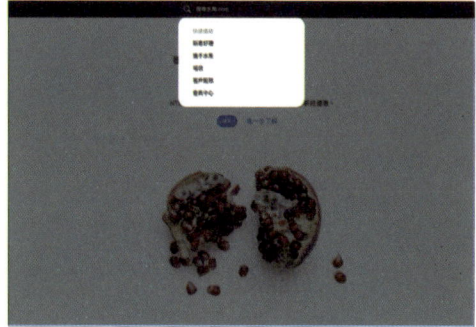

⊙（左）預設畫面；（右）點選「搜尋」按鈕後，將顯示 Overlay 覆蓋視窗

01. 取用練習素材，由觸發物件串連至目標頁面。

請讀者取用本單元提供的 Figma 素材，並找到實作二的練習素材（或者自行製作可供練習的覆蓋視窗也可以），並請先切換至「Prototype」頁籤模式，將頁首的「搜尋」按鈕與覆蓋型視窗進行動態串連。

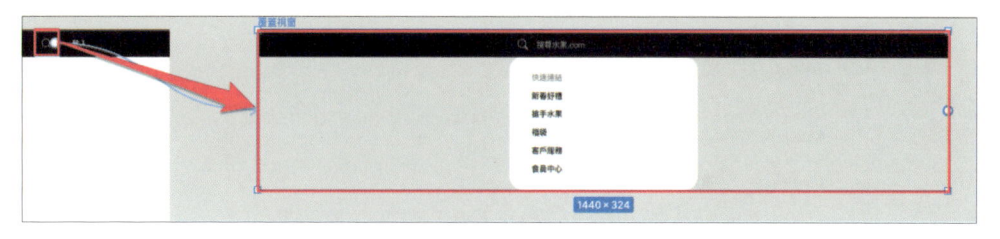

⊙ 將頁首的「搜尋」按鈕與覆蓋型視窗進行動態串連

02. 設定為「Open overlay」。

為了製造讓視窗覆蓋在頁面上方的效果，請讀者依照下圖所示，觸發行為選擇「On click」（點擊一下），選擇事件動作為「Open overlay」，即可配置「打開並覆蓋在圖層上」的效果。

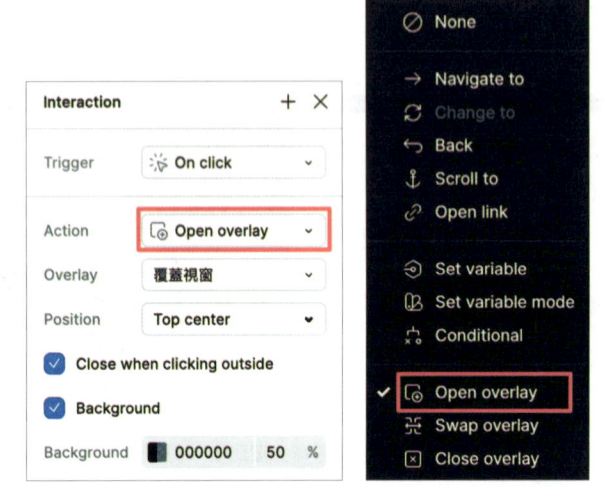

🎧 將動作種類調設定為「Open overlay」效果

03. 覆蓋視窗事件動作設定。

接下來，需要針對覆蓋視窗進行調整，並請參考下圖的設定。

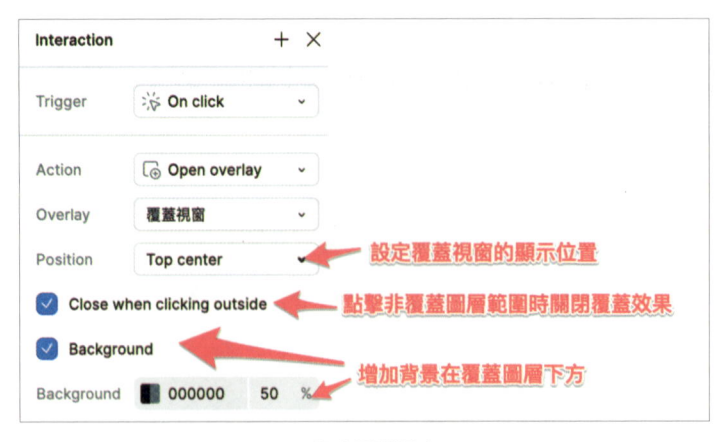

- 設定覆蓋視窗的顯示位置
- 點擊非覆蓋圖層範圍時關閉覆蓋效果
- 增加背景在覆蓋圖層下方

🎧 設定覆蓋視窗

◊ **Open overlay 相關參數的整理**

參數	說明
位置	視窗顯示的位置可以調整成「置於螢幕正中心」、「靠螢幕頂端左側」、「靠螢幕頂端右側」、「靠螢幕頂端中心」、「靠螢幕底端左側」、「靠螢幕底端右側」、「靠螢幕底端中心」。位置的調整基準,皆以「螢幕相對位置」為主,並非「Frame 中相對位置」,若需要調整讓視窗覆蓋位於頁面指定位置,則可設定「Manual」(自訂)。 | Top left 靠螢幕頂端左側	Top Center 靠螢幕頂端中心	Top right 靠螢幕頂端右側 | |---|---|---| | | Centered 置於螢幕正中心 | | | Bottom left 靠螢幕底端左側 | Bottom Center 靠螢幕底端中心 | Bottom right 靠螢幕底端右側 | 由於覆蓋型視窗最後希望讓它停留在螢幕的上方中心,因此請讀者選取「Top center」位置。
Close when clicking outside	勾選時,點擊非覆蓋範圍,以關閉視窗。
Background	勾選時,增加背景在覆蓋視窗下方,並且可以調整背景顏色及其透明度。

04. 設定動畫效果。

完成以上事件動作的設定後,進入到調整動畫速度效果的環節,請讀者選取動畫設定為「Move in」,移動路徑配置為「由右側進入觸發頁面」。

而動態動畫的速度,範例中以「Ease out」(先快後慢)的速度進行,並設定 600 毫秒內結束動畫,希望接近抵達終點時減速。讀者也可以搭配不同的動畫與速度選項多方嘗試,找到最喜歡的效果。

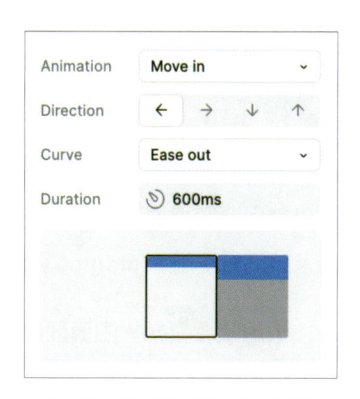

◊ 動畫進入方式及速度的配置

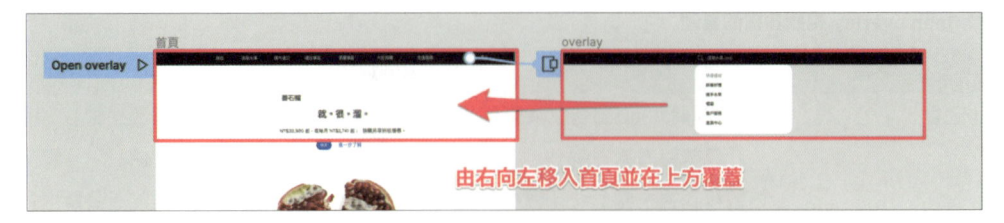

🎧「**Move in**」將會帶著覆蓋效果的動態路徑由 Frame 右邊進入

> **TIPS!** 如果在播放動態時，發現 Figma 最上方的功能列遮蓋住部分圖層，則可以透過點擊右上角的按鈕，並勾選「Hide UI」，如此一來，畫面上將會只保留 Prototype。如果想要重新打開上方的功能列，請同時按下 `CMD` / `Ctrl` + `\` 鍵。

🎧 顯示 / 不顯示 **Figma** 功能列的 UI

◯ 實作三：Scroll to 效果（捲動回到頁面頂端）

一般網頁如果內容較多，會設定「Go Top」按鈕，讓使用者點擊一下按鈕後，頁面自動捲動到達該頁頂端，方便使用者迷失在一堆內容時，可以輕易回到起點，本實作中我們來試試看使用 Prototype 製作出來。

01. **取用練習素材，由頁面底端 Go Top 圖示串連至頂端 Header。**

請讀者先取用本單元提供的 Figma 檔案，並找到實作三的練習素材（也歡迎自行製作可供練習的元件）。首先切換至「Prototype」模式（右邊第二個頁籤），將素材中的 Go Top 圖示，與頁面最上方的 Header 進行動態串連。

> **TIPS!** Prototype 的拉線可以拉到同一個 Frame 的其他物件上,但僅限同一個頁面,目前的版本無法拉線到「不同頁面」的局部物件上,本實作就是使用了這樣的技巧。

◑ 點選素材中的 **Go Top** 圖示,拉到同個頁面最上方的 **Header** 物件進行串連

02. 滾動事件動作設定。

本實作效果期待能「點擊一下按鈕後,逐步捲動至該頁頂端」,所以要選用「Scroll to」的動態效果(同樣是搭配「On click」的觸發條件即可),Figma 將會自動跳轉至串連終點的圖層位置。

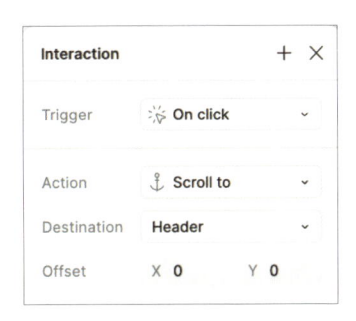

◑ **Sroll to** 效果設定視窗(請配置於點選「Go Top」後的線條上)

> **TIPS!** 手動調整滾動終點位置
>
> 雖然選取串連終點目標，已經可以達成 Sroll to 動畫效果，如果對於抵達的位置不滿意，需要微調位置，可在設定面板中，針對垂直向以及水平向的兩個設定輸入框，以圖層為中心當作基準，進行參數設定的調整。以範例來說，就是把 Header 圖層的中心當成座標軸的（0,0），微調的參數可輸入正值或負值。

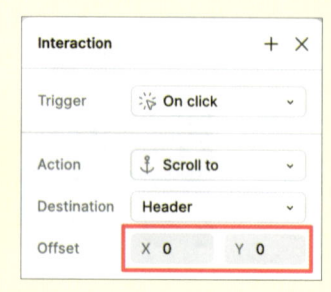

🎧 可手動配置垂直向（Y 軸）以及水平向（X 軸）的位移

03. 動畫設定。

動畫效果預設通常是「Instant」，如果使用此選項，會立即跳轉至頁面頂端，失去了跳轉的過程畫面，沒有給予清楚的觸發回饋，將可能導致部分使用者感到困惑「上一個畫面還在頁面底部，怎麼剛剛那個畫面不見了？這在頁面的哪裡？」。為了讓使用者清楚感受到點擊按鈕後，畫面被「帶」到了頂端，請讀者將動畫改設定為「Animate」，並搭配「Ease in and out」，設定時長為「600ms」，完成捲動到頂端的效果配置。

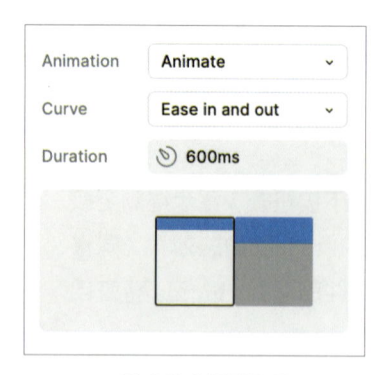

🎧 動畫設定相關資訊

04. 讓 Go Top 圖示不隨著滾動而改變位置，保持在頁面右下角。

「Go Top」按鈕通常會固定在頁面的某處，不會隨著使用者滾動網站頁面而改變位置，目的是方便使用者在頁面的任一處都能像依導航回家一樣，可找到頁面的頂端。此步驟請讀者找到右側面板，並於 Position 區塊設定為「Fixed」，目的是讓按鈕在捲動頁面時保持在螢幕的右下角。

🎧 請針對 Go Top 配置 Fixed 效果，讓按鈕在捲動頁面時保持在螢幕的右下角

05. 播放動畫進行測試。

完成設定後，可以點選三角形的「播放動畫」按鈕來看看效果。請測試按鈕是否都有順利保持在頁面的右下角，以及點選後是否可順利捲動至頁面上方。

🎧 播放動態，以確保按鈕位於右下方，且不會隨著滾動而改變位置，點擊後將滾動至頁面頂端

09　動態轉場技巧：Prototype　163

● 實作四：跳轉至頁面中的某個段落

本實作可視為實作三的延伸，希望能達成「點擊頁面中的按鈕，捲動至同一頁面中的其他段落」之效果（類似網頁中的錨點功能），使用到的技巧也是「Sroll to」。

01. **取用練習素材，由「進一步了解」按鈕串連至「哪一款水果適合你」區塊。**

請讀者取用本書提供的 Figma 檔案，找到實作四練習素材，並先切換至「Prototype」模式，將素材中的「進一步了解」藍字按鈕，與頁面中名稱為「哪一款水果適合你」的 Frame 進行動態串連。為了讓網頁使用者點擊按鈕後，捲動至「哪一款水果適合你」段落，並且可以全螢幕看到完整的標題、圖片，本書提供的素材頁面已經幫讀者使用了不同的 Frame，將區塊加以區隔。

☝ （左）將網頁區塊以不同的 Frame 進行區隔；（右）將「進一步了解」藍字按鈕，與頁面中名稱為「哪一款水果適合你」段落 Frame 進行動態串連

02. 效果與動畫設定。

點擊一下「進一步了解」按鈕後，拉 Prototype 的線條至同一頁的「哪一款水果適合你」段落區塊，觸發條件選擇「On click」，並且選擇事件動作為「Scroll to」，Figma 將會自動跳轉至串連終點的物件位置。請將動畫設定為「Ease in and out」，並設定時長為「600ms」，即可完成段落前往的捲動效果。

◌ Scroll to 效果與動畫設定

◉ 實作五：輪播效果

在這個實作中，我們將操作「圖片輪播」效果，當網頁使用者游標移動至香蕉小縮圖時，在圖片顯示區域中會播放對應的香蕉圖片，如下圖紅色的箭頭示意。接下來，請讀者跟著步驟進行操作。

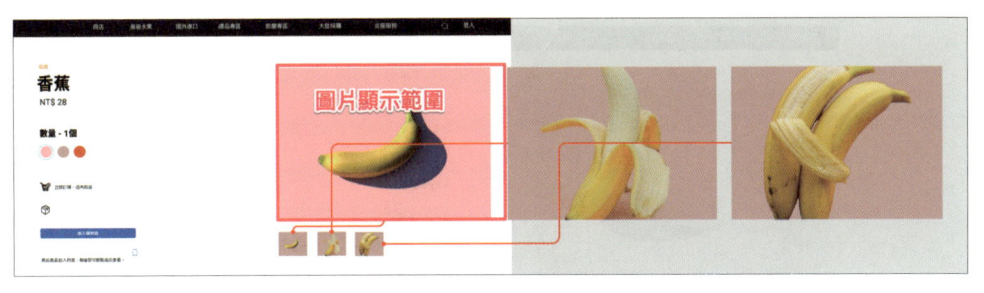

◌ 當網頁使用者點擊下方香蕉小縮圖時，圖片將對應顯示對應的香蕉大圖

09　動態轉場技巧：Prototype

01. **取用練習素材，調整並設定 Clip Frame。**

素材中的香蕉圖片放在名稱為「輪播圖」的 Frame 之中，由於 Frame 的特性，會把位於 Frame 之中、但是超過邊界的圖層進行隱藏，我們需要把輪播圖 Frame 先縮減至能夠容納一張香蕉圖的範圍就好。

🎧 選取輪播圖 Frame

請按住 Ctrl / command 鍵後，拖曳 Frame 的右邊邊框，縮小為只能顯示一張圖片的寬度，並且可以保留一點點空白區域，讓動畫跳轉時，使用者能夠看到的範圍較大。縮小 Frame 範圍後，請勾選右側面板中的選項「Clip content」（勾選後，超過 Frame 區域範圍的其他圖片，將會被隱藏）。

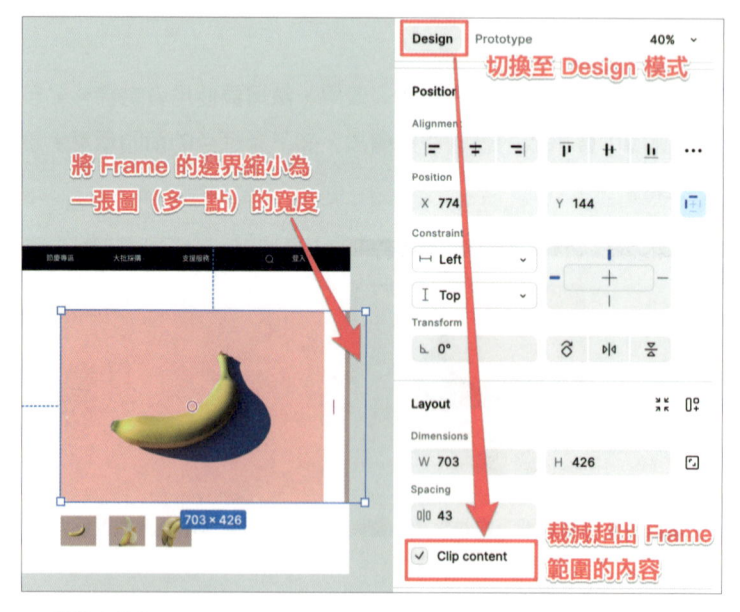

🎧 請讀者按住 Ctrl / command 鍵後，拖曳 Frame 的右邊邊框縮小為一張圖片

166　Figma UI/UX 設計技巧實戰：打造擬真介面原型

02. 設定 Overflow Scrolling。

完成 Frame 的裁切後，請選取輪播圖 Frame，在 Prototype 模式下，將 Overflow 溢出行為設定為「平行滾動」（Horizontal），如此一來，才能夠讓圖片進行橫向滾動。

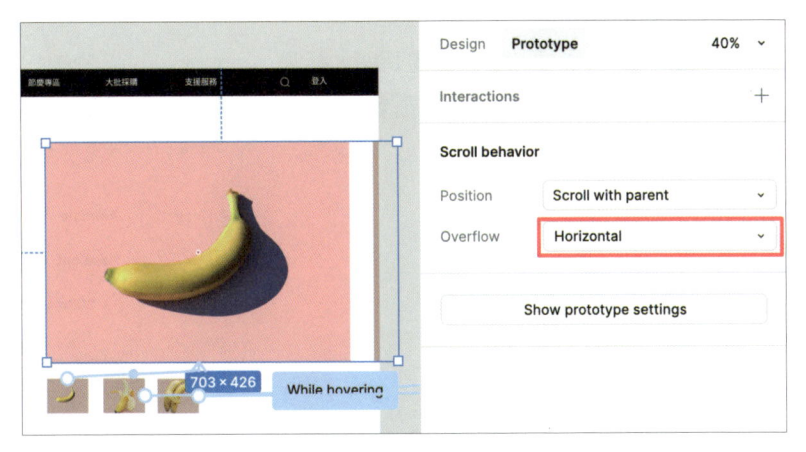

◯ 設定為平行滾動（Horizontal）

03. 將圖片進行動態串連。

接下來，請讀者將縮圖的小香蕉，向右上連線至對應的「香蕉一」、「香蕉二」、「香蕉三」，從觸發物件的縮圖向右拖曳連線，Figma 會自動偵測溢出 Frame 而被隱藏的物件圖層，不用怕找不到對應圖片。

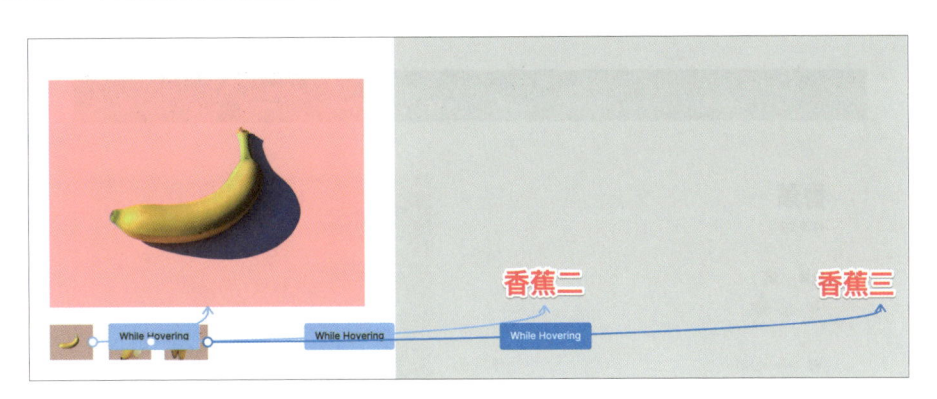

◯ 由各自的縮圖向右上連線至對應的「香蕉一」、「香蕉二」、「香蕉三」圖片上

09　動態轉場技巧：Prototype

04. 設定輪播效果（Sroll to）。

為了讓使用者達成「當游標懸停至香蕉小縮圖時，在圖片顯示區域中，將播放對應的香蕉圖」，請讀者將觸發行為設定為「While hovering」（指當游標懸停時），並設定捲動至對應圖片時所需要花費的動畫時間，範例中的設定是「Ease out」，動畫所需要花費時間為「300ms」。

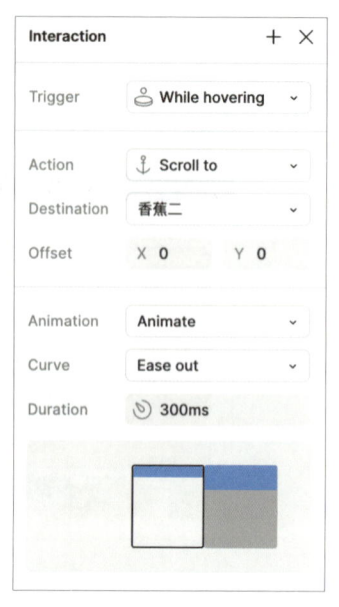

調整輪播效果設定

05. 播放動畫進行測試。

最後別忘了播放動畫測試動態效果，檢查「游標懸停至香蕉小縮圖時，在圖片顯示區域中播放對應的香蕉圖」動態是否成立，如果順利的話，恭喜讀者完成相對複雜的輪播圖效果練習，在網站的互動設計上，可搭配做出更多元的效果。

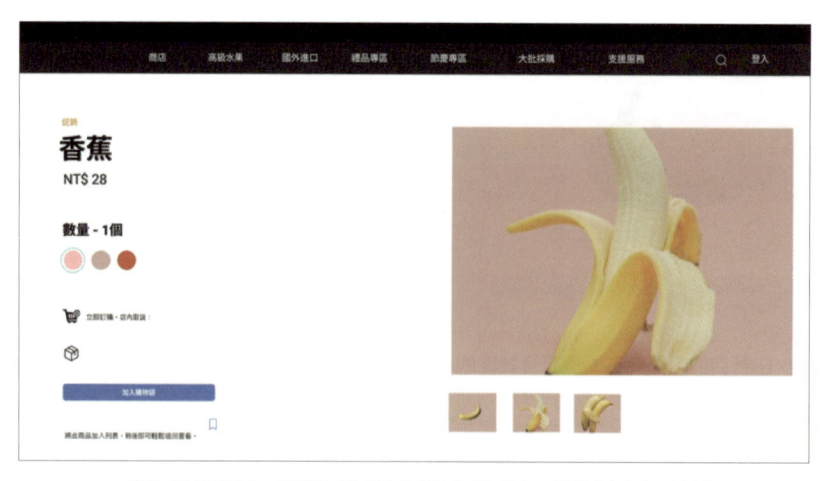

檢查輪播效果：當游標懸停至香蕉小縮圖時，播放對應的香蕉圖

Unit 10　Smart Animate 動態設計

單元導覽

　　延續前一單元的 Prototype 功能，本單元將和讀者分享 Figma 的動畫技巧「Smart Animate」。透過 Smart Animate，我們可以輕鬆製作各類有趣的動態視覺效果（Motion UI Design），其類似動畫軟體的移動補間概念，且可切換多種的觸發規則，或調整轉場速度等，來幫助我們做出許多種類的動態變化。本單元共規劃了五個實作場景，透過相關練習，就可以學會各類的動態配置技巧。

F!gma 練習素材連結　https://sites.google.com/view/figma-chinese/unit/unit10

> **TIPS!** 如果讀者是第一次接觸「動態介面設計」的概念，建議可先 Google 或前往以下網址閱覽相關效果：URL https://dribbble.com/tags/motion_ui。

重點學習技巧

◉ 技巧一：認識 Smart Animate

　　「Smart Animate」是 Prototype 的子屬性功能，透過物件的轉場，做出頁面內或頁面之間的動態效果。在介面中加入動態設計，可以讓使用者能更察覺頁面之間的資訊變化，並增加對於介面操作隱喻的理解，享有更高層的體驗。

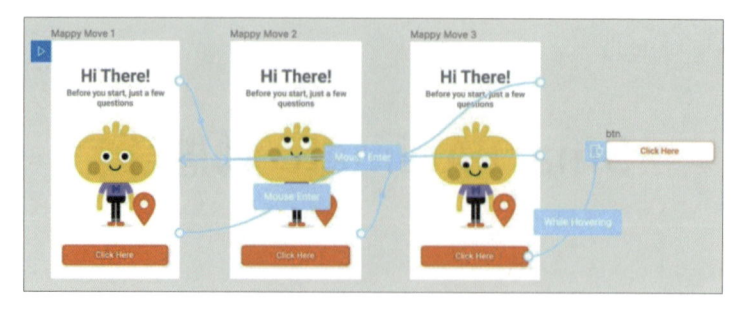

▸ 在頁面配置頁面內或是頁面間動態轉場，可創造出更多元的介面操作體驗

※ 資料來源：https://uxdesign.cc/figma-5-ways-to-add-animation-to-your-designs-e3c521aa8902

◯ 技巧二：了解 Smart Animate 的種類

根據官方文件指引（URL）https://help.figma.com/hc/en-us/articles/360039818874-Smart-animate-layers-between-frames），Smart Animate 屬於進階動態設計技巧，主要支援五種轉場效果：「大小改變」（Scale）、「位置改變」（Position）、「透明度改變」（Opacity）、「旋轉方向改變」（Rotation）、「填色改變」（Fill）等，使用者可透過這些轉場效果，發揮創意並設計出各類動態元件與頁面轉場效果。

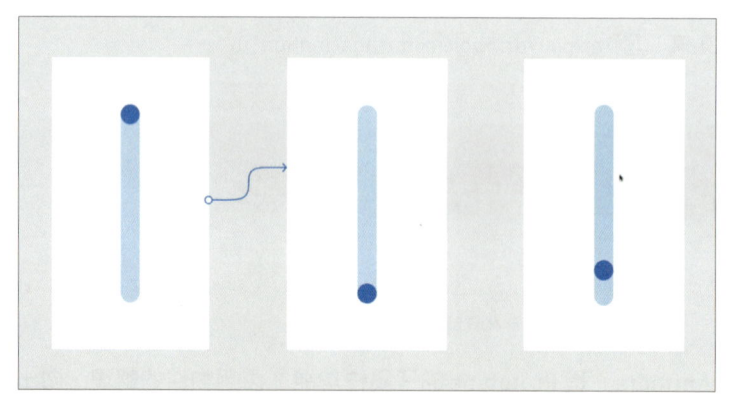

▸ 官網的 Smart Animate 示意圖，左邊第一張是開始，第二張是結束，第三張則示意透過 Smart Animate 中間的轉場階段移動效果，推薦前往資料來源網址來瀏覽動態效果

※ 資料來源：https://help.figma.com/hc/en-us/articles/360039818874-Smart-animate-layers-between-frames

🅞 另一個官方範例是透過 Smart Animate 來讓多個物件一起進行變化，例如：本圖最右邊那張，顯示了前面兩張圖之間的轉場過程

※ 資料來源：https://help.figma.com/hc/en-us/articles/360039818874-Smart-animate-layers-between-frames

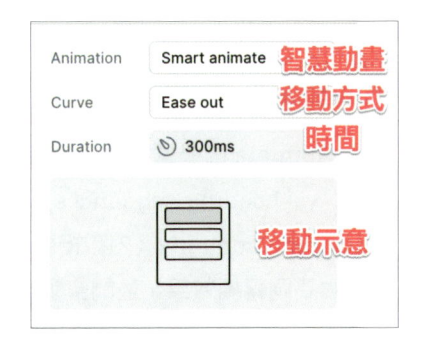

🅞 這是 Smart Animate 的設定窗格，可設定移動方式、時間

🅞 技巧三：認識 Smart Animate 的觸發情境

究竟何時適合使用 Smart Animate 呢？這裡主要區分幾種常見的動態設計情境，以常見的介面元件按鈕為例，透過 Smart Animate，可以配置像是「滑過」（While hovering）、「點下」（Mouse down）、「點擊」（On click）、「拖曳」（On drag）等觸發行為，並於觸發後進行各類型的事件動作改變，此技巧與前一個單元的 Prototype 有許多相關之處，但 Smart Animate 可以延伸做出更多的動態變化。

◐ Smart Animate 可搭配各類觸發條件來設定動畫的播放

◎ 技巧四：認識 Smart Animate 頁面變化情境

除了針對單一物件外，Smart Animate 也很適合設計各類常見的動態效果，例如：「Pull to refresh」（拖曳更新）、「Loading sequences」（載入順序）、「Parallax scrolling」（滾動視差）、「Expanding content」（內容拓展）等，透過觸發點的設定與動態效果配置，設計出頁面切換中不同轉場效果，並調整動態過程中物件狀態，來提升介面操作體驗。

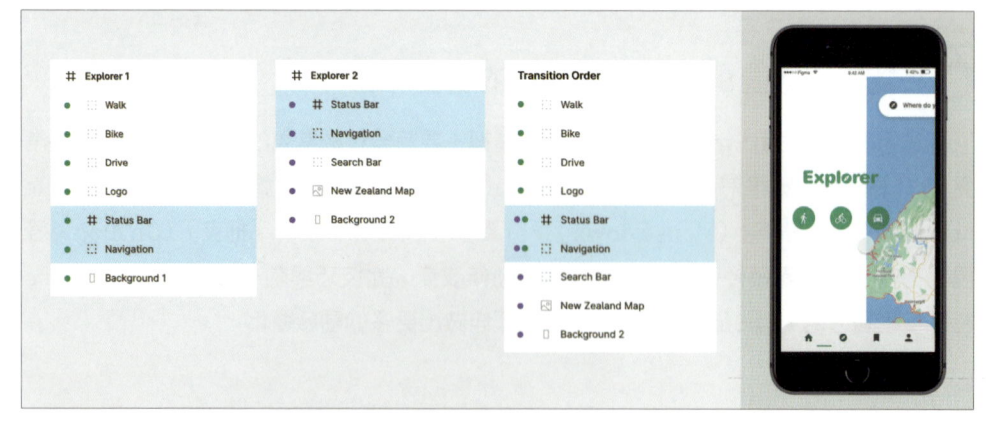

◐ 透過 Smart Animate 可設計出頁面間切換的各種效果，例如：本圖示意透過 Figma 做出畫面拖曳切換的感覺，推薦前往資料來源網址來瀏覽動態效果

※ 資料來源：https://help.figma.com/hc/en-us/articles/360039818874-Create-advanced-animations-with-smart-animate

172　Figma UI/UX 設計技巧實戰：打造擬真介面原型

◯ 技巧五：設定其他動態效果

Smart Animate 讓 Prototype 的轉場更突出，除此之外，也有許多動態選項可以切換，例如：「消失」（Dissolve）、「飛入」（Move In）、「飛走」（Move Out）等都支援，還可配置不同方向，讓 Figma 在不同的情境中都能客製化地轉場。

Dissolve　Move In　Move Out　Push

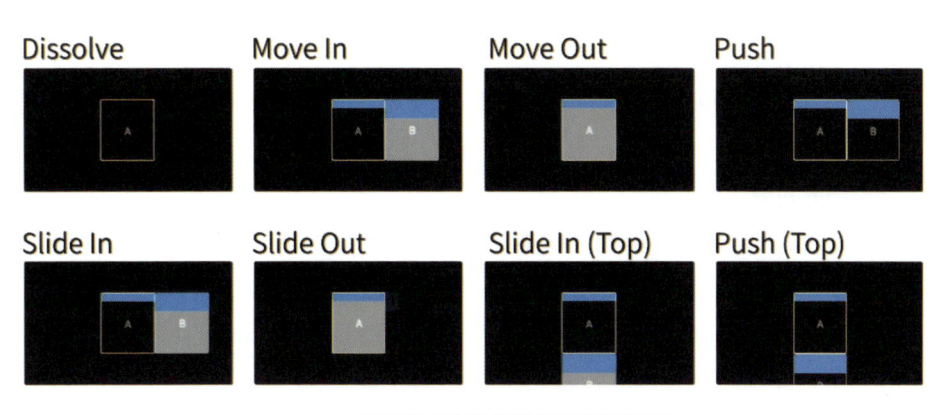

Slide In　Slide Out　Slide In (Top)　Push (Top)

🎧 **Figma 提供各式的動態移動方向配置屬性**

※ 資料來源：https://uxdesign.cc/figma-5-ways-to-add-animation-to-your-designs-e3c521aa8902

實作步驟

◯ 實作一：動態轉場物件

01. 建立兩個 **Frame**。

要實作 Smart Animate 的最基礎設定，需要滿足「不同 Frame 有相同圖層」的前提，如此就可以配置出 Smart Animate 功能。第一個步驟須請讀者建立兩個 Frame，並在上面各自拉一個形狀圖層（施作重點：名稱需相同），將其放在不同的位置，也可改變大小、顏色等，這些效果都會有轉場的感覺。

◐ 請先建立兩個基礎 Frame，並分別放上幾何圖樣後，修改為相同名稱的物件

02. 修改圖層名稱。

　　Smart Animate 的重點是兩個形狀圖層的名稱一定要相同，來讓 Figma 知道雖然在不同 Frame，但請將這兩個物件視為相同物件（反覆強調，是因為這件事情很容易被疏忽），所以此步驟引導讀者完成手動修改名稱（因為有時 Figma 複製的名稱是不同的），請在左方圖層管理區雙點擊圖層名稱，即可進行修正。

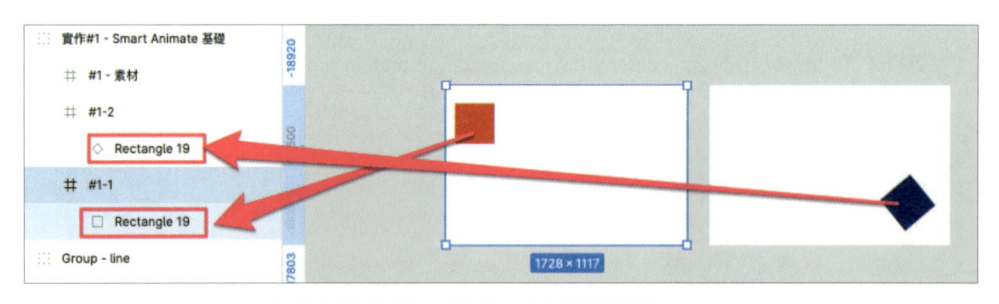

◐ 建立兩個名稱相同的圖層，但放在不同的 Frame 中

03. 配置 Smart Animate 效果。

　　接下來，要配置 Smart Animate 動態效果。請先於右方切換到「Prototype」頁籤（此為前面單元操作過的技巧），並從第一個形狀物件拉線到第二個 Frame，手動將 Animation 效果切換為「Smart Animate」，其他參數則可視讀者需求修改，或可先使用預設值。此外，也可使用相同的操作方式，從第二個物件拉線到第一個 Frame。

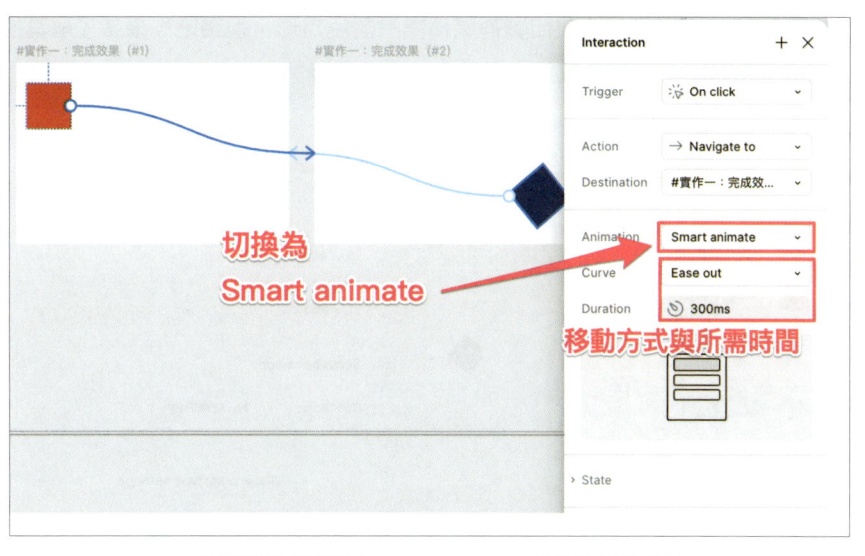

◯ 可參考此圖來設定 Smart Animate 的動態轉場效果

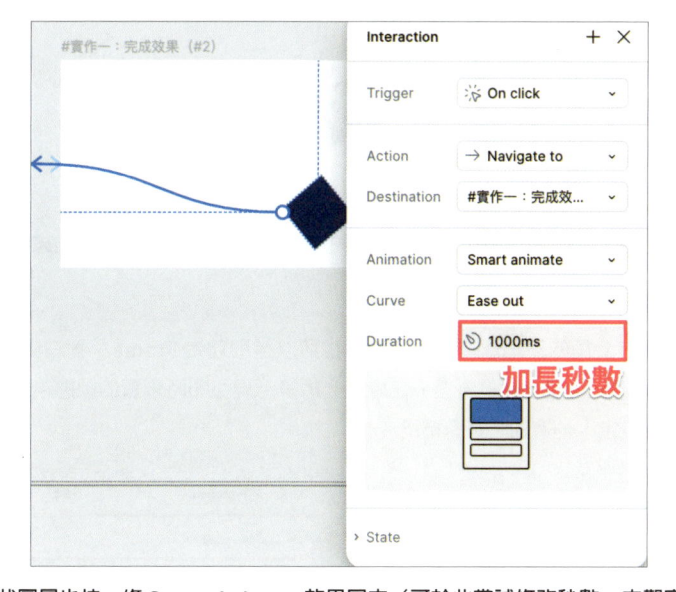

◯ 右邊的形狀圖層也拉一條 Smart Animate 效果回來（可於此嘗試修改秒數，來觀察效果看看）

04. 檢視動態效果。

前一步驟已完成配置了，如果想瀏覽效果的話，請先選擇 Frame 後，點選右上角的「播放」（三角形）按鈕，就可以看到剛才設定好的 Smart Animate 動態轉場效果。舉

10　Smart Animate 動態設計　｜　175

例來說，點了紅色方形後，將會自動補間轉變為藍色方形，很讚吧！讀者了解其操作方式後，就可多方嘗試各類觸發效果或是改變動態速度等，將會有不同的動態感受。

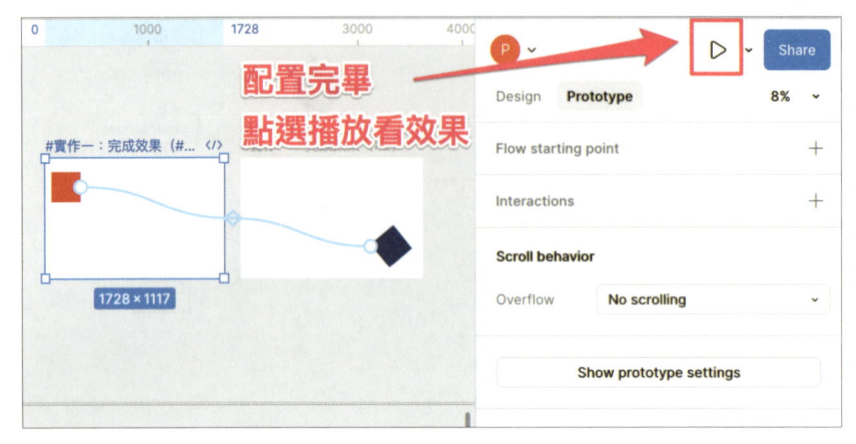

🎧 指定 Frame 後，點選右上角的「播放」按鈕，就可以看到 Smart Animate 效果

🎧 完成 Smart Animate 基礎動態轉場效果（中間是自動移動補間出來的）

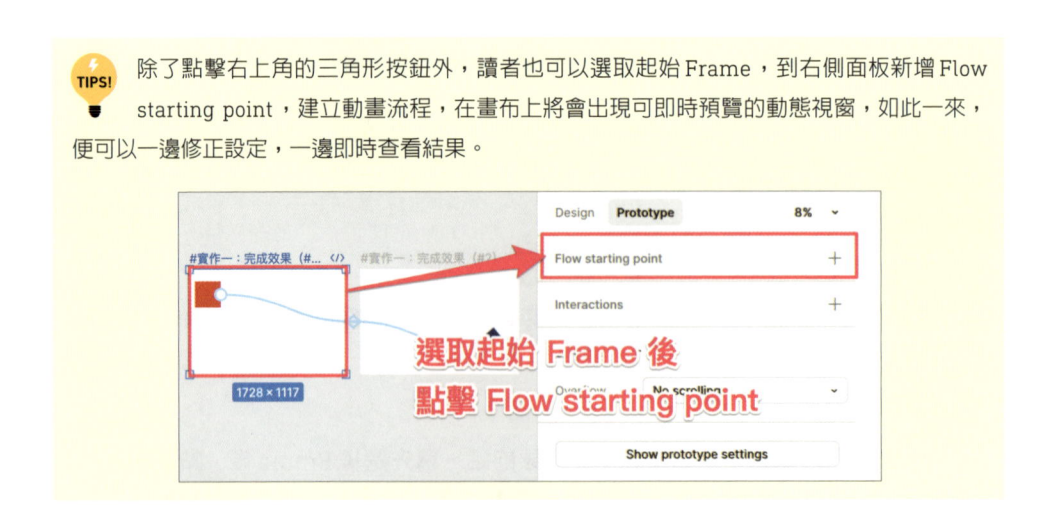

> **TIPS!** 除了點擊右上角的三角形按鈕外，讀者也可以選取起始 Frame，到右側面板新增 Flow starting point，建立動畫流程，在畫布上將會出現可即時預覽的動態視窗，如此一來，便可以一邊修正設定，一邊即時查看結果。

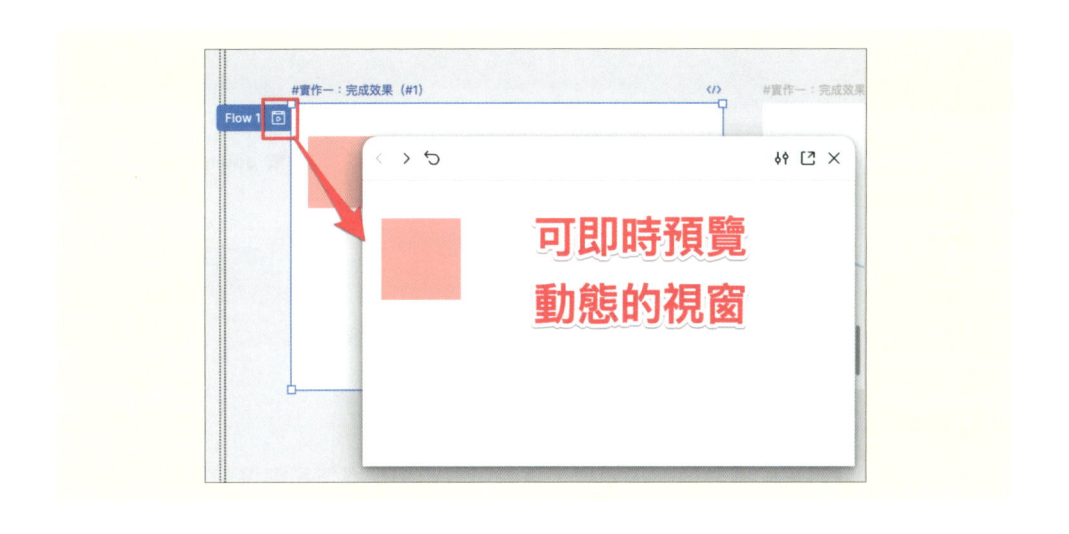

◯ 實作二：動態輪播按鈕

01. 瀏覽效果及複製 Frame 素材。

　本實作中，我們延續前面認識的 Smart Animate 技巧，並製作為真實的介面按鈕，讀者可先於 Figma 教學素材中的「完成效果」區域，播放並預覽完成後效果。接下來，請先將「練習素材」區的元件複製到「讀者練習區」，並請複製兩份，分別代表 Smart Animate 前後配置。

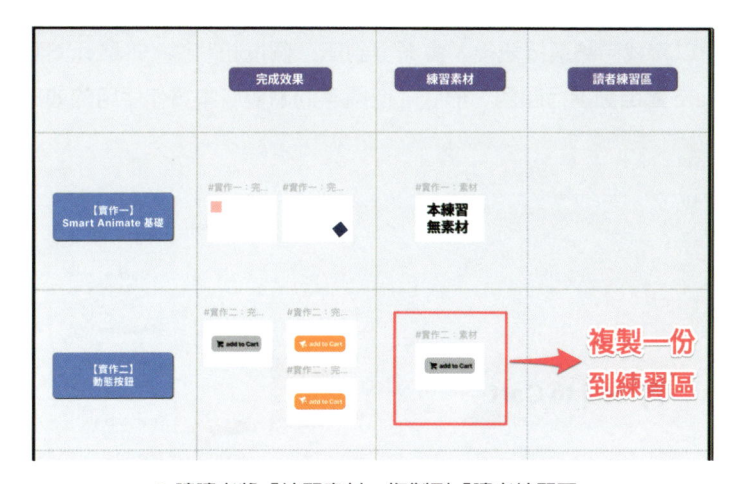

🔹 請讀者將「練習素材」複製到「讀者練習區」

10　Smart Animate 動態設計　　177

⊙ 需複製兩個（作為 Smart Animate 前後狀態切換）

02. **修改第二個按鈕屬性。**

此步驟中，我們來配置動態前後變化，讀者可以自由配置按鈕點選前後的視覺狀態（本示範是將按鈕修改為「橘色」），此部分不會影響到動畫的配置。

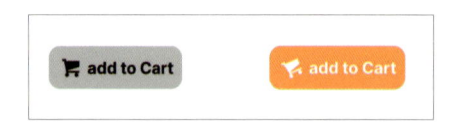

⊙ 配置點選後的視覺效果

03. **建立 Prototype 連線，設定為 Smart Animate 參數。**

接下來的操作也很簡單，只要從第一個 Frame 的按鈕物件，拉線到第二個 Frame 後，將其 Animation 的選項改為「Smart Animate」即可。本範例搭配的是「On Click」觸發效果，所以當我們點選按鈕後，會漸變到第二個按鈕狀態（本單元前面有介紹過，Smart Animate 會自動進行顏色、形狀、位置等的漸變，本實作使用的效果是利用其顏色的漸變）。

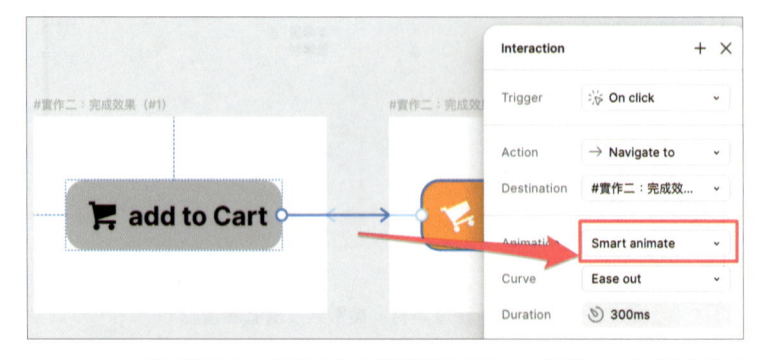

⊙ 設定 Smart Animate 效果的位置，點選後按鈕會逐漸變成橘色，讀者可自行嘗試不同的 Ease 效果

04. 複製第二個按鈕 Frame 並調整內容。

在本實作中,我們要建立的是持續性輪播動畫(讀者如果不懂意思,可先播放並預覽左方完成的按鈕效果),所以這裡還需要再多從第二個 Frame 複製出第三個 Frame,以作為動畫輪播素材。在此實作中,我們練習基礎「購物車圖示跳動」效果,實作方式只要將第三個 Frame 的圖示稍微往上移動一點即可,如此只要不斷讓 Figma 在第二個 Frame 與第三個 Frame 之間輪播,就達成動畫的要件了。

🔊 上方是第二個 Frame,而下方的第三個 Frame,可手動讓購物車圖示的位置稍微往上改變

05. 建立從第二個按鈕到第三個 Frame 的 Prototype。

接下來,為了建立輪播效果,可從第二個 Frame 拉線到第三個 Frame,並將其效果設定為「After Delay」,且設定為「200ms」的長度,動畫效果配置為「Smart Animate」,這樣配置的目的在於讓輪播的間隔設定為「200ms」,並透過 Smart Animate 效果進行位置移動輪播效果動畫(因為購物車的位置不同,而產生了動態的感受)。

⊙ 配置輪播效果（從第二個 Frame 拉線到第三個 Frame）

06. 再從第三個按鈕拉回第二個 Frame。

此步驟和前面的步驟作法邏輯相同，只是要改從第三個按鈕再拉回第二個 Frame，如此一來，就可以完成讓按鈕動畫不斷在 Frame2 與 Frame3 之間加入「After delay」效果，來持續進行輪播，即可配置完成（提醒要進入播放狀態，才能看到效果）。相同技巧也可用於建立各類型 Figma 輪播動態，不只能用於按鈕動態上。

⊙ 配置第二段輪播效果（從第三個 Frame 拉線到第二個 Frame）

180　Figma UI/UX 設計技巧實戰：打造擬真介面原型

07. 再點一次來回復按鈕原始狀態。

最後我們可以透過再次點選來回復原始按鈕狀態（灰色），作法只要在第二個按鈕和第三個按鈕拉線回第一個 Frame，設定為「On Click」，並且指定 Smart Animate 動畫即可（提醒要進入播放狀態，才能看到完整效果）。

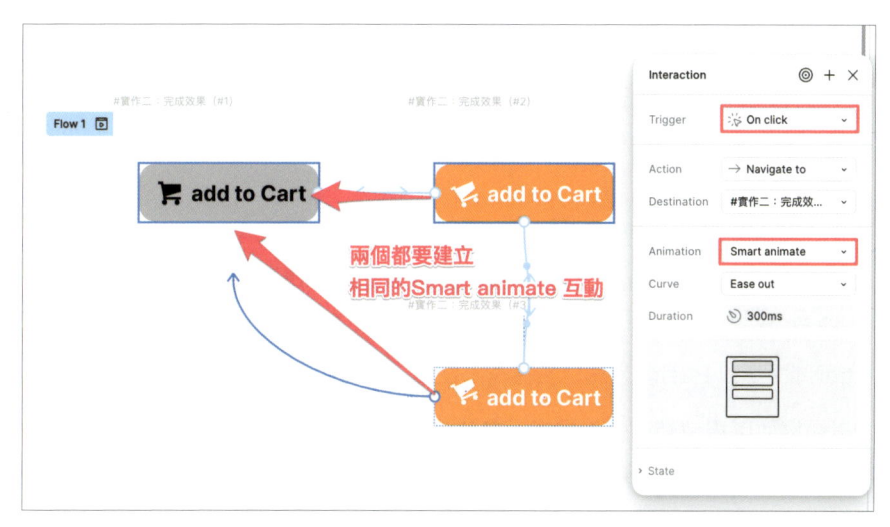

☉ 將第二個按鈕與第三個按鈕都配置點選後回復原始狀態的 Frame

◯ 實作三：動態導覽選單

01. 瀏覽效果及複製 Frame 素材。

在本實作中，我們將製作一個動態導覽選單，透過 Smart Animate 中的「位移」效果，來達成「點選按鈕之後，介面會更改 Highlight 對象」的效果。第一個步驟，讀者同樣可以在「完成效果」的區域進行效果預覽，並請先複製兩個素材區的 Frame 到練習區，來準備接下來的實作練習。

☉ 本實作將製作一個動態導覽選單，點選後底線會移動到指定按鈕上

◐ 請在素材區複製兩個 Frame 到練習區

02. 配置 Push 與 Smart Animate。

請再次切換到「Prototype」頁籤，現在來配置動畫。請先從第一個 Frame 的 menu item 拉線到第二個 Frame，來實現點選後移動到第二個 Frame 的效果，並將 Animation 設定為「Push」。為什麼這裡不使用「Smart Animate」而是用「Push」呢？

原因是這樣可以達成方向性的動畫，當我們想要自動讓 Frame 之間的所有相同名稱物件動起來的話，就可以直接勾選「Animation matching layers」這個效果，來自動配對兩個 Frame 之間名稱相同的物件，並產生出對應的動態效果，非常方便。也就是說，只要有「Animation matching layers」選項的動畫效果，便可適用於此實作的作法。

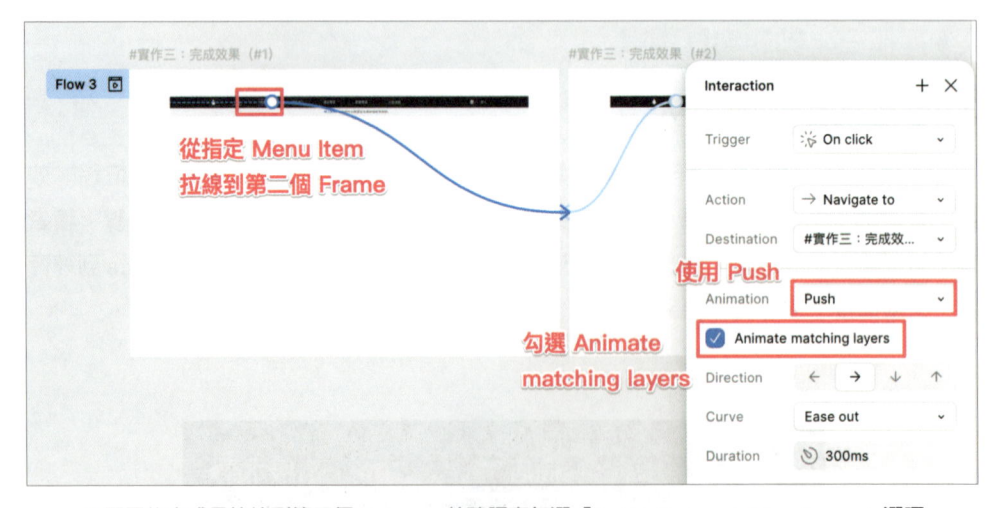

◐ 配置的方式是拉線到第二個 Frame，並確認有勾選「Animation matching layers」選項

182　Figma UI/UX 設計技巧實戰：打造擬真介面原型

> **TIPS!** 因為勾選「matching layers」後，全部相同名稱的物件都會同時 Smart Animate 漸變，所以如果需要針對不同物件做出個別動態變化，則需要建立不同的 Frame，並針對個別 Frame 拉 Prototype 連線來達成。

03. 改變第二個 Frame 選單狀態。

前一步驟配置完後，在第一個 Frame 點選「高級水果」，底線物件應該要跑到該文字上面，所以記得在第二個 Frame 中，將底線物件移動到「高級水果」下方（提醒：不論在哪一個 Frame，底線物件的圖層名稱一定都是相同的，因為 Smart Animate 會將相同圖層名稱的物件自動匹配，進行 Frame 之間的漸變），這樣就能做出動態導覽選單了。

∩ 第二個 Frame 要將底線物件改到「高級水果」下方

04. 用同樣方法建立回第一個 Frame 效果。

接下來，可以再次練習從第二個 Frame 拉線回第一個 Frame，並記得要勾選「Animation matching layers」效果（因網頁的選單很多，本實作主要帶領讀者練習「商店」與「高級水果」兩個按鈕之間的位移，讀者可透過此技巧套用於完整的選單實作中）。

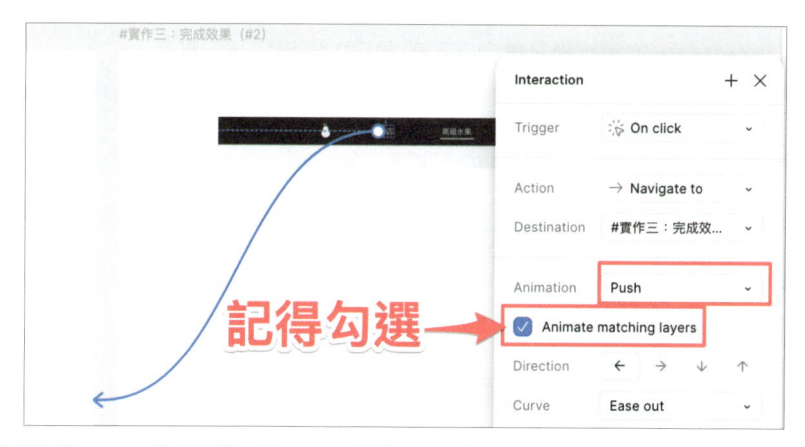

∩ 配置從第二個 Frame 拉回去第一個 Frame 的效果，同樣是透過「Animation matching layers」來自動配置

10　Smart Animate 動態設計　　183

◯ 實作四：動態進度條

01. **瀏覽效果及複製 Frame 素材。**

　　相信讀者一定有看過網頁上的動態進度條（會用顏色進行視覺暗示，可以看出目前執行任務的進度，常見於檔案上傳、網頁讀取介面中）。我們將會實作上傳動態進度條，即點選「Upload」之後，播放上傳的微動畫。請讀者同樣可先在效果區檢視，從素材區複製兩個 Frame，並移入讀者練習區當中。

🎧 **請讀者先複製練習素材**

02. **修改初始狀態 Loading icon。**

　　素材雖然一開始就呈現出動態讀取圖示，但一般來說，動態讀取的圖示開始時並不會顯示（直到點選「Upload」按鈕後才會出現），所以請讀者先將第一個 Frame 的 Loading icon 的 Fill 不透明改為「0%」（隱藏的意思），雖然在初始狀態會看不到，但透過 Smart Animate 的設定後，就會在動態過程中漸變顯示出來了。

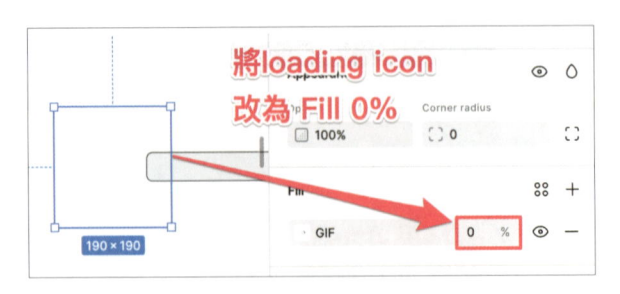

🎧 **更改 Loading icon 的透明度設定為「Fill 0%」**

03. **在初始狀態 Frame 建立一個疊加圖層。**

我們來配置中間變化的長條形狀，請將初始 Frame 的 Rectangle 23 進行複製，並將其寬度改為「1px」（原理：後續我們將透過 Smart Animate 將此 1px 的幾何形狀，自動漸變成為 100% 寬度形狀），以及將此幾何形狀的填色（Fill）改為「0-5%」之間的不透明度，主要是希望在初始狀態時，讓使用者先不要看到此圖層，但 Figma 編輯時還是相對好點選（因為如果是 0，就會完全消失了，無法點選到）。

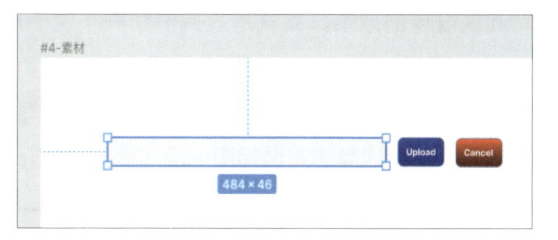

○ 先複製一個上傳進度條的幾何形狀

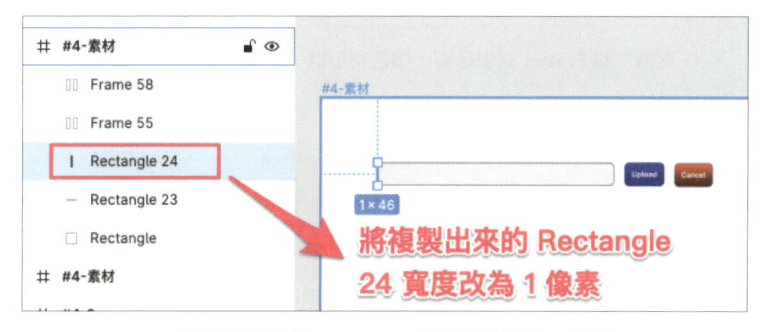

○ 將複製出來的 Rectangle 的寬度修改為 1 像素

○ 修改其填色（Fill）為透明，如此在剛開始時就不會出現

10　Smart Animate 動態設計　　185

04. 改變上傳狀態的填色。

　　此進度條的效果其實就是透過形狀與不透明度漸變來達成（讓幾何形狀逐漸從 1% 到 100% 增長到完整寬度），所以只要在第二個 Frame 配置結束後的狀態，我們可直接複製一個色塊，配置為「灰色」（提醒：特別注意此色塊務必和前面步驟在第一個 Frame 所做的 1px 色塊圖層名稱相同，即可滿足 Smart Animate 的要件）。

◎ 在第二個 Frame 同樣複製一個幾何形狀，並修改填色（全寬度）

05. 建立 Smart Animate Prototype。

　　前面的實作有提到勾選「Animation matching layers」效果，此實作中我們同樣透過此技巧，一次性讓元件批次進行動態建立。請讀者從第一個 Frame 的「Upload」按鈕，拉線到第二個 Frame，並配置為有「Animation matching layers」的動態效果，這樣就完成了，很簡單吧！完成之後，本實作共有兩個元件會自動進行 Smart Animate，分別是 Loading icon（從 0% 的不透明度漸變到 100%）以及中間的灰色進度條（從 1px 到全寬度的 px），讀者也可自由改變動畫秒數，會有不太一樣的感覺。

◎ 配置第一個 Frame 點選「Upload」按鈕後 Smart Animate 到第二個 Frame

06. 配置取消的效果。

本實作的練習素材中，我們還有準備一個「Cancel」按鈕，主要是可以配置第二個 Frame 的「On Click」效果，並回復到第一個 Frame 狀態的效果，相信聰明的讀者已經知道該怎麼做了，只要從「Cancel」按鈕拉線回到初始的 Frame 就可完成。

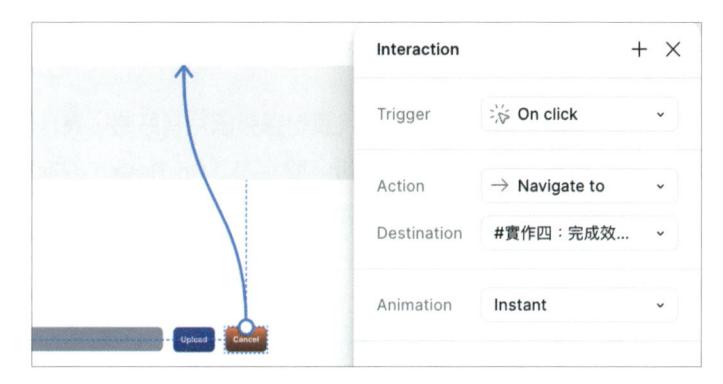

⌒ 在第二個 **Frame** 的「**Cancel**」按鈕上，配置點選後回第一個 **Frame** 的效果

● 實作五：動態 Tinder 滑動效果

01. 瀏覽效果及複製 **Frame** 素材。

Smart Animate 還有一種常見應用方式是透過 Prototype 當中的「Drag」拖拉效果，在拖拉之後觸發動態的產生。在本實作中，我們將會做類似 Tinder（約會 App）的拖拉效果，即在畫面中往右滑動，代表對這個人有好感；而往左滑動，則是對這個人沒有好感，而這個滑動效果正好可以透過 Smart Animate 來實作。

⌒ **Tinder** 是全球知名的 **App**，透過滑動來找到合適的另一半

※ 資料來源：https://tinder.com/zh-Hant/feature/swipe

首先同樣請讀者複製出素材區的項目，共有三個 Frame，中間是原始 Frame，而右邊的 Frame 代表給予好感（Like），左邊的 Frame 代表沒有好感（Unlike）；之所以人像素材在 Frame 外面，是因為要讓 Smart Animate 幫忙算出動態移動軌跡，也就是說，當我們配置完畢後，手指就可以拖拉該人像照片，並自動建立往右與往左的動態呈現效果。

02. 建立往右滑動效果。

在 Tinder App 當中，將照片向右邊滑動，代表對這張照片有好感，實作也非常簡單，其實只要從中間的照片拉線到右邊的 Frame 後，設定為「On Drag」的拖拉效果，並且搭配 Smart Animate 即可（建議時間長度可設定為「300ms」，效果就會像是 App 的體驗）。

▲ 建立往右滑動效果

> **TIPS!** 當畫面設定兩個 drag 時，Figma 會判斷同名稱物件的相對位置。

03. 建立往左滑動效果。

此步驟和前面的步驟相同，只是改成從第一個 Frame 拉線到第三個 Frame，然後同樣配置為「On Drag」以及「Smart Animate」與「300ms」。也就是說，Figma 其實可以針對相同物件配置多個 Drag 效果，而 Figma 會根據使用者滑動的方向（往左或是

往右），來判斷應該要移動到哪一個 Frame 的狀態，如此即可完成此實作效果（由於 Tinder 的左右滑動效果並沒有 Back 的概念，所以在 Figma Prototype 檢視模式下，可以透過鍵盤的左鍵來執行回上一個 Frame 的操作）。

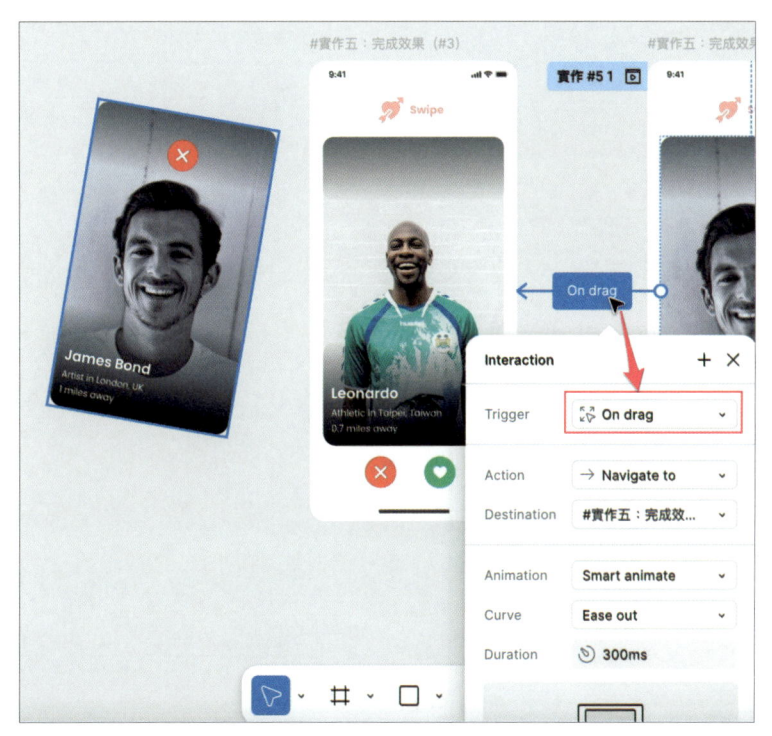

🔘 同樣配置往左滑動的效果，此練習就完成了。讀者也可認識「On Drag」的效果，加上想像力來做出更多的變化。

> **TIPS!** 讀者會不會好奇，Figma 是怎樣判斷往左或是往右滑動，該進入哪一個 Frame 呢？在練習範例中，我們共拉了兩條線到不同的 Frame，並皆設定為「On Drag」，Figma 會自動判斷連線過去的 Frame，觸發物件的相對位置（例如：右邊的 Frame 的人物照片比中間 Frame 的人物照片在座標軸上更靠右，則 Figma 會自動視為往右拖曳（Drag Right），而前往該 Frame；反之，左邊的 Frame 也是相同的識別邏輯。

MEMO

PART
04

彈性排版技巧與響應式介面設計

圖片來源：https://unsplash.com/photos/UTk9cXzYWAg

Unit 11 用 Auto Layout 製作彈性排版

單元導覽

　　Auto Layout 是 Figma 的進階技巧，特性是可格式化設定排版參數，做出可彈性縮放的物件，操作概念與 CSS 類似，可根據內容物件動態改變大小、長寬等。舉例來說，我們可以透過 Auto Layout，來製作出不同大小的 Button、Menu、Sidebar 等物件，還可以動態調整物件的成員。讀者可以將 Auto Layout 視為一個「可伸縮自如」的彈性物件，讓我們在不同狀況下使用該物件時，可以有效減少重複調整的時間。

🎧 透過 Auto Layout 可設計出彈性改變大小與成員的物件

※ 資料來源：https://www.figma.com/community/file/784448220678228461

Figma 練習素材連結　https://sites.google.com/view/figma-chinese/unit/unit11

重點學習技巧

技巧一：用 Auto Layout 實現彈性排版

Auto Layout 的中文稱為「自動佈局」，其本身就是一個 Frame 物件，但配置此屬性後，可讓物件「隨著內容與相對位置變化而進行重新編排」。例如：按鈕文字長度改變時，按鈕物件可自動擴大配合內容的長度，或是當群組物件的成員增加時，群組物件外框大小也會因應而自動縮放，此特性讓我們在排版時可以有更多的變化。

Auto Layout 很常與下一單元的 Constraint 技巧搭配，來製作可彈性改變畫面大小的響應式介面，適合於各種解析度的裝置。

Auto Layout 的效果圖，因應內容文字長度不同，外框形狀會因此產生變化

※ 資料來源：https://www.figma.com/community/file/784448220678228461

可將多個元素建構為群組 Auto Layout 物件，並動態新增與刪除內部成員（圖為本單元實作案例）

隨著 Auto Layout 物件成員內容越來越多，Frame 會自動延伸

11 用 Auto Layout 製作彈性排版

◯ 技巧二：設定 Auto Layout 物件位移（Padding）

Padding 指的是針對物件的四周方向，配置指定像素數的位移。我們在 Figma 當中，也可透過 Auto Layout 幫物件加入 Padding 屬性，以按鈕為例，我們可以透過 Padding 配置出外框與內容間距更大的物件，或是透過 Padding 做出選單縮排的效果，如果讀者學習過 CSS，就會發現 Figma 和 CSS 的 Padding 概念相當類似。

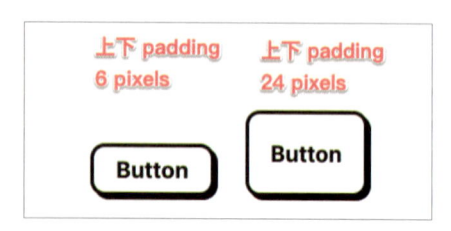

🎧 透過 Auto Layout 改變按鈕內容與邊界距離，此圖中兩個按鈕的左右 Padding 都相同，而上下則分別為 6 與 24 pixels，可看出造型差異

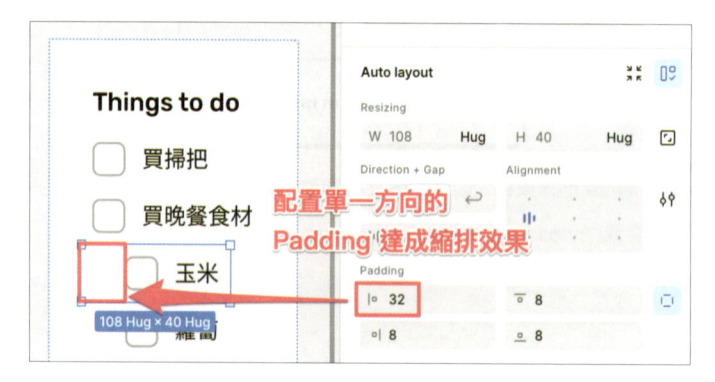

🎧 利用單一方向的 Padding 屬性，配置出物件的縮排效果

◯ 技巧三：用 Auto Layout 建立巢狀物件

Auto Layout 具備階層特性，一個 Auto Layout 物件當中，還可再包含其他的 Auto Layout 物件，透過此特性可組合出相對複雜的介面元件。

以社群網站中常見的「最新消息」（News Feed）介面物件為例，可視為四種層級的 Auto Layout 巢狀式群組物件，從最小的按鈕元素來堆疊，如下所述：

- **第一層（Button）**：單一「按鈕」物件。
- **第二層（Button Row）**：由多個按鈕組合而成的「按鈕列」。
- **第三層（Post）**：再將按鈕列與圖片等資訊組合為「文章」物件。
- **第四層（News Feed）**：將多篇文章再串起來變成「最新消息」的組合物件。

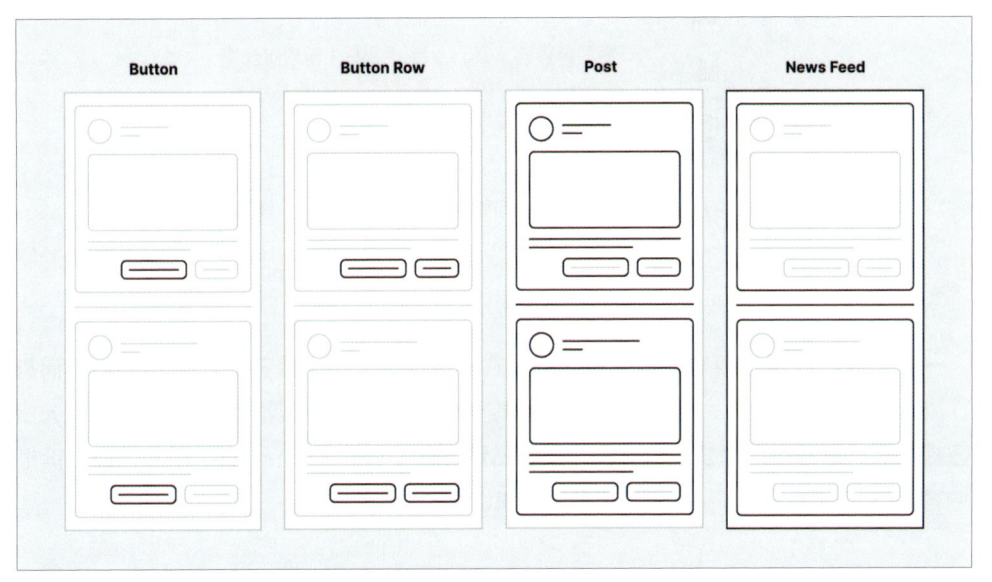

> 透過 Auto Layout 配置出巢狀型群組物件，雖然過程步驟較多，但是物件可自動彈性縮放的特性很方便

※ 資料來源：https://help.figma.com/hc/en-us/articles/5731482952599-Add-auto-layout-to-a-design

◯ 技巧四：調整 Auto Layout 成員的間隔與排版方向

　　如前所述，Auto Layout 實際上是一種組合式物件，其內部成員與外框參數皆可修改，相同內容的 Auto Layout 物件還可切換不同的排版方向（Vertical/Horizontal direction），或改變成員間隔（Spacing between items），或透過手動改變外框大小（Resizing），非常方便。

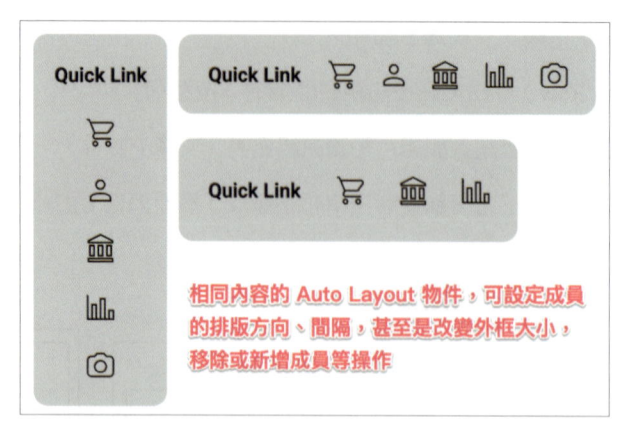

◐ 相同內容的 Auto Layout 物件，可快速切換排版、成員、間隔、外框等

◯ 技巧五：設定 Auto Layout 自動占滿容器（Fill Container）

　　一般的設計軟體主要是依賴手動拖拉方式決定物件大小，這在 Figma 也適用，稱為「Fixed width/height」（手動決定寬度與高度），不過除了手動調整之外，Auto Layout 還提供另外兩種好用模式，分別是「自動占滿容器」（Fill Container）以及「自動擁抱內容」（Hug Content），本單元將會陸續練習。

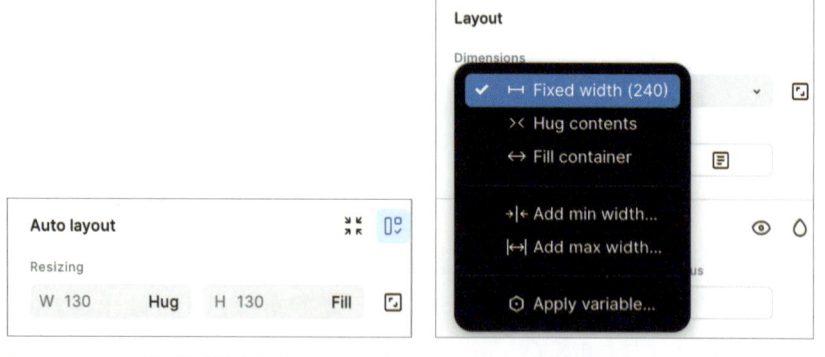

◐ Auto Layout 物件可設定為「Fixed」、「Fill container」與「Hug Content」等三種模式

　　「自動占滿容器」（Fill Container）指的是讓該 Auto Layout 物件的大小自動延伸到其上一個階層框架的高度或寬度，此模式可強制物件滿版進行呈現，並可隨著上一層的大小變化，而自動改變大小。

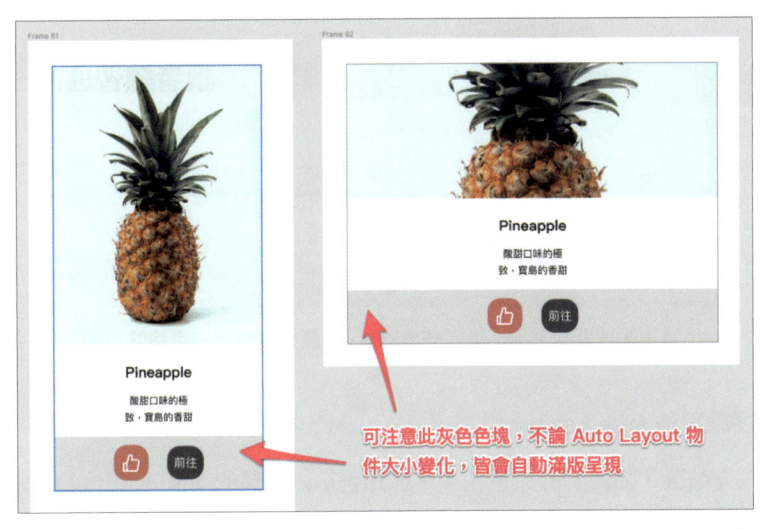

🔸 本單元的實作範例會使用 Fill Container 效果,當外框大小改變,版面也能自動調整

而「自動擁抱內容」(Hug Content)模式如同其名,就是該 Auto Layout 物件外框的大小會根據其子物件大小而定,所以相同的 Auto Layout 格式之下,如果內容文字變多,或是其中的元素變多的時候,其外框大小也會跟著異動。

🔸 此為本單元的實作範例,展示了 Hug Content 效果,外框會隨著內容而縮放,也可動態改變按鈕成員內容

實作步驟

🔵 實作一:組合按鈕

在本實作中,我們要透過 Auto Layout 製作按鈕,建立可動態改變文字及按鈕成員的物件。

01. 複製練習素材。

請開啟本單元的 Figma 檔案,並複製一份素材到自己的編輯環境中,並請利用文字工具輸入「購買」兩個字。

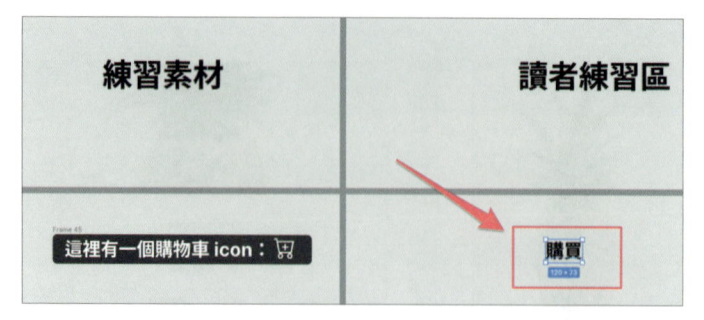

⏺ 請複製練習素材到「讀者練習區」，主要是會用到白色購物車圖示

02. 將文字設定為 Auto Layout。

此步驟請先點選「購買」的文字物件，並點選右鍵選單的「Add Auto Layout」，將其格式轉換（也可以使用 Shift + A 鍵），設定完成後，可觀察圖層區的圖示改變了樣式，代表轉換完成。

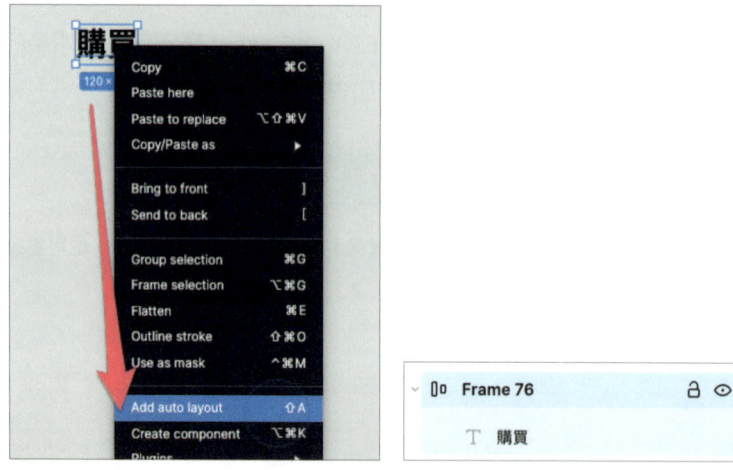

⏺（左）將物件改設定為 Auto-Layout；（右）圖層區的符號會變成 Auto Layout 樣式，內容包含在裡面的文字圖層

03. 配置 Auto Layout 的底色與文字顏色。

Auto Layout 的特性特別適合製作彈性縮放的按鈕，所以請讀者可以先將此 Auto Layout 物件填色，設定圖層 Fill 顏色為「#0071E3」（藍色），如果希望做出圓弧狀效果，也可透過右上角的圓角屬性進行配置，另外也可同步配置按鈕文字顏色為「#FFFFFF」（白色）。

198　Figma UI/UX 設計技巧實戰：打造擬真介面原型

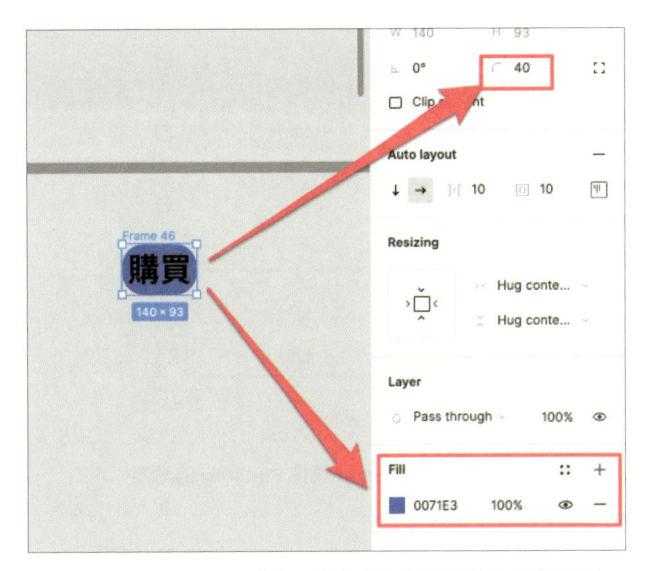

◯ 配置 Auto Layout 底色，並修改為自己喜歡的圓角角度

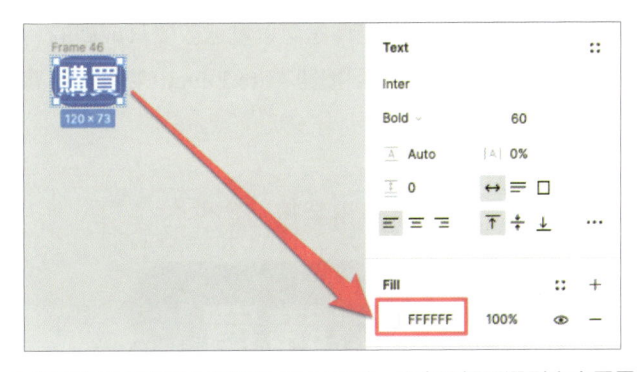

◯ 修改為白色文字（色碼為 #FFFFFF），注意這裡要選到文字圖層

04. 修改 Padding 參數屬性。

接下來，我們來試試看 Auto Layout 的 Padding 屬性，可在右邊面板找到 Auto Layout 區域，並點選右方的最右邊按鈕，開啟獨立方向的設定，並分別指定四個方向的數字看看，在過程中觀察物件外框的改變。

11 用 Auto Layout 製作彈性排版　199

◯ 修改 Auto Layout 物件 Padding 的地方

05. **放置購物車圖示，並調整成員相對 Auto Layout 的位置。**

接下來練習放入物件到 Auto Layout 當中，由於目前的藍色按鈕已經是 Auto Layout 物件，在前面有介紹過，Auto Layout 物件是可以動態改變其成員的，這時可以將第一步驟所複製出的購物車素材物件，拖拉到按鈕 Auto Layout 物件中，會自動填入（可放置於文字的左方或是右方）。

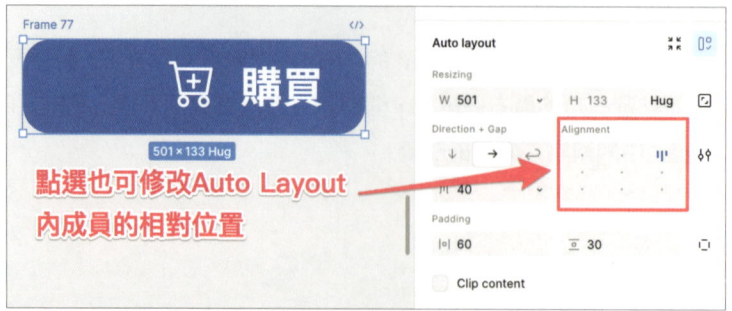

◯ 拖拉購物車的圖示進入按鈕物件中，並修改成員相對物件的位置

06. 修改物件之間的間隔。

當 Auto Layout 內部有超過 1 個成員時，我們就可以修改 Auto Layout 的成員間隔參數，參考圖示的指引即可完成（當成員更多時，此參數會一次性修改所有成員的間隔，不需獨立修改），至此已經完成第一個 Auto Layout 物件練習。

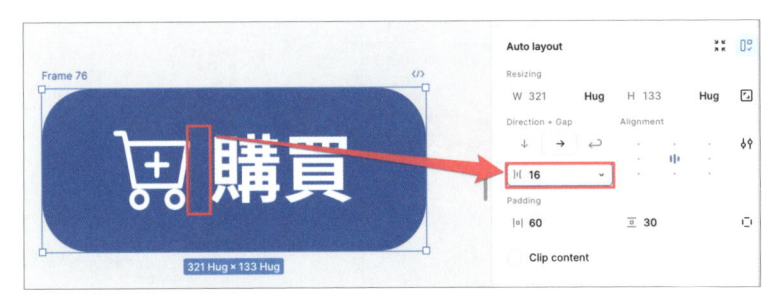

◯ 此參數決定了 Auto Layout 物件內的相互間隔大小

● 實作二：組合式選單

本實作要來做看看組合式選單。由於網頁介面選單常常會需要修改其成員（例如：新增／刪除選項等），如果手動製作選單的話，就必須不斷地反覆修改；反之，若我們透過 Auto Layout 製作選單，就能夠利用其動態調整成員的特性，快速進行選單成員調度。

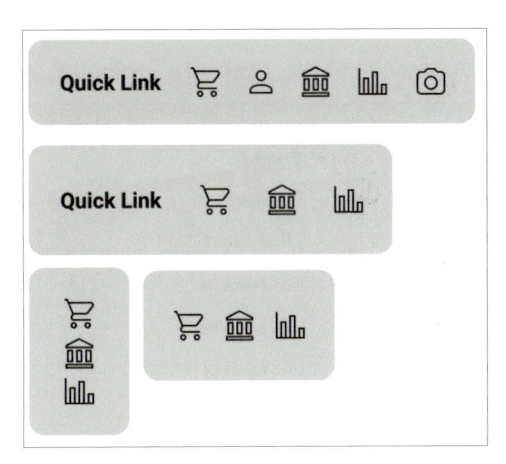

◯ 用 Auto Layout 做選單區塊，可快速切換多種選單變化，包括方向調整

01. **複製練習素材。**

這裡同樣請複製練習素材來展開練習。

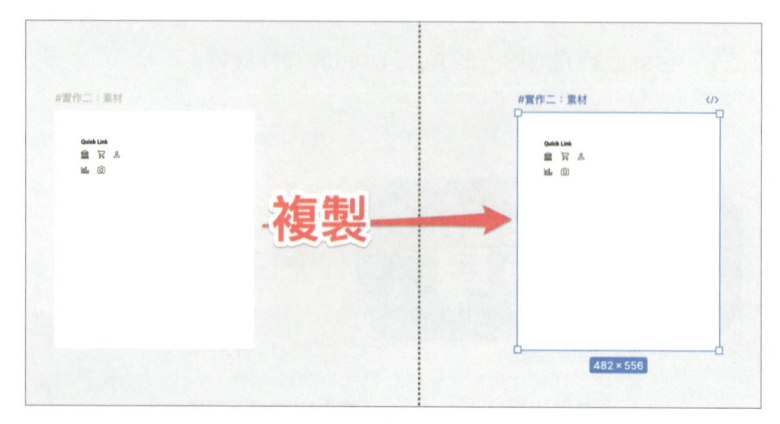

⋒ 複製相關練習素材到讀者實作區,可將整個 Frame 複製過去,或是只複製其中的練習元件

02. **將所有元素建立為 Auto Layout。**

單次將所有的圖示物件選取後(不需要選取外面的大 Frame),一次性配置為「Auto Layout」(可透過右鍵或是 Shift + A 鍵達成),如此可以觀察到物件有規則性的排列在一起了。

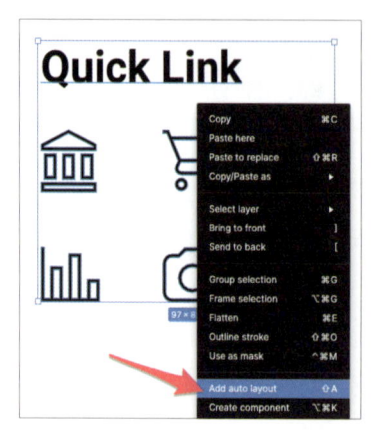

⋒ 全選所有的物件,轉換為 Auto Layout,將會自動進行排列

03. 進行方向轉換。

我們來練習一個 Auto Layout 的特性，即方向的轉換。切換 Auto Layout 物件的三個按鈕，可觀察其垂直排列、水平排列以及根據圖層邊界換行的特性。

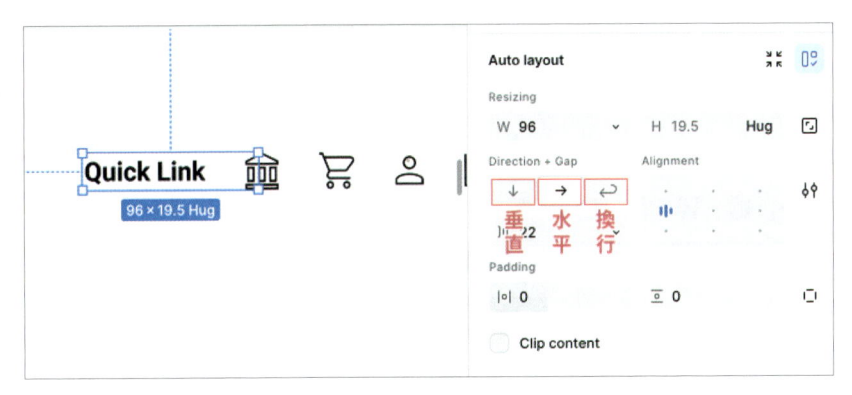

⚑ Auto Layout 可切換垂直、水平與換行三種排列方式

04. 手動修改 Auto Layout 的大小。

至此階段，我們大多是讓 Auto Layout 自動彈性改變其大小，但讀者也可手動拖拉 Auto Layout 的外框看看，會發現並不會影響到其內容的順序，只是內容的整體位置將會受到九宮格 Alignment 的配置影響。

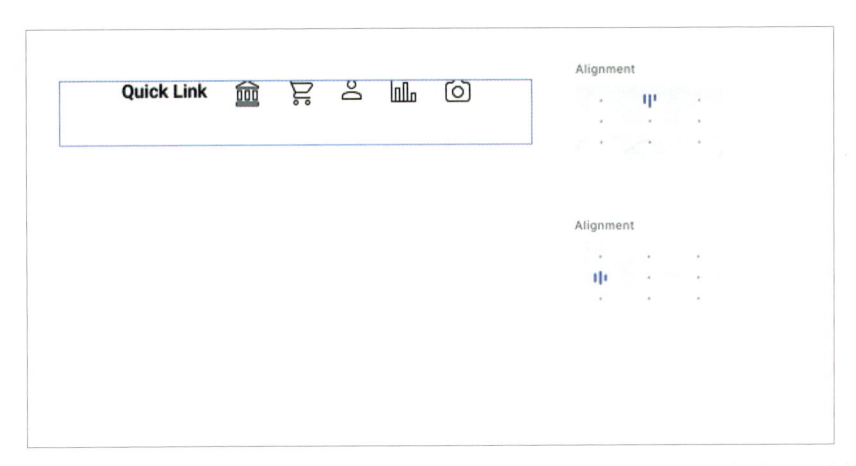

⚑ 可嘗試看看手動拉開 Auto Layout 物件的外框，並不會影響內容，因為預設外框範圍和內部物件並無連動關係（只是內容的整體位置將會受到九宮格 Alignment 的配置影響。一開始會對於 Auto Layout 的特性有些疑惑，建議可多嘗試及思考其關係）

05. 修改為 Space Between 效果。

當外框拉開後，可開啟 Gap 參數旁邊的下拉選單，這時我們切換為「Auto」效果，此效果有別於預設的效果，將會根據外框與成員分布，自動進行類似於分散對齊的效果，這時可觀察到成員自動會根據外框大小，自動分散對齊在物件其中。

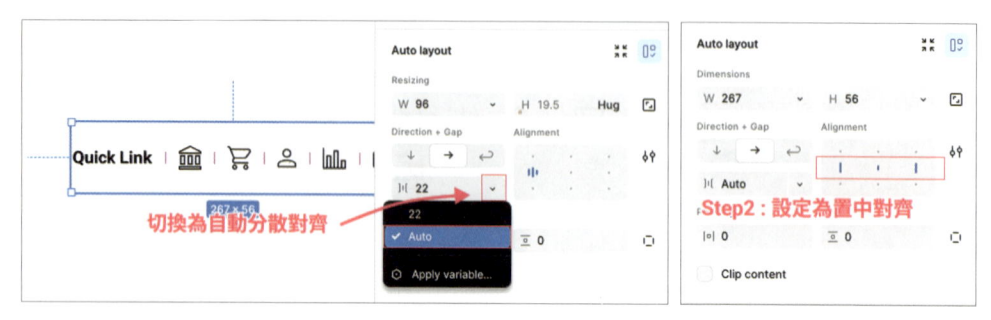

◎ 改為 Auto，效果是「分散對齊」的概念（可嘗試更多 Auto 搭配不同的組合配置）

06. 修改 Padding，並增加底色。

延續前一步驟，接下來我們來配置看看按鈕的 Padding 間隔、背景填色以及圓角效果，可以觀察到 Frame 外框距離內部成員的間距，會隨著 Padding 參數改變而調整。

◎ 配置 Padding 的位置

接下來，請讀者將群組物件進行著色，更能看出其影響效果。至此，已經可以看出組合式選單的感覺，也可根據設計任務的差異，動態改變其大小寬度，或是切換不同的排版模式看看（可調整垂直／水平排序）。

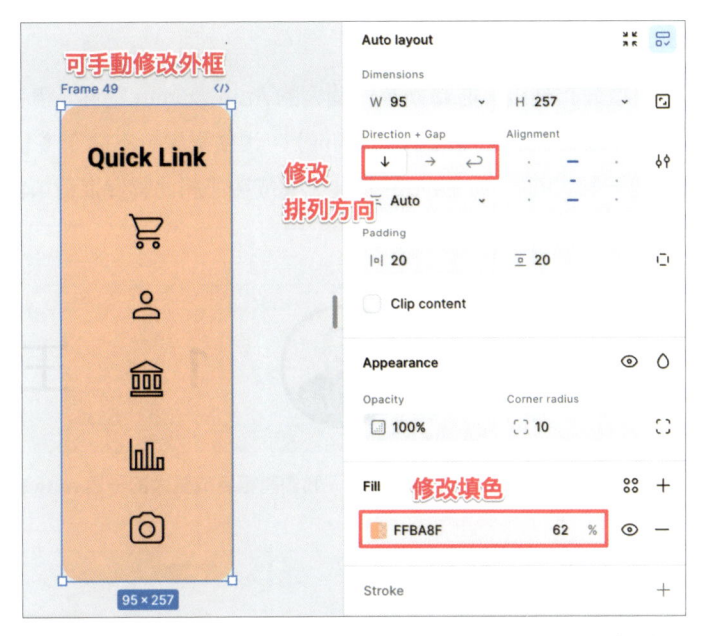

⊙ 配置填色與圓角後，組合式選單就完成了（可自行配置設計樣式）

◉ 實作三：動態大小表格

本實作要來試試看製作可動態改變外框大小的表格，這會練習到巢狀式選單的技巧（即多層的 Auto Layout 物件），因實作三與實作四的操作較為繁複，若配置上不順利，建議可參閱本單元練習素材中的「完成效果」，來比對相關設置參數。

01. 複製練習素材。

請先複製相關的練習素材。

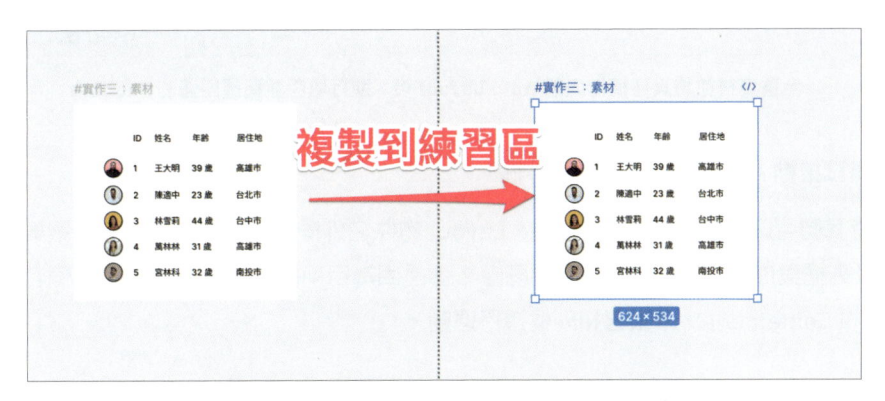

⊙ 請先複製相關練習素材（將轉製為動態成員表格）

11 用 Auto Layout 製作彈性排版　205

02. **轉換為 Auto Lauout 物件。**

請先將成員都先複製起來後，並轉換為一個大的 Auto Layout 物件（讀者應該可以觀察到，素材的每一列本身都是 Auto Layout 物件）。也就是說，本操作將會在多個 Auto Layout 的外面再包一個大的 Auto Layout 物件，完成後可將此物件進行填色與 Padding 配置等處理。

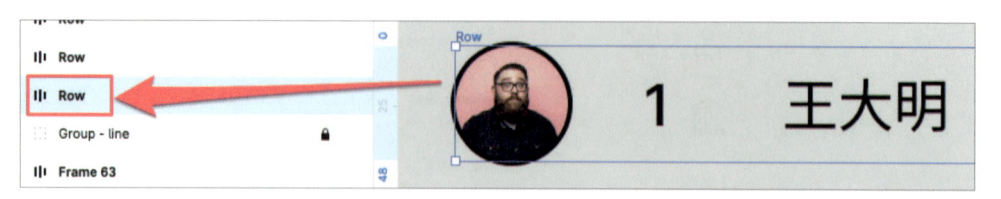

🎧 素材的每一列本身都是一個 Auto Layout 物件，我們將組合成更大的一個 Auto Layout 物件

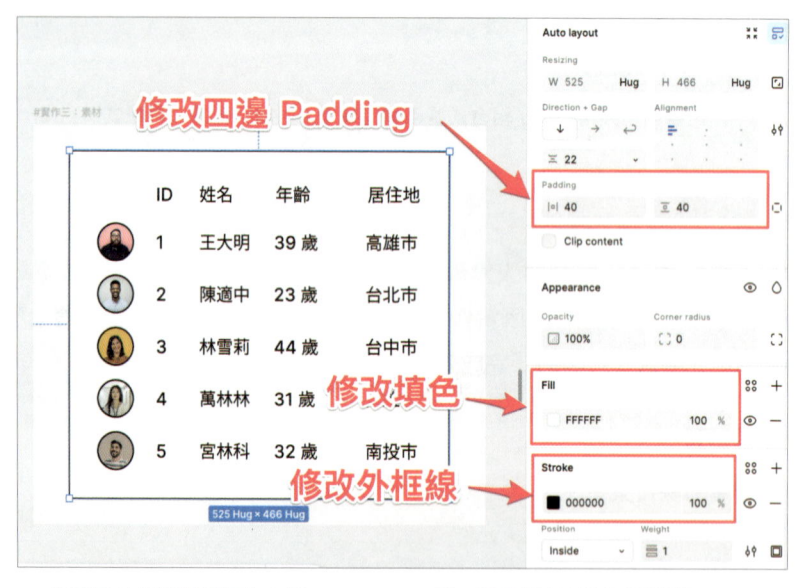

🎧 全選素材並將其建構為大的 Auto Layout 後，進行填色並配置四邊的 Padding

03. **嘗試拉動 Auto Layout 大物件外框。**

這時我們可以試試看拉動大的 Auto Layout 物件之外框，會發現成員並不會跟著一起連動（外框與成員是分開的），為什麼呢？這是因為目前的成員並沒有配置一個特殊屬性「Fill Container」，來讓它和外框進行連動。

206　Figma UI/UX 設計技巧實戰：打造擬真介面原型

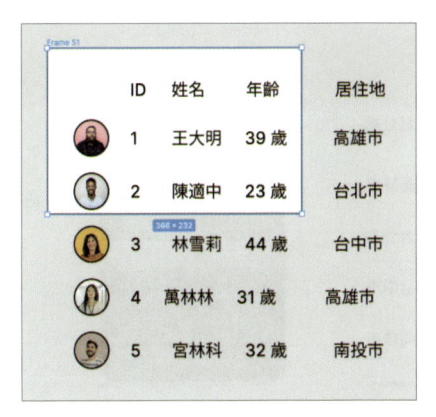

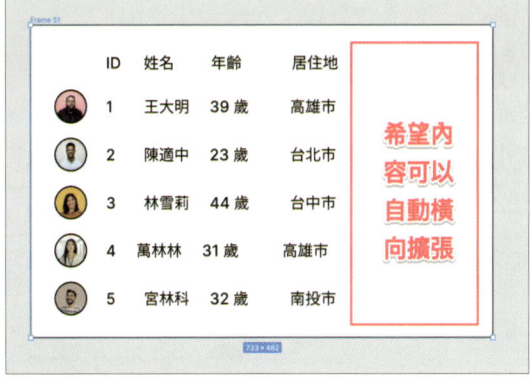

⊙ 拖拉外框後，發現框並沒有和成員連動

04. 將所有的 Row 都改為「Fill container」。

為了達成最完整的自動縮放表格，我們必須確保巢狀物件中的成員，都有滿足「Fill Container」的特性（預設素材並沒有配置此屬性），因此請讀者要有一點耐心，來為所有子成員配置相關屬性。

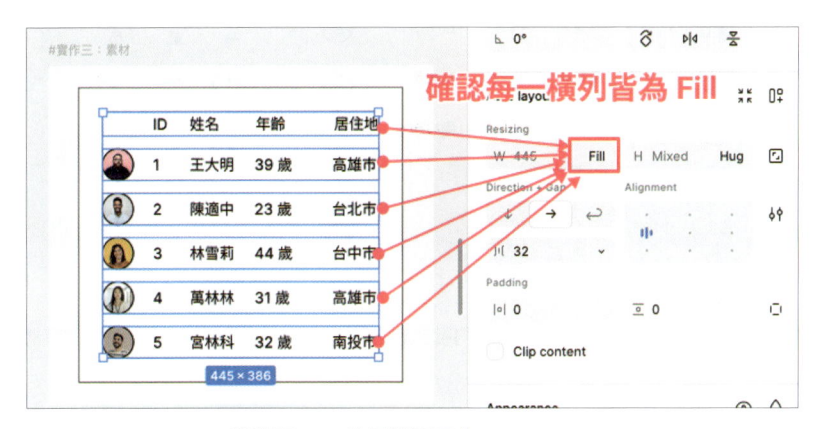

⊙ 將所有 Row 的屬性配置「Fill Container」

然而，若要滿足充分的縮放要件，連再細一層的子階層小物件，也需要配置為「Fill Container」才行（這也是需要耐心），所以這時還要再進入到每個 Row 的下一層，確實針對所有的子物件進行配置（可從圖層區透過 Shift 鍵多選圖層後，一次性改變屬性速度較快）。在這裡，讀者可能會發現「重複動作、需要耐心」的動作，其實可以搭配 Component / Variants 的技巧來完成高度重複的元件，熟悉 Auto Layout 的設定原理後，鼓勵讀者兩者互相搭配來完成表格練習。

11 用 Auto Layout 製作彈性排版　207

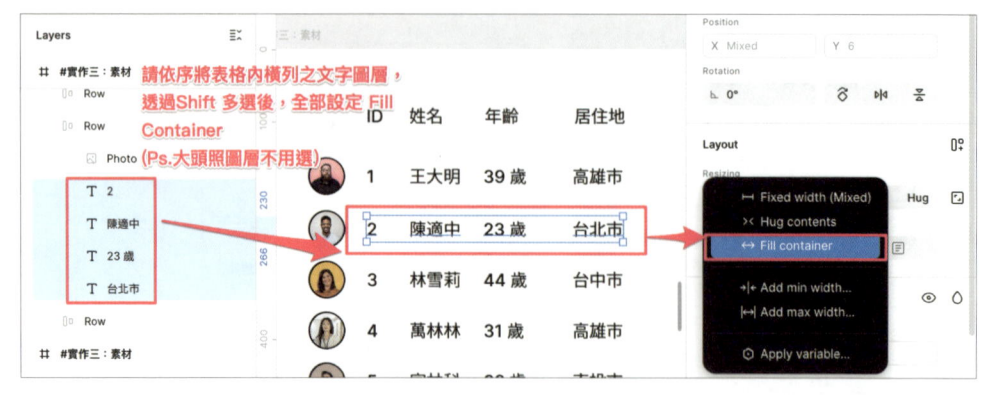

針對所有 Row 的所有文字物件進行選取，並配置為「Fill Container」（本圖只有以單個 Row 做示範，請將此步驟施作在所有的 Row），大頭照因為會變形，不需要選取

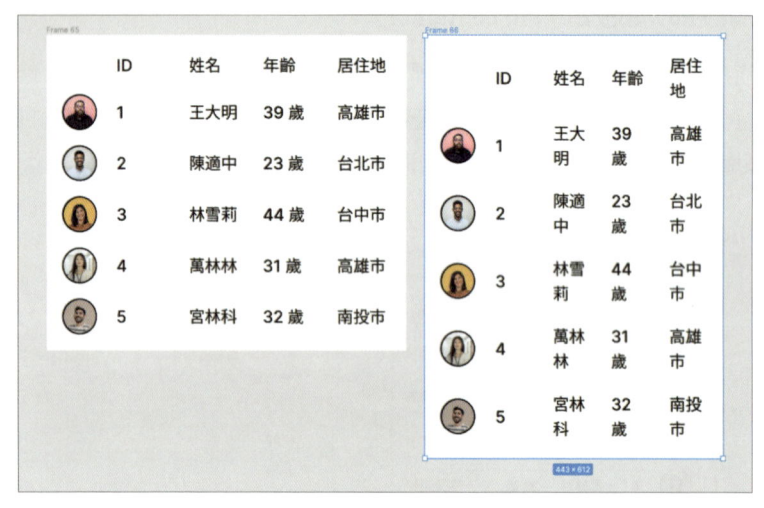

完成後，可拖拉外框看看，會發現內容會自動進行寬度縮放（不過太窄還是會跑版）

05. 延伸練習：設定為自動擴充成員的表格。

這裡我們要來將表格製作為可自動擴充成員的表格（注意，當施作此步驟之後，就不可再拖拉外框了）。實作超簡單，只有一個步驟，就是將外框設定為「Hug Content」模式，此模式的意思是讓此 Auto Layout 物件跟隨著成員的大小，來改變其整體大小，只要設定一次即可。

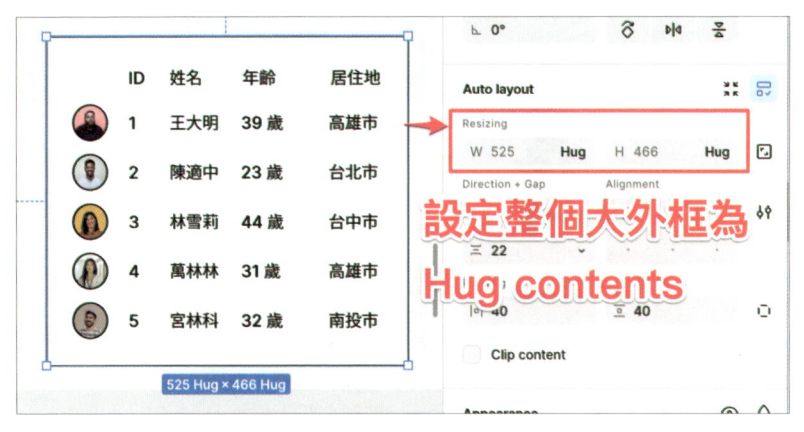

↪ 選定整體的大物件後，配置為「Hug Content」模式

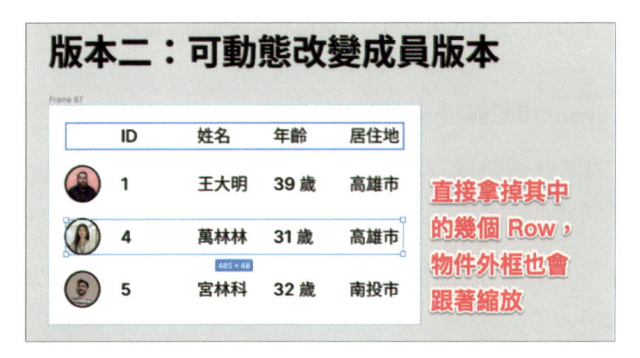

↪ 為了驗證可增加或刪除成員，讀者可手動嘗試刪除其中的 Row 物件，或是複製更多 Row 物件等，可觀察表格會自動縮放其大小

◯ 實作四：巢狀式產品圖物件

在實作四中，我們要來嘗試建立巢狀式產品圖物件，與前一個實作類似，會用到多階層的 Auto Layout 技巧，只是這次我們不是做表格，而是要來做網頁或是 App 內常見的產品圖。產品圖常常會隨著不同的瀏覽器解析度，而會有不同寬度大小的表現，正好 Figma 也可以透過 Auto Layout 來實作出這樣的效果（實作四的物件相對關係也比較複雜，建議可搭配實作成果中的「完成效果」，比對相關配置參數）。

01. **複製練習素材。**

同樣是將素材區的物件全選後，拖拉到練習區中。

⚊ 本單元將透過左邊的素材，建構為右方的彈性縮放產品圖物件

02. 建立 Auto Layout 按鈕群組，並拖拉到上方。

請優先將下方的兩個按鈕建立為一個 Auto Layout 物件（可透過 Shift + A 鍵快速轉換），完成後可將該物件拖拉與上方的內容合併，組合成一個更大的 Auto Layout 物件。

⚊ 請將兩個按鈕建立為一個群組 Auto Layout 物件

⚊ 將群組按鈕拖拉進入上方的群組中

210　Figma UI/UX 設計技巧實戰：打造擬真介面原型

03. 切換為「Fill container」，並設定為置中對齊。

我們未來的目標是希望物件可彈性縮放，所以我們需要設定一些屬性進行搭配。舉例來說，將該群組按鈕物件填色後，修改為「Fill Container」模式，如此可以讓該物件的左右自動滿版（自動填滿到其外框），如此就能做出一個彈性的區域物件。

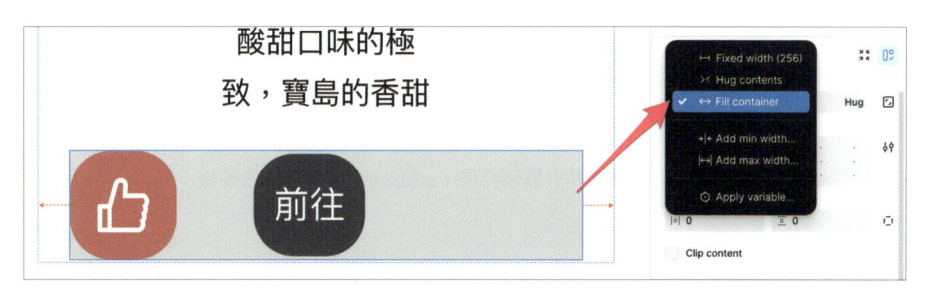

🔊 將群組物件的「左右」與「上下」皆設定為「Fill container」，調整為自動填滿內容

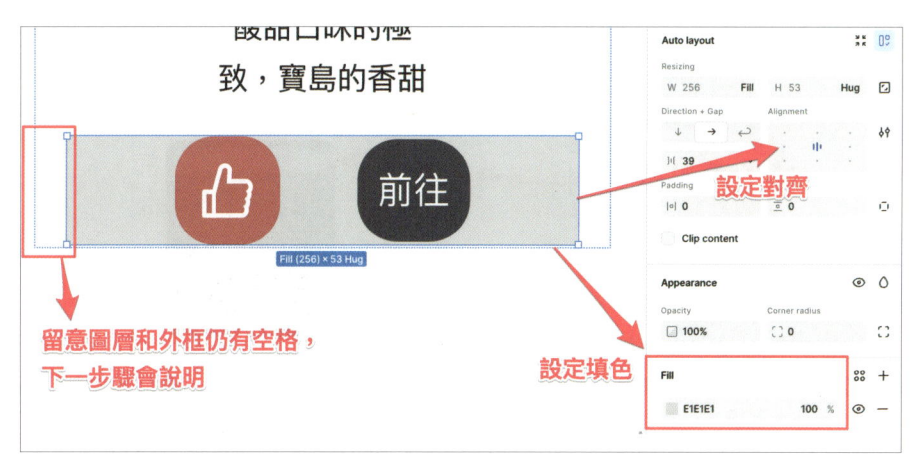

🔊 配置上下與左右置中對齊，並設定背景顏色

04. 修改外框 Padding。

讀者做到這裡時，可觀察看看為什麼群組按鈕已經設定為「Fill Container」，但仍然沒有滿版呢？這主要是來自於上一層的設定，如果其上層的物件本身有 Padding 屬性，則其自動會產生中間的空白區域，因此我們只要再選取上層物件後，取消其 Padding，即可將空白消除。

◐ 取消按鈕群組物件外層物件的 Padding（可消滅空白區域）

05. **修改群組按鈕的高度。**

　　讀者如果不喜歡按鈕區域這麼擠，也可以手動修改其高度。在稍早的步驟中，我們已經配置其為置中對齊，所以該按鈕會自動靠在中間。

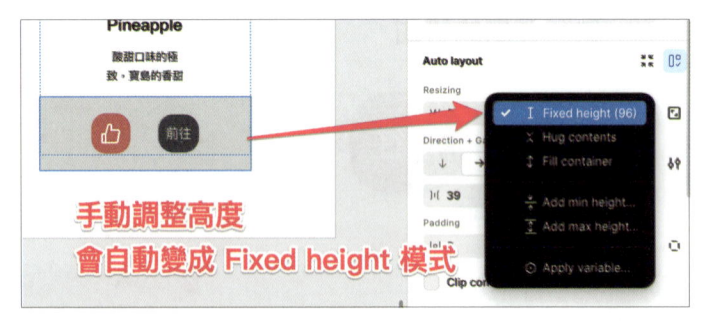

◐ 可直接手動拖拉來改變物件高度，不過會自動切換為「Fixed Height」模式（因為操作者手動調整了高度，邏輯上就跟 Fill 是不同的模式了）

06. **幫最外層增加框，設定為「Outside」。**

　　為了讓產品圖增加外框，我們可以透過「Stroke」的屬性進行配置，這裡要請讀者將該 Stroke 設定為「Outside」，才不會因為跟產品圖片重疊，而導致線條被蓋住的狀況。

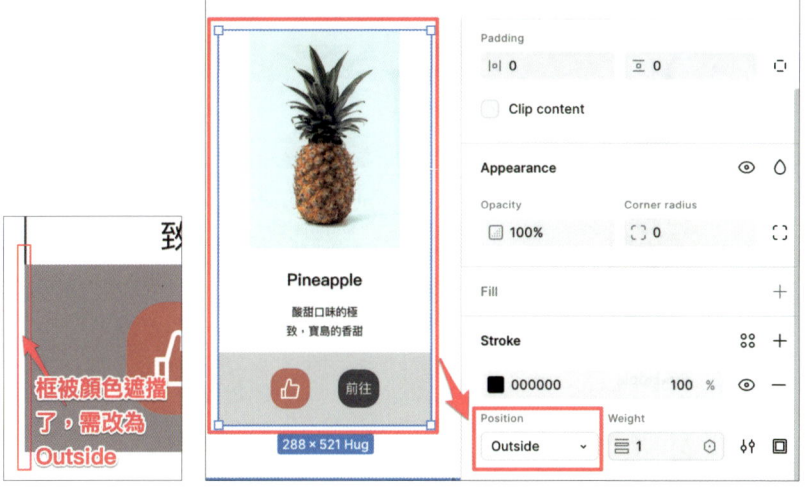

⌒ 將外框設定為「Outside」，來避免與圖片重疊的狀況

07. 將圖片寬與高都設定為「Fill container」，完成！

　　最後，讓圖片也能做到自動縮放的效果，這裡我們同樣透過「Fill container」屬性來達成。請點選圖片之後，切換為「Fill container」屬性，完成後可手動拖拉整個產品圖物件，可發現不論是圖片或是下方的群組按鈕，會因為外框形狀的改變，而產生對應的形變，但依然是清楚而整齊的（如果讀者中間遇到問題，也可檢視「完成效果」區域的配置，查看完稿的相關屬性設定）。

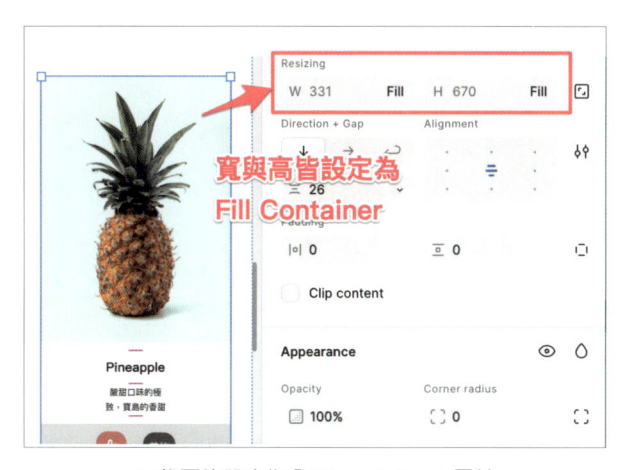

⌒ 將圖片設定為「Fill container」屬性

11　用 Auto Layout 製作彈性排版　　213

🔘 配置完成後,產品圖可自由拖拉來改變大小造型,且不會跑版,如果圖示超過 Auto Layout 邊框範圍,也會自動被裁切掉

Unit 12 用 Constraints 製作行動響應式設計

單元導覽

現在是多元裝置的時代，網頁技術後來也演進出響應式網頁（Responsive Web Design，RWD）的概念，即使用不同的載體（手機、電腦、平板）瀏覽相同的網頁，仍不會造成太大的落差，使文字、圖片等皆維持易讀的排版。過往的設計師很辛苦，常常要針對不同的裝置出示意圖，但 Figma 提供好用的「Constraints」（約束）功能，可設計類似於搭配 RWD，來更適配於不同解析度的裝置介面。

本單元也會介紹 Constraints 搭配 Layout Grid 排版網格的技巧，可以做出更精確的控制，並延續水果電商首頁的模擬案例，進行網頁版及行動版的排版技法練習。

水果電商響應式網頁，分別在 Macbook Pro 14（1512px）、iPhone 13 Pro Max（428px）、Surface Pro 8（1440px）所呈現的效果

Figma 練習素材連結　https://sites.google.com/view/figma-chinese/unit/unit12

重點學習技巧

◯ 技巧一：了解響應式網頁（Responsive Web Design）

RWD（Responsive Web Design）的中文稱為「響應式網頁設計」、「自適應網頁設計」等，主要是由 Ethan Marcotte 在 2011 年所提出，因行動裝置盛行，具備 RWD 佈局的概念已經成為主流。

🎧（左）網頁版解析度的呈現方式；（右）手機板解析度的呈現方式

響應式網頁設計能讓同一個網頁在手機、電腦、平板、不同寬度的裝置上都易於使用，相較於傳統作法，網頁設計僅限於電腦使用，行動裝置則需另外開發 App，而響應網頁設計讓網頁能夠跨裝置，且彈性地根據使用需求進行排版。以 Apple 官網首頁為例，便應用了 RWD 讓不同裝置都擁有適合的使用體驗。

相較於為每一種裝置都設計符合該裝置寬度的網頁，響應式設計能夠大幅減少網頁重新開發或是介面設計的時間，因此在製作設計稿階段，搭配 Figma，可透過 Constraints 製作出響應式設計佈局，並同步透過 Figma 的預覽模式，設計出相容於不同解析度的排版組合。

◯ 技巧二：了解 Constraints（約束）特性

一般網頁為了能夠兼顧電腦及行動裝置的使用需求，會制定響應式網頁的佈局，例如：首頁的標題文字在進行網頁寬度縮放時，約束標題保持置中，就不會因為瀏覽器的解析度縮小而跑版。

為了達成這種效果，傳統作法會需要建立多張不同解析度的 Frame 來進行排版，不過只要把圖層設定 Constraints 約束條件，就能使 Frame 進行水平或垂直縮放時，保持預期的縮放位置，也可以讓文字、圖片配合不同的尺寸調整比例和配置。

🎧 **App Top Bar** 透過不同的約束條件設定，由原頁寬 360px 拉寬至 500px，將會出現不同的配置方式

技巧三：了解水平約束功能（Horizontal Constraints）

約束的條件也可區分為「水平約束」及「垂直約束」，用來控制水平向以及垂直向縮放時，圖層如何被固定。

🎧 水平約束、垂直約束

水平約束包含調整靠左、靠右、靠左及靠右、置中、等比例縮放。

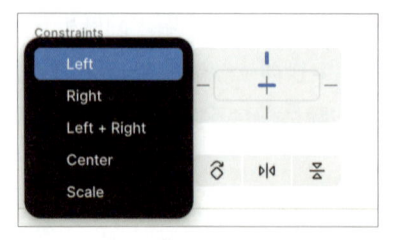

◯ Figma 中水平約束條件的相關選項

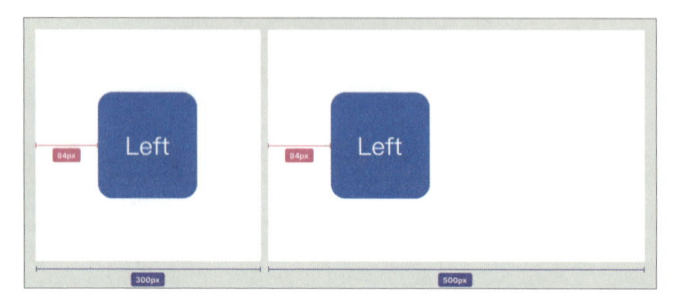

◯ 設定為「靠左」(Left)，是指對照上一層 Frame，目標圖層固定靠左的距離，且物件本身寬度固定

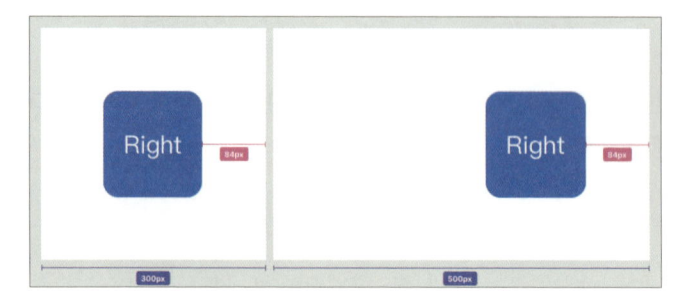

◯ 設定為「靠右」(Right)，是指對照上一層 Frame，目標圖層固定靠右的距離，且物件本身寬度固定

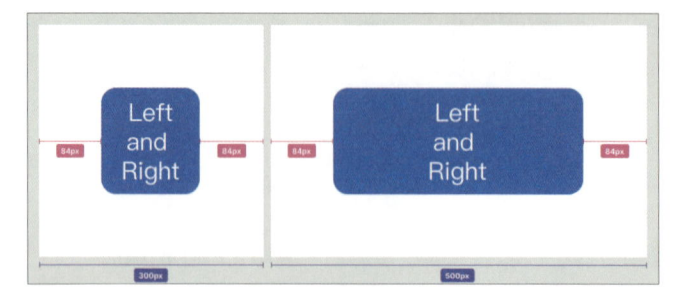

◯ 設定為「靠左及靠右」(Left and Right)，是指對照上一層 Frame，目標圖層固定靠左及靠右的距離，且物件本身會縮放至符合靠左及靠右的固定距離

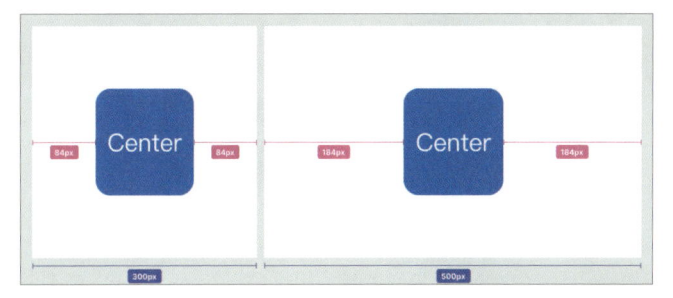

⋂ 設定為「置中」(Center)，是指對照上一層 Frame，目標圖層置中，且物件本身寬度固定

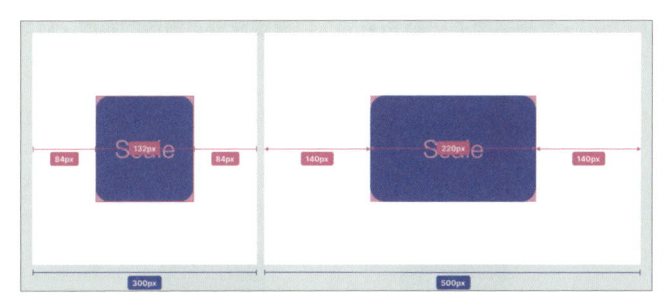

⋂ 設定為「等比例縮放」(Scale)，是指對照上一層 Frame，目標圖層與左右兩側的距離、目標本身，皆以等比例跟隨上一層 Frame 的縮放而改變

◯ 技巧四：了解垂直約束功能（Vertical Constraints）

垂直約束包含調整置頂、置底、置頂及置底、置中、等比例縮放。

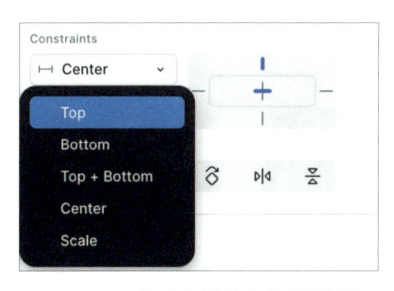

⋂ Figma 中垂直約束的相關選項

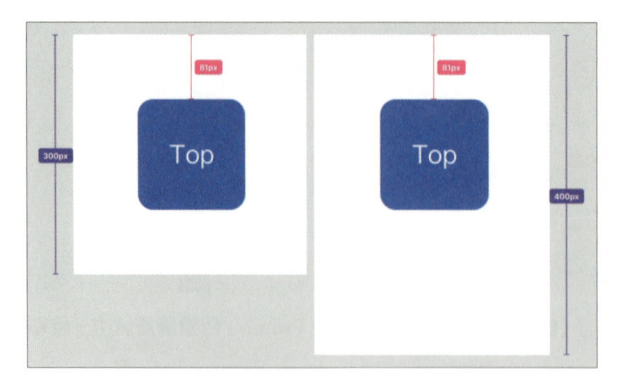

🎧 設定為「置頂」（Top），是指對照上一層 Frame，目標圖層固定置頂的距離，且物件本身高度固定

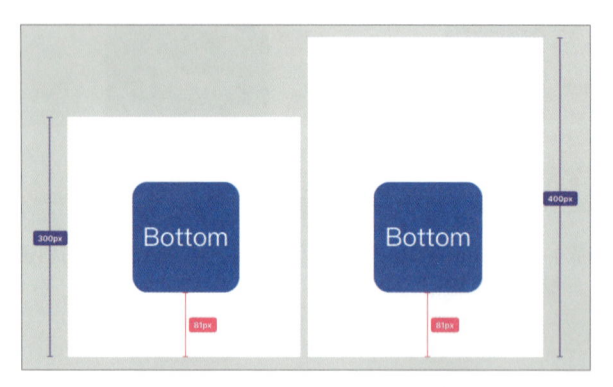

🎧 設定為「置底」（Bottom），是指對照上一層 Frame，目標圖層固定置底的距離，且物件本身高度固定

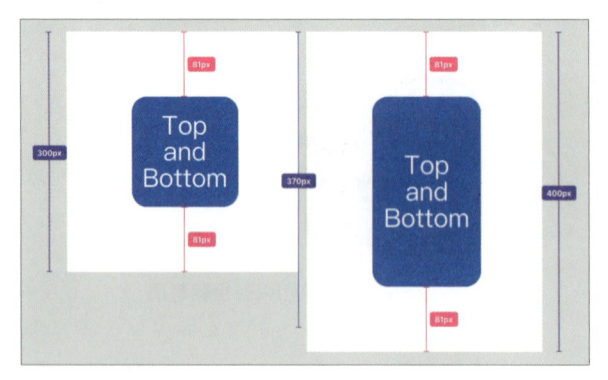

🎧 設定為「置頂及置底」（Top and Bottom），是指對照上一層 Frame，目標圖層固定置頂及置底的距離，物件本身縮放至符合置頂及置底的固定距離

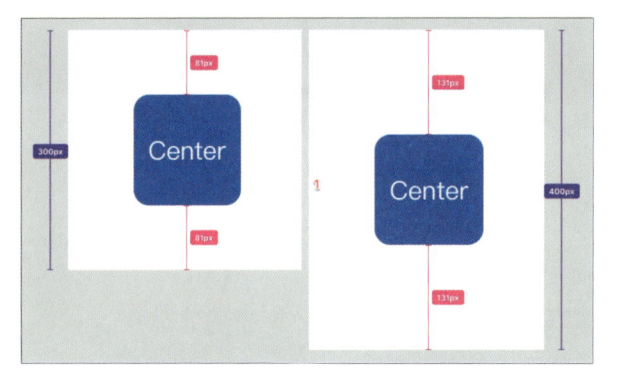

🎧 設定為「置中」（Center），是指對照上一層 Frame，目標圖層置中，且物件本身高度固定

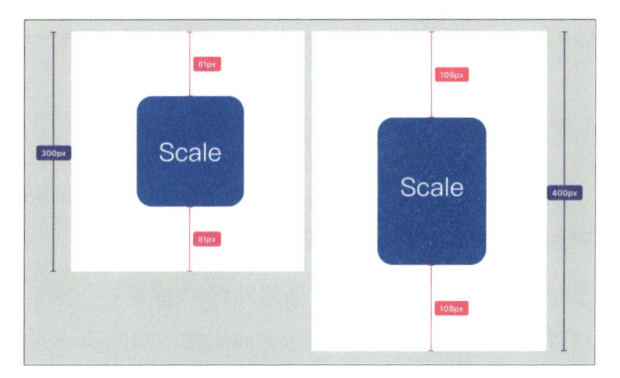

🎧 設定為「等比例縮放」（Scale），是指對照上一層 Frame，目標圖層與上下兩側距離、目標本身，皆以等比例跟隨上一層 Frame 的縮放而改變

◯ 技巧五：物件的 Constraints 的階層關係

Constraints 的影響範圍主要與圖層本身的上一層 Frame 相關，使用時需確保設定的圖層主體被放置於另一個 Frame 範圍內，若不屬於指定的 Frame 範圍，則該物件沒辦法進行約束條件設定。

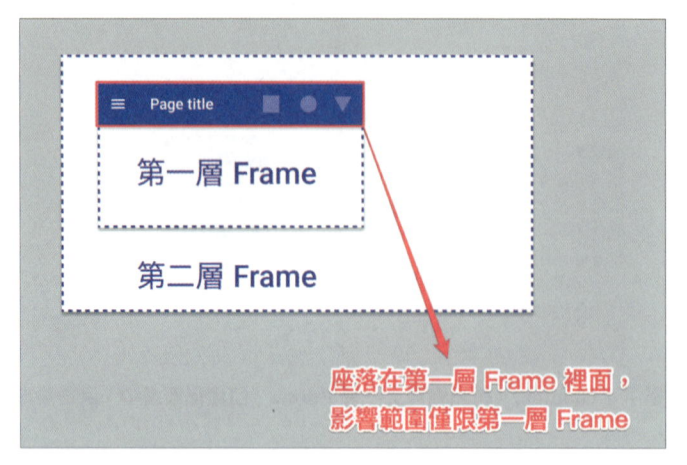

⚡ 因為 App Top Bar 座落在第一層 Frame 裡面，影響範圍僅限第一層 Frame

⬤ 技巧六：善用 Layout Grid 排版網格

在 Figma 中，可以活用 Layout Grid 排版網格，以便於產生全自動的輔助網格，並根據讀者在 Figma 中設定的參數進行網格配置的調整。

排版網格有 Grid、Columns、Rows 等三種屬性可供選擇，「Grid」適用於需要講求高精度的局部設計或物件的對齊，例如：講求線條粗細皆需要統一的圖示。Columns、Rows 則適用於製作響應式網頁時不同裝置的寬度、不同網頁的高度，使用列和行的網格，可以輔助圖層進行彈性的調整。關於三者的介紹，會在接下來的技巧中一一說明。

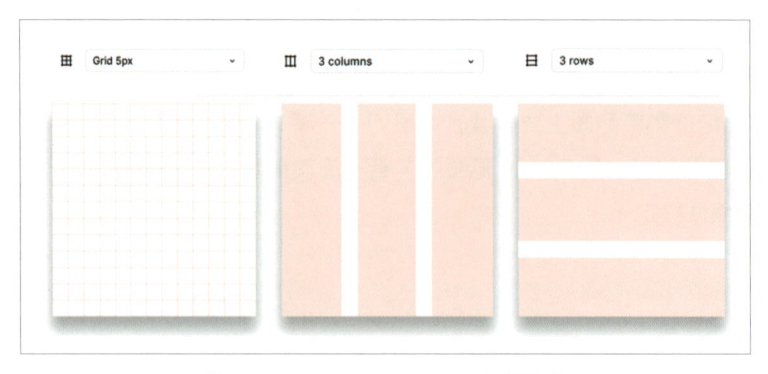

⚡ 使用 Grid、Columns、Cows 網格的效果

222　Figma UI/UX 設計技巧實戰：打造擬真介面原型

> **TIPS!** Figma 的輔助線條有兩種，第一個是手動建立的 Ruler，第二個是會自動計算線條位置的 Layout Grid 排版網格。

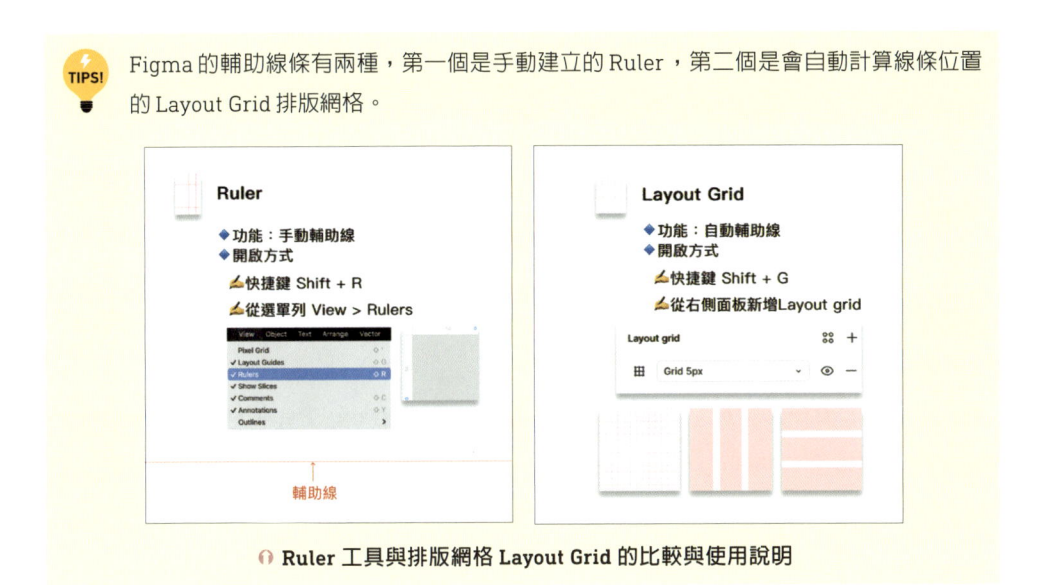

◐ Ruler 工具與排版網格 Layout Grid 的比較與使用說明

◉ 技巧七：網格（Layout Grid）

設定排版網格後，在 Frame 上會產生有顏色的經緯，並且可以自由進行間隔的距離設定。如下圖所示，在屬性面板中設定參數為「16」的網格，則產生每一格 16px×16px 的網格，Frame 的面積增加，網格也會自動產生，並且保持間距不變。

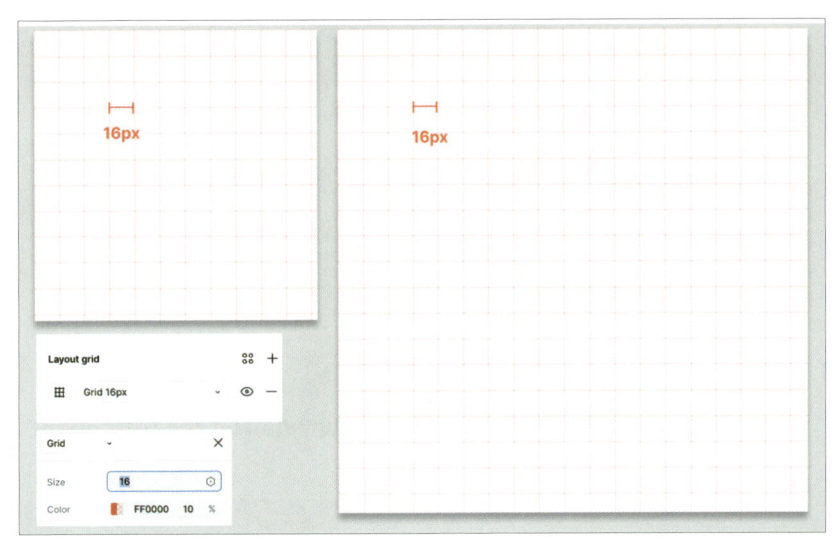

◐ 在屬性面板中，設定參數為 16 的網格，則產生每一格 16px×16px 的網格，放大後網格間距固定不變

12 用 Constraints 製作行動響應式設計　　223

技巧八：Columns 與 Rows 網格

有別於固定尺寸的 Grid 排版網格，Columns 與 Rows 網格可以根據不同尺寸的 Frame 進行區域劃分：

- **列劃分方式**：分為「Left」（置左）、「Right」（置右）、「Center」（置中）、「Stretch」（延伸）。
- **行劃分方式**：分為「Top」（置頂）、「Bottom」（置底）、「Center」（置中）、「Stretch」（延伸）。

除了 Stretch 屬性的行高、列寬會隨著 Frame 的縮放而改變，其他設定並不會改變行高或列寬，僅讓所有的列或行網格進行平移。進行網格的參數調整時，請參考下列的說明：

網格參數的說明

項目	說明
Count	行或列在 Frame 上面的數目。
Gutter	行與行之間，或列與列之間的間距。
Margin	鄰邊數過來第一個行或列與邊緣的距離，Margin 僅有在 Stretchgrids 狀態下，才需要設定。
Offset	鄰左邊、鄰右邊或鄰頂端數過來第一個行或列與邊緣的距離，Offset 僅有在 Center、Left、Right 狀態下，才需要設定。

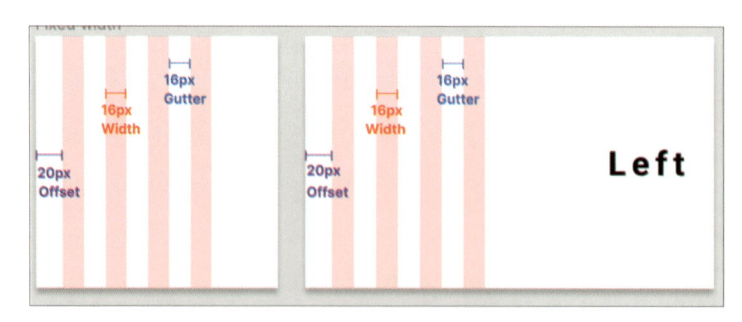

列的置左、置右、置中模式，列寬並不會因為設定成為其他劃分方式而改變

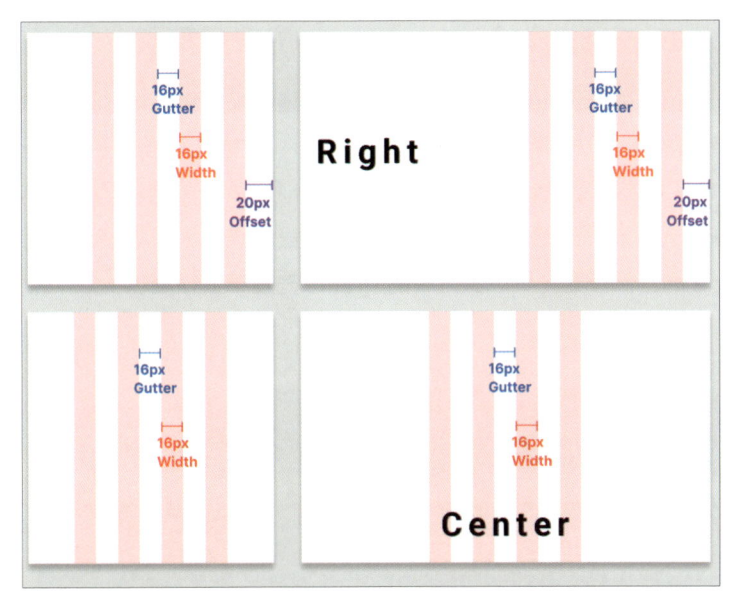

⌒ 列的置左、置右、置中模式，列寬並不會因為設定成為其他劃分方式而改變（續）

以設定 Stretch 網格為例，在 Frame 上出現 4 個列，且彼此間隔為 16px，距離邊緣為 20px，如果調整 Frame 的寬度，Figma 將會依據設定的條件，將列的寬度進行縮放。

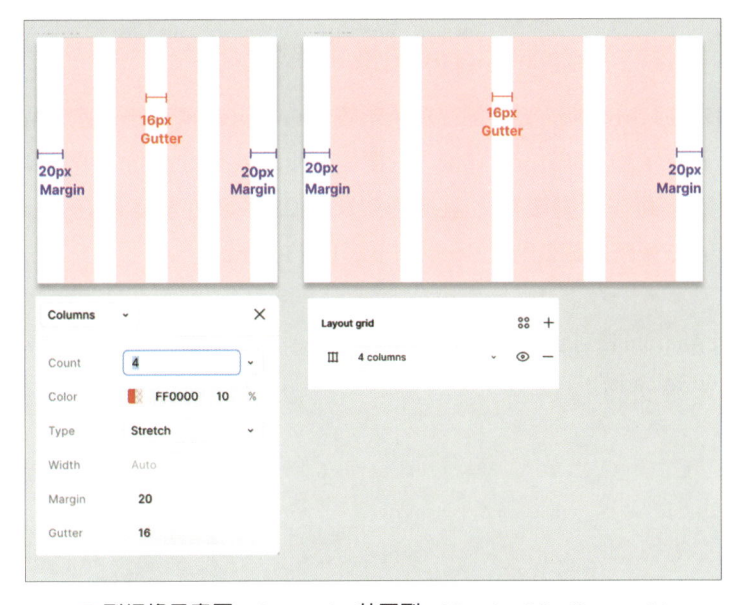

⌒ 列網格示意圖，Count=4，共四列，Margin=20，Gutter=16

12　用 Constraints 製作行動響應式設計

◉ 技巧九：Layout Grid 與 Constraints 的交互作用

透過 Constraints 與 Layout Grid，設定 Stretch 屬性來劃設 Columns 與 Rows 網格，可進行更細緻的控制。以下圖為例，在 App Bar 上，針對右上角的三個按鈕進行不同的約束條件設定，正方形設為「scale」、圓形設為「Left」、倒三角形設為「Left and right」，搭配 Layout Grid 的設定，會發現三個按鈕的條件約束的基準是網格；而未使用 Layout Grid 的三個按鈕，則以最外層的 Frame 為基準進行縮放。

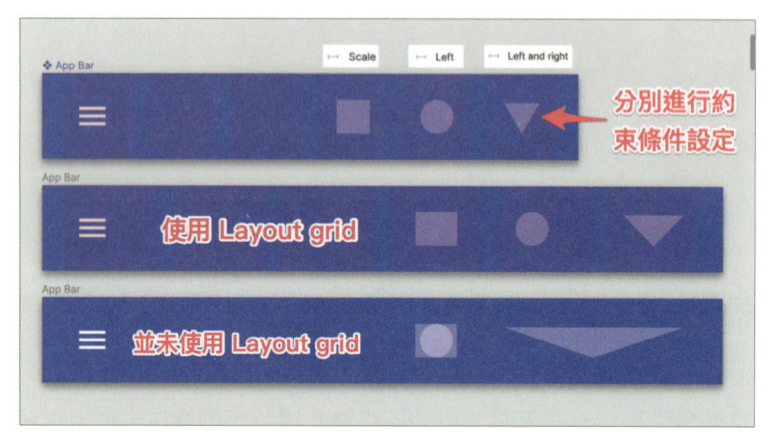

🎧 使用 / 未使用 Layout Grid 搭配約束條件時的拉伸效果比較

◉ 技巧十：透過 Figma Mirror 檢視手機版介面

檢視行動裝置的 Prototype 時，除了利用電腦上 Figma 的預覽外，官方 App 提供了手機版檢視 Prototype 的「Mirror」功能，只要登入和電腦上的 Figma 相同帳號，就能夠同步檢視選取畫面在行動裝置上呈現的效果。iOS 系統的讀者請在 App Store 下載 Figma，Android 系統的讀者則在 Google Play 下載 Figma。

> 💡 **TIPS!** iOS 及 Android 皆可至 Figma 官方網站查看最新下載連結：(URL) https://www.figma.com/downloads/。

◐ **Figma App 頁面，可用於測試行動響應式 RWD 設計**

※ 資料來源：https://www.figma.com/downloads

實作步驟

◯ 實作一：練習 Horizontal/Vertical Constraints

01. 找到素材。

實作一將帶領讀者練習水平約束及垂直約束的技巧。請找到練習素材中的實作一，其中放置了水平排列及垂直排列的三個「購買」按鈕，可先複製到「讀者練習區」中。

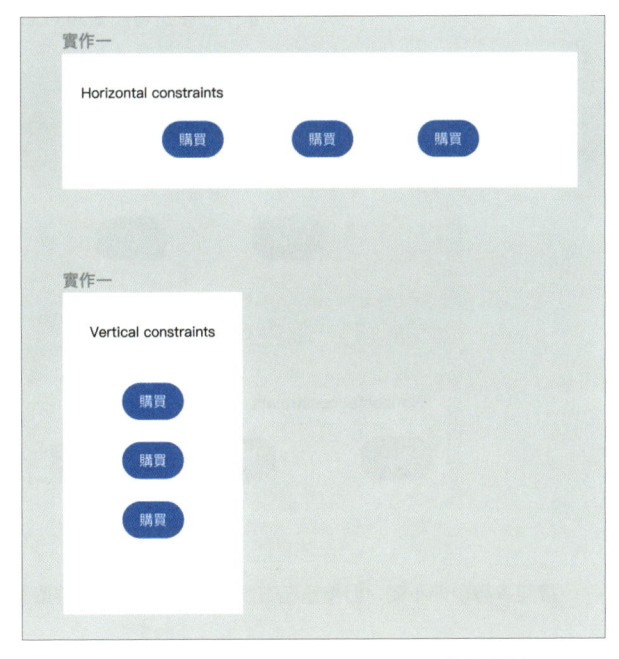

◐ **Horizontal/Vertical Constraints 練習素材**

02. 為 Horizontal Constraints 進行設定。

為了達成響應式佈局的效果，讓 Frame 可因應不同的寬度進行水平向的自動排版，請讀者將三個按鈕在 Horizontal Constraints 皆設定為「Center」，意即隨著 Frame 寬度的增加或減少，按鈕本身型態維持不變，但按鈕左右兩側距離 Frame 邊界的寬度皆等比例縮放。

> **TIPS!** 此一步驟的練習是為了讓讀者能熟悉 Constraints 的操作，因此以設定 Center 為例，讀者可在練習完成後，讓按鈕套用不同的選項，來觀察左右拉動的效果。

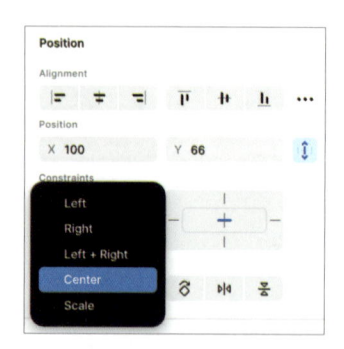

◑ 水平約束選項設定為「Center」

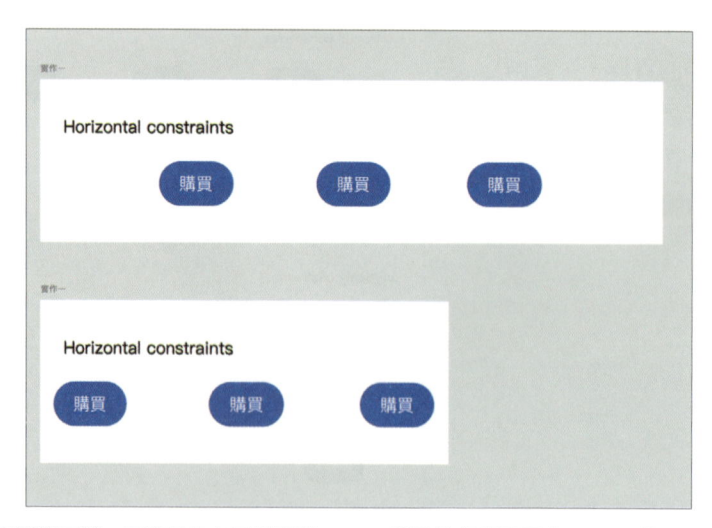

◑ 按鈕本身型態不變，但按鈕左右兩側距離 Frame 邊界的寬度皆因「Center」效果而等比例縮放

03. 為 Vertical Constraints 進行設定。

Vertical Constraints 是垂直向的設定，此步驟中先將第一個按鈕設定為「Top」，以隨著 Frame 改變高度，讓按鈕和 Frame 頂部的距離總是保持不變。同理，最底部的按鈕則設定為「Bottom」，而置中的按鈕為了能因應高度變化保持相同比例，請讀者設定為「Center」。

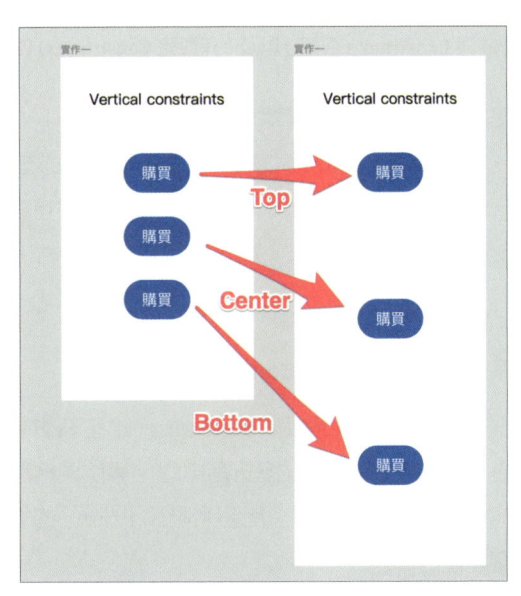

△ 按鈕分別設定為「Top、Center、Bottom」，可觀察其位移狀況

透過三個設定，讀者會發現無論怎麼縮放 Frame 的高度，按鈕都保持按鈕本身型態不變，頂端按鈕及底部按鈕距離 Frame 上下兩側邊界的高度不變。

⬤ 實作二：Layout Grid 與 Constraints 搭配練習

開始之前，讓我們複習一下 Constraints 的功能：「設定圖層的相對位置」，以及 Layout Grid 的功能：「輔助排版」。透過兩者的搭配，則可以在進行任何縮放時，精細地控制每個圖層的移動。

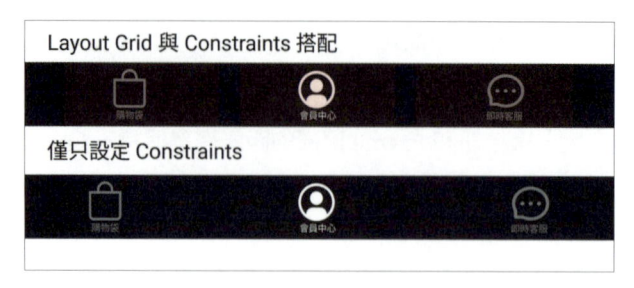

◯「Layout Grid 與 Constraints 搭配」以及「只設定 Constraints」的比較示意圖

　　本實作的練習素材是一個手機版置底選單，上面有「購物袋」、「會員中心」、「即時客服」等三個按鈕，彼此間隔約 74px，並且距離工作區域的左右側都有一段距離。實作二將會利用 Layout Grid 與 Constraints 搭配，讓選單在進行縮放時，按鈕與按鈕之間部分維持縮放，但又不會距離彼此太遠。請讀者取用練習素材，並觀察成果展示的約束設定。

01. **將三個按鈕皆設定 Constraints 為「Center」。**

　　請讀者取用素材後，將三個按鈕皆設定 Constraints 的左右對齊為「Center」，目的是讓按鈕對照更上一層 Frame 時，維持以按鈕為中心，等比例縮放與左右邊界的距離。設定完成後，請讀者拖曳拉寬黑色的選單，比照素材中 Frame 的寬度，然後請讀者觀察三個按鈕在選單被拉寬之後的間距。

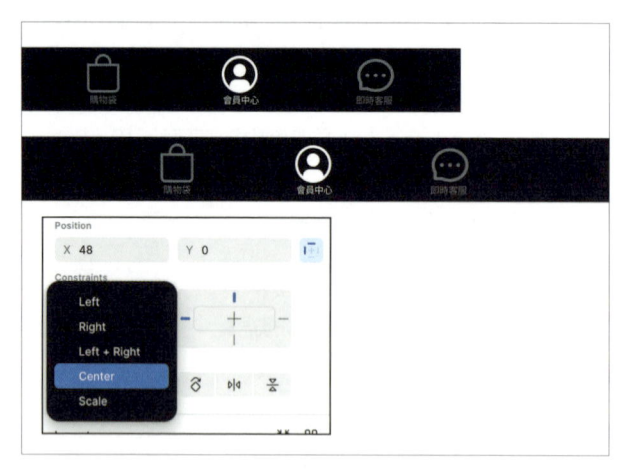

◯ 將三個按鈕在水平向設定為「Center」，並拉寬素材，如此會以按鈕為中心，來等比例縮放與左右邊界的距離

02. 新增 Layout Grid。

接下來，請讀者選取黑色的長條選單後（本單元提供的長條選單素材本身就是一個小 Frame），於右方新增 Layout Grid，並將網格屬性設定為「Columns」。在素材中，三個圖示按鈕是我們目前想要控制的對象，因此控制的欄位數設定為「3 欄」。

🎧 右側的屬性面板新增 Layout Grid，並依照步驟進行設定（將欄位設定為「3」）

03. 設定網格參數。

設定完欄位數後，可以發現黑色長條選單上已經覆蓋了一層網格。為了更精細控制伸縮時物件的排版，請讀者先將網格屬性設定為「Stretch」，意即隨著 Frame 的縮放，來隨之改變網格欄位寬度。請讀者將 Margin 設定為「32」，代表無論左右寬度怎麼伸縮，鄰左邊緣以及鄰右邊緣的網格固定保持 32px 的寬度，然後將 Gutter 設定為「16」，代表每個欄位固定間距為「16px」，並不會隨著拉伸而改變。

🎧 屬性設定為「Stretch」，Margin 設定為「32」，Gutter 設定為「16」

12 用 Constraints 製作行動響應式設計　231

請讀者在設定後，同樣進行拉伸，以觀察黑色選單進行左右縮放時，網格及按鈕彼此的間距如何改變。相較於只設定 Constraint 的按鈕排列樣式，加上網格後，按鈕改成以網格為縮放基準。

> **TIPS!** 此步驟的技巧比較特別，組合了 Layout Grid 與 Center Contraints 約束，讓每個按鈕保持以「欄位」為中心的比例，來進行左右間距的比例調整，而非以整個裝置的 Frame 作為基準進行縮放。這種設定的好處是讓按鈕隨著裝置的寬度改變，而彼此距離變寬，但不至於寬到讓使用者必須要移動很長的距離，才能點擊到隔壁的按鈕。

◯ 實作三：首頁響應式設計

因應不同裝置解析度，如果沒有經過響應式設計的佈局，極有可能嚴重跑版，如下圖示意，只要解析度一變動，網頁既有的大標題與小標題可能導致彼此覆蓋，也有可能導致資訊被裁切，而無法有效呈現。

🎧 未經過響應式設計的網頁，資訊層級散亂，文字及圖片可能被裁剪

01. **標題與文字設定為「Center」。**

如果想讓水果電商首頁，在跨裝置的解析度上也能維持易讀性，並確保資訊的階層不會因此跑版，最保險的作法是讓所有圖層設定 Constraints 約束條件。在本實作中，我

們將進行若干的配置，以避免網頁的標題與文字跑版，並維持與左右邊緣的寬度固定，因此請讀者在 Constraints 水平約束條件中，將元件設定為「Center」。

◯ 選取文字群組，在 Constraints 水平約束條件中設定為「Center」

02. 圖片設定為「Scale」。

電商網頁中的精彩圖片通常在桌機的網頁中呈現滿版，如果不想縮小解析度後，保持在頁面正中心，而圖片的左右兩側因此被裁切，則讓圖片隨著解析度的縮放，來改變既有的圖片尺寸，因此請讀者將圖片設定為「Scale」。

◯ 選取圖片，在 Constraints 水平約束條件中設定為「Scale」

最後，請確保首頁上的文字設定為「Center」、圖片設定為「Scale」，並拖曳縮小 Frame，來看看文字是否固定置中顯示，且圖片隨著 Frame 縮小而縮小。

在響應式設計中，大部分是以左右解析度的改變為主，因此範例中示範了水平約束條件在響應式網頁的效果，請讀者參考圖片中的設定，來調整水果電商網頁中的約束條件，以達成響應式自動排版的效果。

🎧 文字與按鈕元件設定為「Center」、圖片設定為「Scale」

> **TIPS!** 如果希望增加或減少 Frame 的面積，但又不想要動到畫布上既有圖層的位置，則只需按住 command / Ctrl 鍵進行 Frame 的拖拉，即可忽略 Constraints 效果，來讓 Frame 進行縮放。

🎧 透過 command / Ctrl 鍵縮放 Frame，可暫時忽略 Constraints 設定，進行 Frame 的縮放

03. 進入播放模式進行檢視。

最後，請讀者完成縮放練習後，將寬度設定為「422px」，並點選畫布任意空白處，切換至 Protortype 模式，然後選取裝置為「iPhone 13 Pro Max」，我們將以 iPhone 13 Pro Max 尺寸來檢視水果電商的成果。

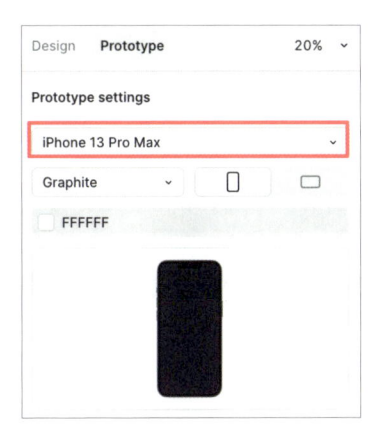

🎧 在 **Prototype** 頁籤中切換檢視裝置（例如：**iPhone 13 Pro Max**）

請讀者選取 Frame 後，按三角形的「播放」按鈕，就可以看到手機版本的水果電商首頁了。

🎧 **iPhone 13 Pro Max** 版本的水果電商首頁

12 用 Constraints 製作行動響應式設計　235

實作四：Header 響應式設計（漢堡選單）

在首頁響應式設計的實作過程中，讀者已了解頁面內容可以隨著解析度的改變，而維持易讀的排版，細心的讀者或許已發現 Header 上面既有的選單選項，也必須讓其隨著寬度縮減，改為行動裝置的寬度。直接縮小網頁版本的 Header，雖然能夠透過文字間距的壓縮來顯示全部的選項，但是解析度縮小幅度更大之後，容易造成行動裝置上的按鈕跑版，因此為了讓行動裝置也能完整體驗選單功能，通常會再設計符合行動裝置版型的 Header。

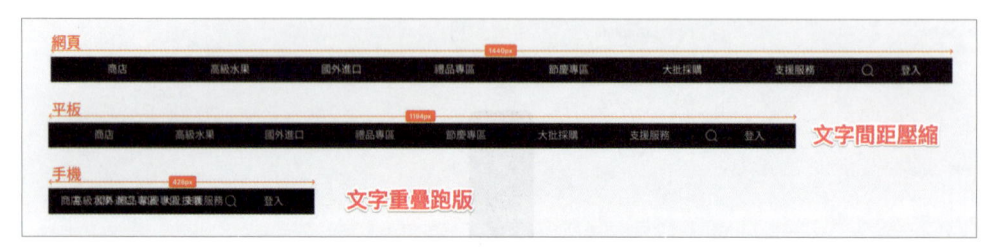

🎧 網頁版的 Header 放到平板電腦尺寸後，文字間距被壓縮；放到手機版時，文字重疊跑版

01. 複製素材。

請讀者取用本單元提供的實作四素材。下圖範例中，行動裝置 Header 將全部既有的選單隱藏，只剩下左上角兩條橫線的按鈕（稱為「漢堡選單」），使用者需要點擊按鈕後，才能展開選單，而右上方則保留了「搜尋」、「登入」按鈕。

🎧 行動裝置的 Header 設計

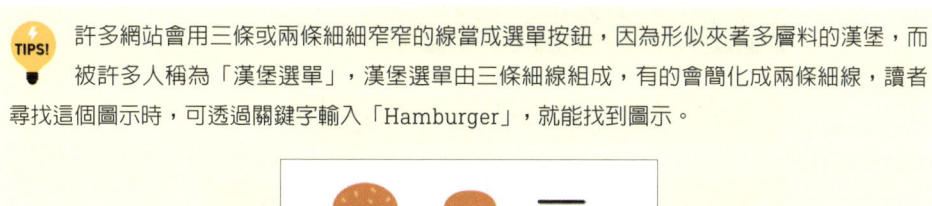

> **TIPS!** 許多網站會用三條或兩條細細窄窄的線當成選單按鈕，因為形似夾著多層料的漢堡，而被許多人稱為「漢堡選單」，漢堡選單由三條細線組成，有的會簡化成兩條細線，讀者尋找這個圖示時，可透過關鍵字輸入「Hamburger」，就能找到圖示。

◯ 漢堡選單示意圖

02. 配置漢堡選單。

在這個練習中，請將左邊的「漢堡選單」按鈕設定水平約束條件為「Left」，讓按鈕無論怎麼拉伸，都能保持和左邊緣的距離。右側的「搜尋」及「登入」按鈕皆設定為「Right」，讓右方的按鈕在各個裝置上，都保持和右邊緣的距離。

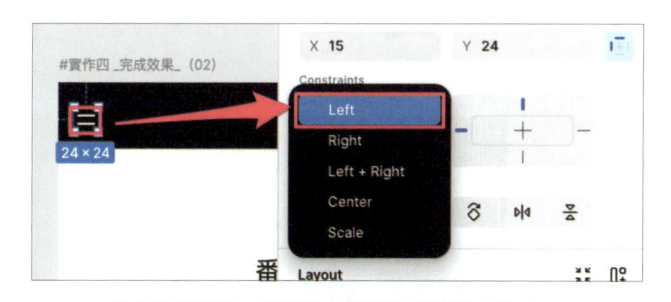

◯ 將「漢堡選單」按鈕的水平約束條件設定為「Left」

03. 配置搜尋與登入屬性。

最後，請將右方的「搜尋」及「登入」按鈕同樣透過約束條件設定為「Right」，以在各種解析度中皆可正確靠右對齊。

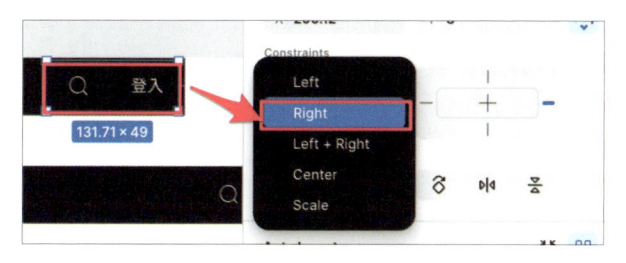

◯ 將「搜尋」及「登入」按鈕的水平約束條件設定為「Right」

12 用 Constraints 製作行動響應式設計 | 237

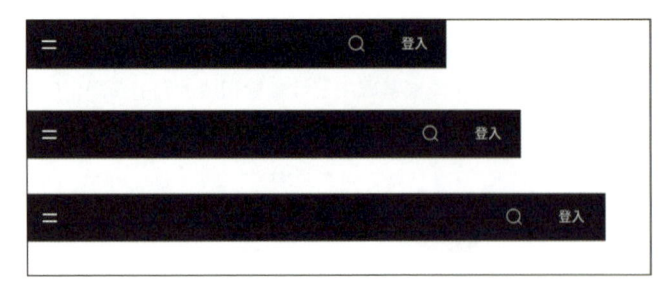

◯ Header 響應式設計示意圖

◯ 實作五：固定選單（Fix position）並從手機預覽

在實作五中，我們希望讓 Header 選單保持置頂的設計，意即隨著使用者捲動網頁，選單固定維持在螢幕最上方，最後藉由手機來做預覽。

◯ 配置選單固定置於上方

01. 切換至 Prototype 模式，選取「Fixed」選項。

請讀者選取黑色的 Header 後，切換至 Prototype 模式，並在 Position 選項中選取「Fixed」（固定），就可以做到選單在捲動時固定於頁面上方的效果。

⌒ 在 **Position** 選項中選取「**Fixed**」，讓頁首固定在上方

02. **下載 Figma 模擬 App，並進行登入。**

　如果手機是 iOS 系統，則在 App Store 下載 Figma；如果是 Android 系統，則在 Google Play 下載 Figma；如果找不到，也可以到官方網站的 Figma Downloads 尋找。

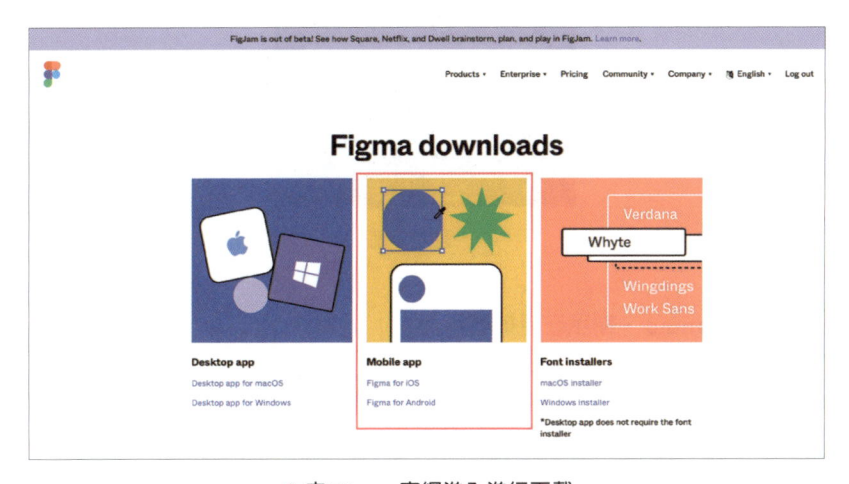

⌒ 由 **Figma** 官網進入進行下載

※ 資料來源：https://www.figma.com/downloads/

⌒（左）App Store 下載 Figma；（右）Google Play 下載 Figma

12　用 Constraints 製作行動響應式設計　　239

下載完成後,請讀者依照介面引導來登入自己的 Figma 帳號。

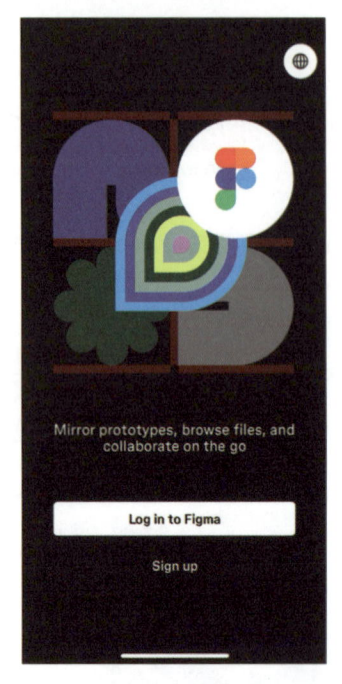

◉ 登入介面

03. **在桌機選取 Frame,顯示在手機畫布上。**

進入 App 後,會看到底部選單有「Mirror」選項,請讀者選取手機上的「Mirror」按鈕,並在電腦版 Figma 上選取實作的 Frame。

◉ 點選「Mirror」選項

電腦上選取 Frame 後,手機也會顯示對應的 Prototype 效果,請讀者試試看上方選單是否在捲動時,也固定在頁面的頂端。

🎧 在手機上呈現選取的 Frame

　　到這裡，恭喜讀者學會了在網頁、行動裝置上建立通用體驗的水果電商模擬頁面，也可以透過 App 來測試擬真頁面效果喔！

MEMO

PART 05

整合技巧與社群資源

Unit 13 Figma 設計協作、交付、切版

單元導覽

本單元將分享關於設計稿管理與交付技巧。每個團隊都可能有自己的獨特管理模式，本單元則主要是根據筆者團隊的經驗，規劃了五項 Figma 常見的交付階段的任務練習，分別是「設計稿管理技巧」、「建立 UI Flow 全覽圖」、「進行資訊標註」、「多人共編」、「切版與輸出」，期許相關技巧能夠引導團隊中的設計師、工程師、相關專案成員，透過 Figma 建構出良好的溝通與協作環境；不過每個團隊組成及運作皆不同，讀者可以調配為適合自己所屬團隊的模式。

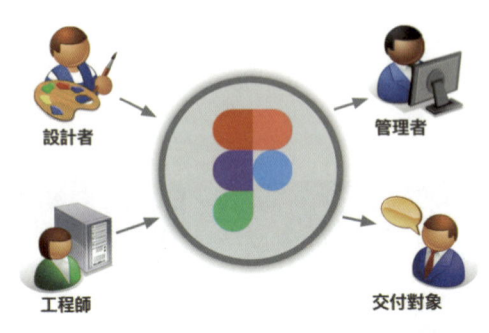

◯ 本單元將會介紹一些設計交付技巧，此為多人團隊的重要任務

Figma 練習素材連結 https://sites.google.com/view/figma-chinese/unit/unit13

重點學習技巧

◯ 技巧一：熟悉 Figma 建構 UI Flow 的技巧

Figma 除了單張介面圖之外，有時也需要一張介面流程全覽圖（口語常稱為「UI Flow 圖」）；本單元將會搭配 Figma 的 Autoflow 外掛來完成這項操作，以建構介面全覽圖。

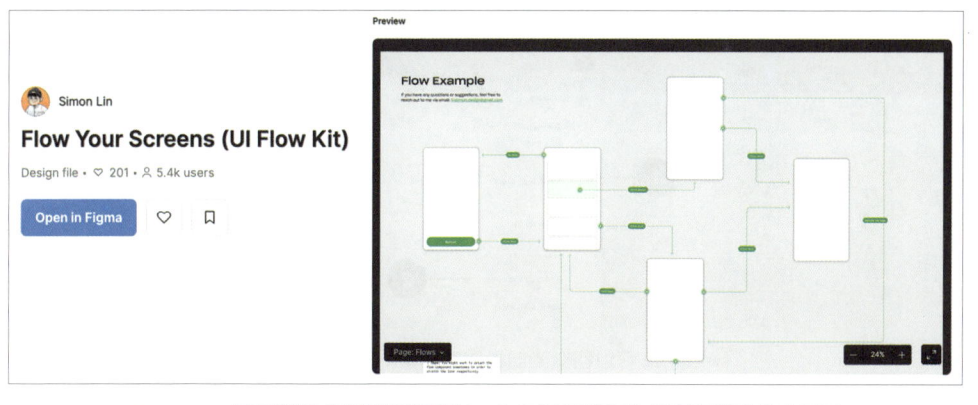

◐ UI Flow 圖是常見的設計溝通素材，此為網友製作並分享在社群的小工具

※ 資料來源：https://www.figma.com/community/file/929927411252967380/Flow-Your-Screens-(UI-Flow-Kit)

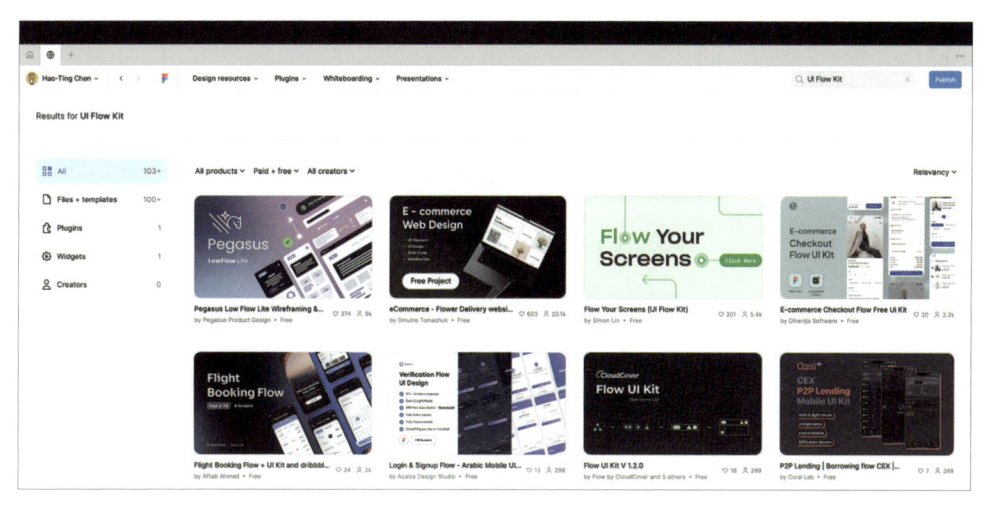

◐ 透過 Figma 社群功能搜尋 UI Flow Kit、UI Flow 等關鍵字，將會看到許多可以取用的社群資源

技巧二：檢視、回溯、命名歷史修訂紀錄

Figma 會全自動進行雲端儲存，且支援「設計稿檢視」、「歷史修訂紀錄」，可回溯到過往任一自動儲存的時間點之版本，也可針對特定版次進行標記與命名。

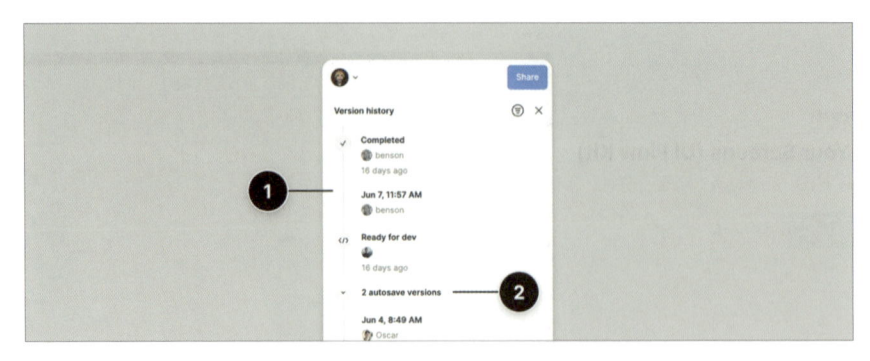

🎧 Figma 可以回溯到自動儲存的任一時間點之版本

※ 資料來源：https://help.figma.com/hc/en-us/articles/360038006754-View-a-file-s-version-history

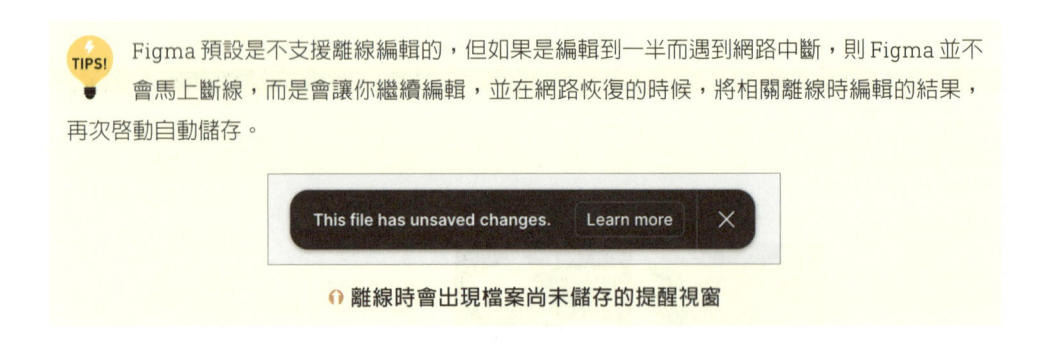

> **TIPS!** Figma 預設是不支援離線編輯的，但如果是編輯到一半而遇到網路中斷，則 Figma 並不會馬上斷線，而是會讓你繼續編輯，並在網路恢復的時候，將相關離線時編輯的結果，再次啟動自動儲存。

🎧 離線時會出現檔案尚未儲存的提醒視窗

🔆 技巧三：透過 Figma 進行設計協作

「多人協作」絕對是 Figma 殺手級功能，Figma 開放讓多名成員一起共同編輯，無論是使用軟體或瀏覽器，都可在同個畫面展開協作，並在畫布上看到個別成員的游標位置，或是追蹤其相關操作，是超級實用的設計。

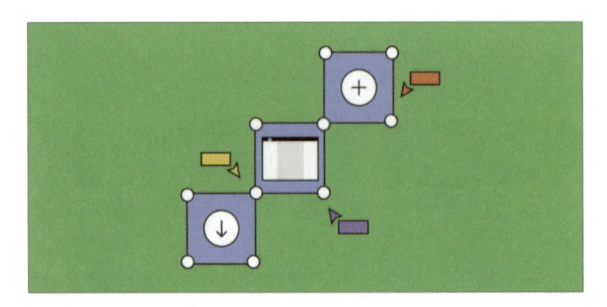

🎧 協作是 Figma 最強力的主打特色，可支援多人同時共編設計稿

※ 資料來源：https://www.figma.com/blog/six-integrations-to-help-your-product-team-collaborate-in-figma/

技巧四：檢視元件的程式碼（CSS、iOS、Android）

Figma 可開啓「開發者模式」（付費功能）自動產生物件的參考程式碼（CSS、iOS、Android 等），可邀請工程師直接進入 Figma 畫布進行檢視，以減少設計師跟工程師的溝通落差。

◯ Figma 可直接檢視指定物件的程式碼

技巧五：進行物件資訊標註（Annotation）

「資訊標註」（Annotation）是設計稿交付的重要任務，例如：在物件旁標註大小、動畫效果、顏色等資訊，讓團隊建立對於設計的共同認知。本單元將會引導讀者透過 Measures 外掛，幫助我們快速標記設計稿資訊，也將介紹 Figma 內建的評論功能。

◯ 良好的設計稿標註習慣，可以建立良好的團隊溝通

※ 資料來源：https://uxdesign.cc/design-annotations-that-will-make-your-developers-happy-d376d4453d9d

> **TIPS!** Figma 目前的付費版本已有標註工具，不需下載外掛亦可使用。

技巧六：透過 Figma 切版與輸出

Figma 內建有切版與輸出圖片的功能，不需要依賴其他軟體；且 Figma 支援單圖、多圖、指定區域範圍的批次輸出，現階段版本支援四種格式的輸出，分別為 JPG、PNG、SVG、PDF，可根據需求搭配使用。

> **TIPS!** 切版是 UI 設計稿交付的重要流程，指的是將設計素材有效交付開發人員。

🎧 **Figma 主要支援的輸出格式**

※ 資料來源：https://uxplanet.org/how-to-handoff-ui-design-to-dev-10d3f6c12eca

實作步驟

實作一：設計稿管理技巧練習

本實作將介紹幾個常見的 Figma 設計稿梳理技巧，主要圍繞於圖層管理與命名技巧（本實作無特定練習素材，讀者可於 Figma 環境中自行模擬相關情境）。

01. 整理 Pages 環境。

在 Figma 編輯過程中，除了原有的「Team > Project > File」結構之外，也可以透過最內層的 Pages 結構，進行大量圖層的管理，例如：根據特定狀況（版本、裝置、風格）等拆分不同的設計檔案管理區，並將對應的圖層拖拉到該 Page 中。

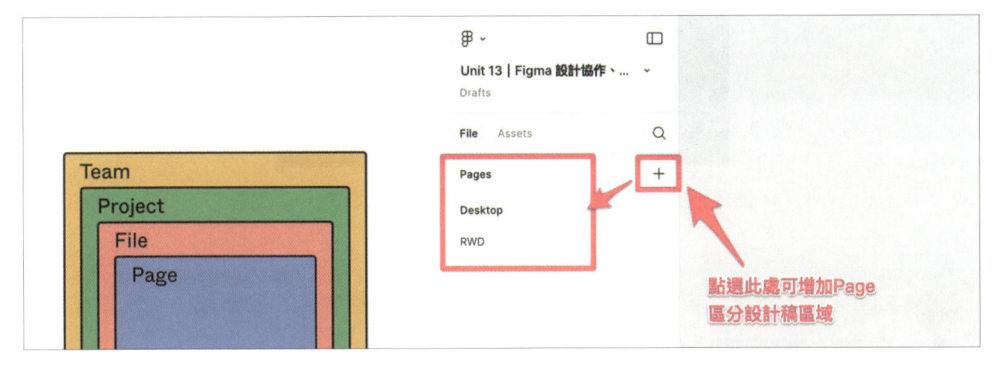

◐ **Figma** 專案可多利用 **Pages** 切分場景，管理大量圖層。（左）Figma 檔案結構；（右）區分 **Pages** 示意圖

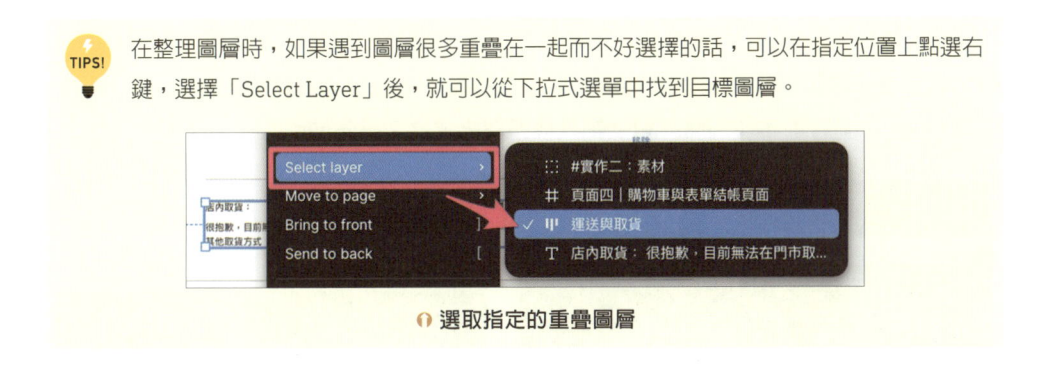

> **TIPS!** 在整理圖層時，如果遇到圖層很多重疊在一起而不好選擇的話，可以在指定位置上點選右鍵，選擇「Select Layer」後，就可以從下拉式選單中找到目標圖層。

◐ 選取指定的重疊圖層

02. 將 **Figma** 編輯檔案備份於本機環境。

雖然 Figma 是全雲端與自動儲存環境，但我們依然可以將相關設計稿儲存為實體檔案。從檔案選單中選取「File → Save local copy」，便能夠將現在的編輯狀態進行檔案備份。

◐ 將設計稿儲存到本機環境

🎧 儲存一份「.fig」的檔案在本機，之後可透過 Figma 開啟

> **TIPS!** Figma 除了可匯入自己格式的 fig 檔案之外，也能夠匯入 Sketch 檔案，只要點選「File → New from Sketch File」的按鈕即可。

03. 儲存與回溯特定的歷史紀錄。

此外，雖然 Figma 會全自動進行雲端儲存，但如果有一些特殊版次需要特別記錄的話，Figma 提供了指定版次儲存功能，可透過選單「File → Save to version history」來進行標記，並針對本次的儲存紀錄輸入標題與描述文字來輔助回想。

🎧 點擊此處，可指定 Figma 進行現階段狀態的儲存　　🎧 可輸入相關的描述性文字，輔助回想版次

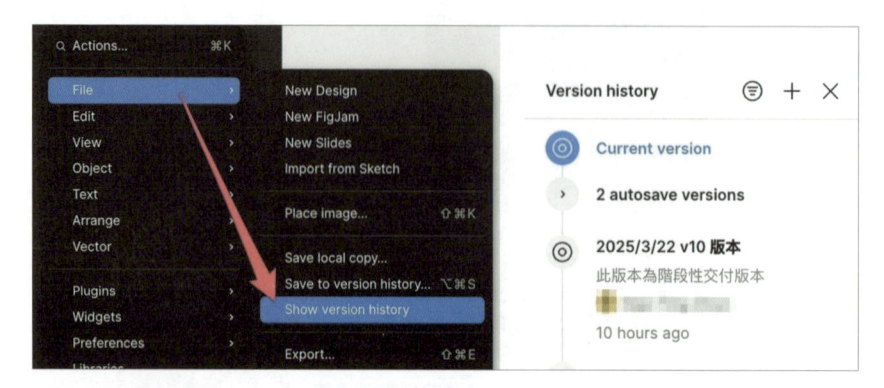

🎧 透過「Show Version History」功能，可以找回指定的歷史儲存紀錄

250　Figma UI/UX 設計技巧實戰：打造擬真介面原型

04. 整理 Layers 圖層名稱。

Figma 編輯過程中，常會不知不覺產生大量圖層，是否我們需要針對所有圖層取一個好名稱呢？這個習慣因人而異，如果只是自己一個人編輯的設計稿，那相對比較不需要費心進行整理；但如果是與多人共編的 Figma 檔案，取一個好的圖層名稱就很重要了。

> **TIPS**：隨著介面的複雜度差異，同個編輯畫面可能高達數千個物件，我們是否要將所有物件都取名呢？答案因工作環境而有差異，但或許可優先將相對更常重複使用的 Component、Frame、Group、Auto Layout 等物件類型進行取名，因為這幾種物件命名清楚的話，更能夠有效在多人環境中提升辨識與重用率。

Figma 產生新物件時，主要是採用「物件類型」加上「流水號」的方式來自動給予名稱，但也可手動調整為「類型」與「狀態」的組合場景取名字，並於中間使用反斜線「/」來切分相似但不同的物件。以列舉不同狀態的按鈕物件為例，可以在相同的前綴名稱之後，加上反斜線與狀態名稱來進行區分，例如：「Login/Active」、「Login/Hover」、「Login/Inactive」等，此為建立 Variant 時常見的命名方式。

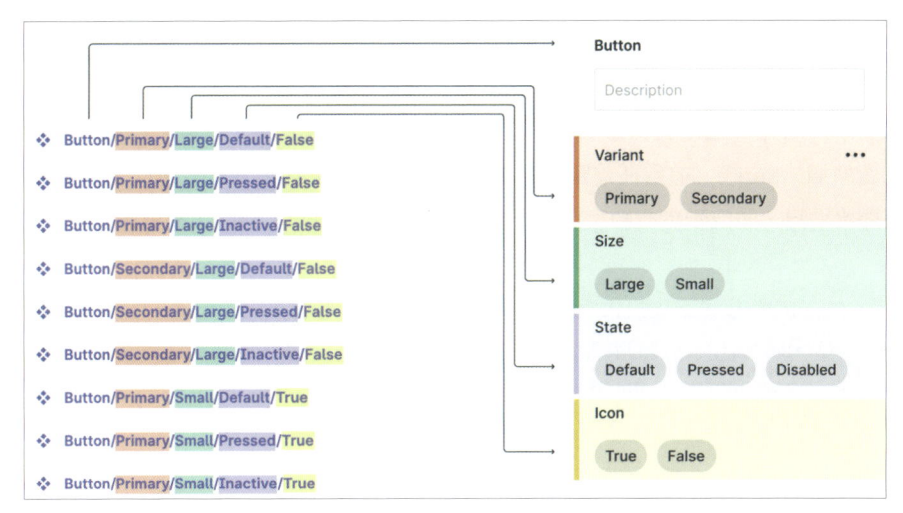

↑ 大規模物件命名的情境，可透過反斜線與文字語意切分類似但不同的物件（在製作 Variant 時常用此技巧）

※ 資料來源：https://medium.com/design-bootcamp/three-things-to-keep-in-mind-for-naming-conventions-of-your-design-system-cd16697f2405

05. 批次修改圖層名稱。

除了手動逐一對圖層按右鍵，透過「Rename」進行取名之外，有沒有比較快的批次修改方式呢？Figma 提供了批次命名功能，只要先把想要重新取名的圖層全部選取起來，使用 Ctrl / CMD + R 鍵，即可開啟批次命名視窗。此功能可以指定特定規則進行篩選，或搭配自動產生的遞增／遞減數字來自動命名。

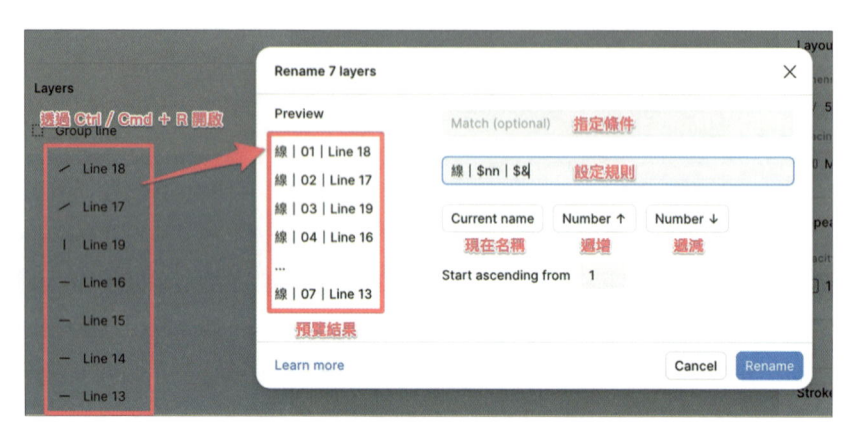

👂 批次命名的視窗，先選取圖層後點選 Ctrl / CMD + R 鍵即可開啟

開啟面板後，讀者可以透過「Rename to」欄位進行指定條件過濾（Match 意即找到符合字串時，才會進行重新命名），並搭配下面的「遞增」與「遞減」按鈕，原本的名稱將會新增「$nn」，並且在視窗下方提示「Start ascending from 1」，表示序號將會從 1 開始編碼，並自動完成數字排列（建議讀者可直接操作，更能了解意思）。

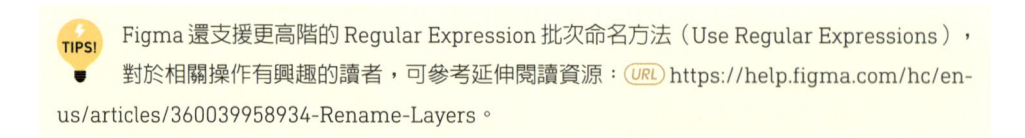

> **TIPS!** Figma 還支援更高階的 Regular Expression 批次命名方法（Use Regular Expressions），對於相關操作有興趣的讀者，可參考延伸閱讀資源：(URL) https://help.figma.com/hc/en-us/articles/360039958934-Rename-Layers。

06. 建立群組，批次折疊／上鎖。

將圖層物件都取好名稱之後，有時圖層區還是會很混亂，這時就可以善用群組與折疊的功能，將相同屬性（或是鄰近位置）的圖層放在一起，將其建立為群組，之後就可以折疊起來，視覺上可以舒適很多。

252　Figma UI/UX 設計技巧實戰：打造擬真介面原型

◯ 將相同屬性的物件建立為群組，可批次折疊與上鎖

◯ 實作二：建立 UI Flow 全覽圖

當我們想要與他人分享介面的全覽圖時，可透過 UI Flow（介面流程全覽圖）呈現，我們會透過 Autoflow 外掛建立此全覽圖。

設計師常常需要在設計稿標示一些流程線條，但自己用手拉速度較慢，Autoflow 可以在外掛開啟的狀態，直接按下 Shift 鍵後多選圖層，就會自動產生圖層之間的線條，非常快速，且可修改像是顏色、粗細、外框、前後等線條參數。

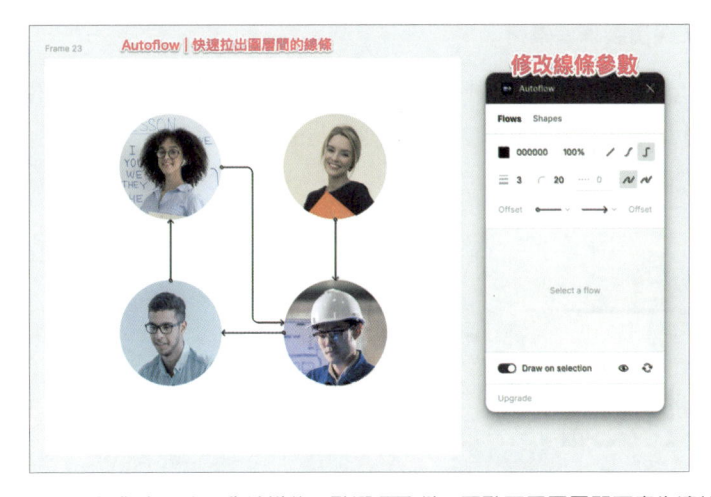

◯ Autoflow 操作畫面（開啟外掛後，點選 Shift 鍵，再點不同圖層即可產生連線）

01. 安裝 Autoflow 外掛。

建立 UI Flow 有很多方法，可以透過 Figma 內建的工具來完成圖層之間的串接，或是透過外掛來提升生產力。Autoflow 是一款可快速拉出圖層間線條的好用外掛，讀者可在

下方工具列「Actions」進行搜尋，或是直接前往該 Plugin 網址：(URL) https://www.figma.com/community/plugin/733902567457592893/Autoflow。

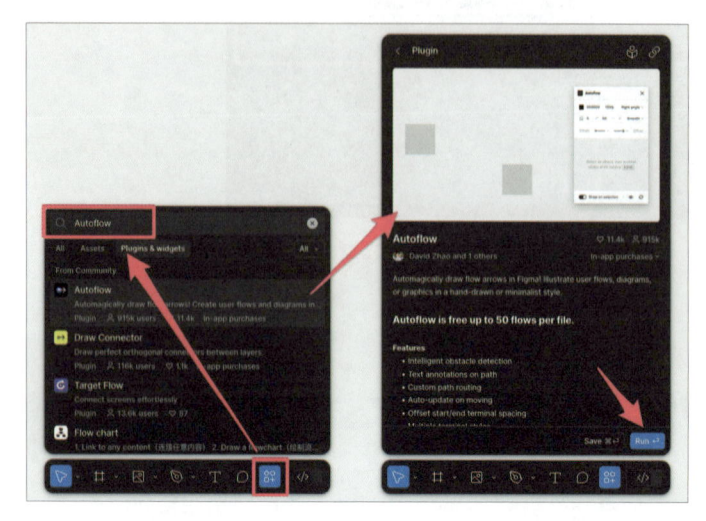

◎ 請讀者先安裝 Autoflow 外掛，準備進行流程標記

※ 資料來源：https://www.figma.com/community/plugin/733902567457592893/Autoflow

02. 預覽成果與複製練習素材。

讀者可從 Figma 設計素材中，預覽將實作的成果，並複製練習素材區的物件（尚未拉線版本）到讀者練習區。本實作主要有五個 Frame，後續將透過 Autoflow 外掛，建立這些 Frame 之間的流程轉換圖。

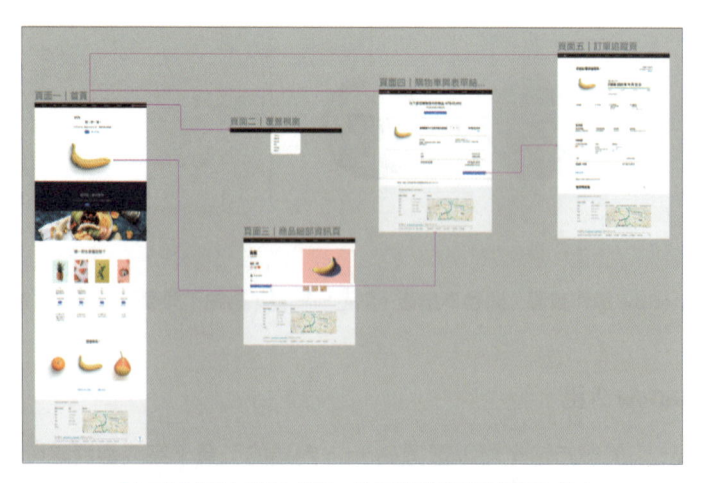

◎ 可先預覽本實作成果，後續階段將復刻這個成果

03. 嘗試配置第一個 Autoflow 線條。

安裝好之後，可從下方工具列「Actions」找到並開啓外掛，只要看到跳出視窗就算是開啓了，接著根據外掛的引導進行開通使用。

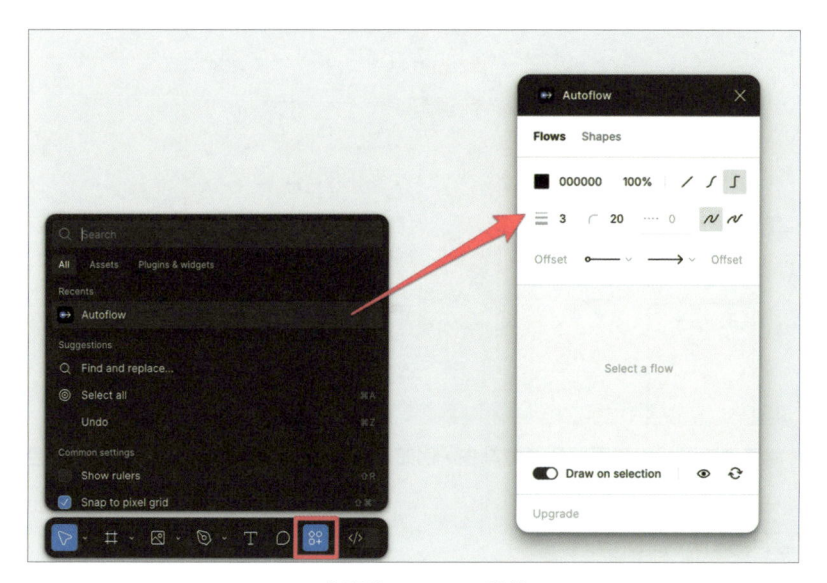

△ 先開啓 Autoflow 外掛

開通之後，第一條線可從最左邊的 Frame 中的放大鏡圖示，按下 Shift 鍵（開啓 Autoflow 的熱鍵）並拉線到旁邊的「Header Frame」或是物件，來呈現覆蓋視窗的 UI Flow 展示。此外，點選該線條，即可編輯顏色、粗細等參數。

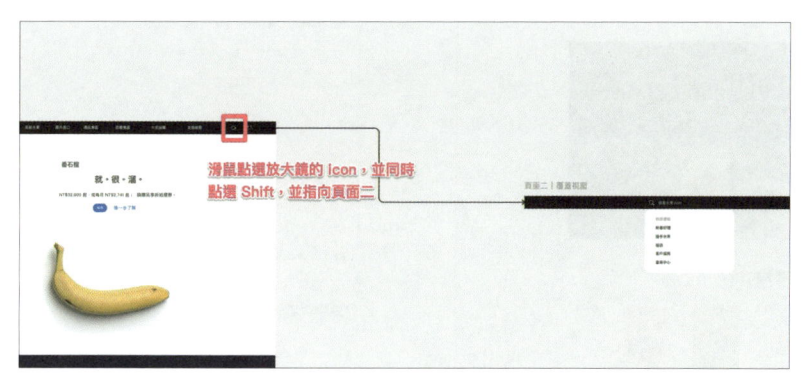

△ 開啓外掛後，點選 Shift 鍵後，連點不同圖層，即可將其進行連線

13 Figma 設計協作、交付、切版　　255

修改顏色
修改粗細
修改造型

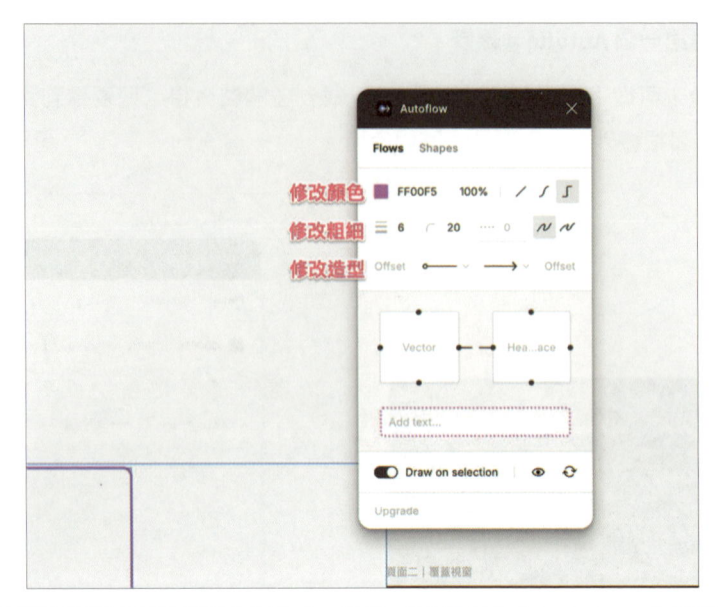

☝ 線條建議以相對畫面顏色清楚為主，例如：色碼可改為「#FF00F5」，來凸顯亮色

04. 建立其他線條。

了解第一個條線如何拉之後，就可以依序建立其他頁面間的線條了，可參考完成區的展示效果，並自己親手拉看看，如下圖所示。

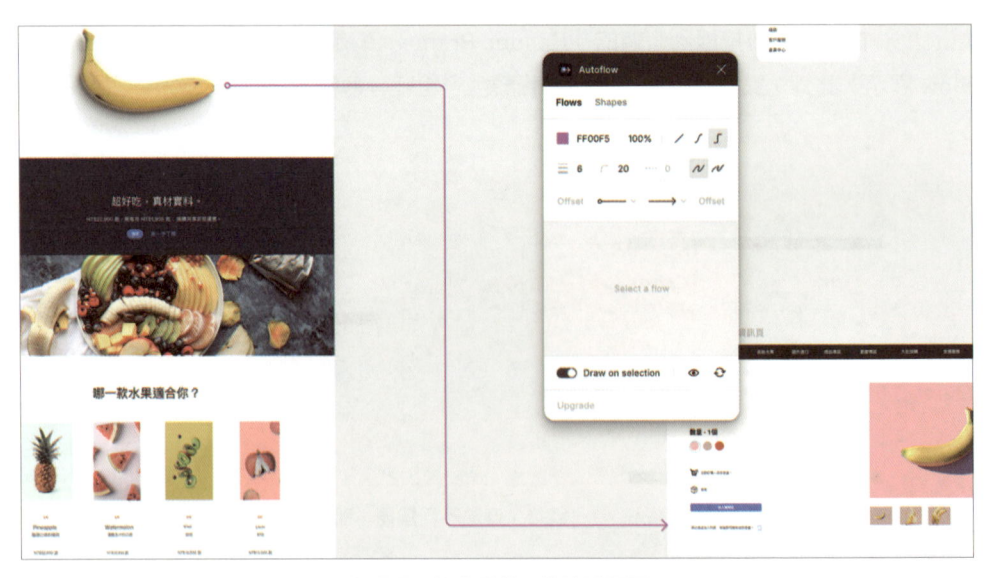

☝ 從頁面一的「香蕉」拉線到頁面三

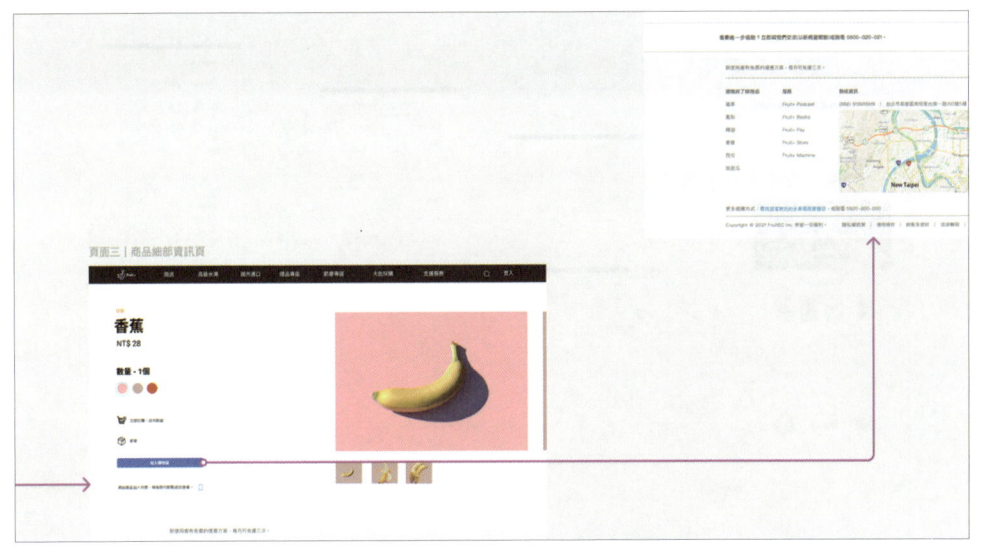

◑ 從頁面三的「放入購物車」拉線到頁面四

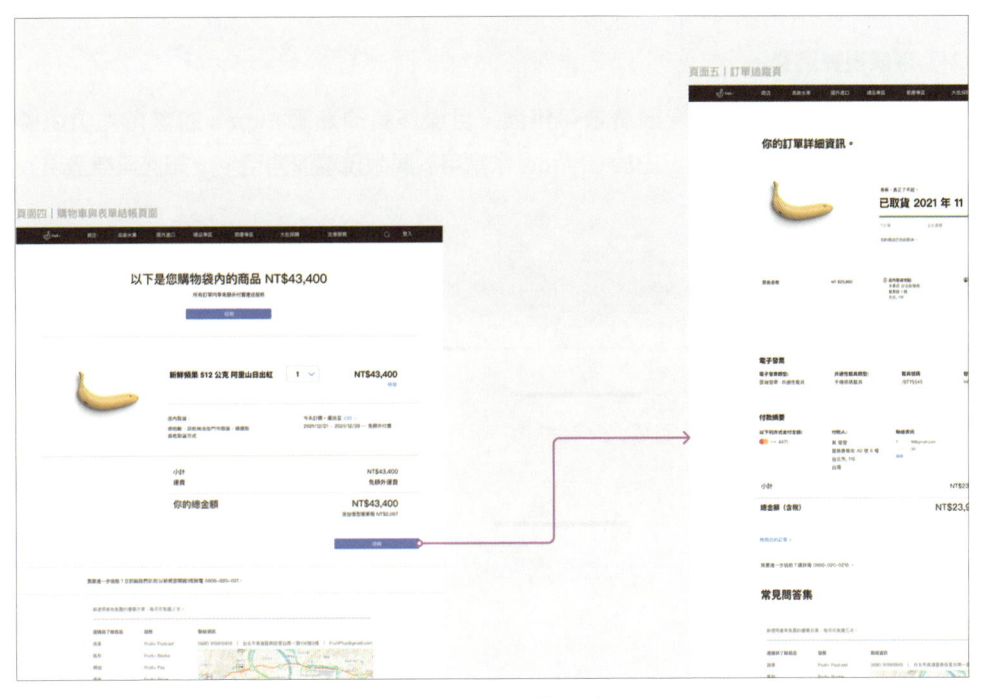

◑ 從頁面四的「結帳」拉線到頁面五

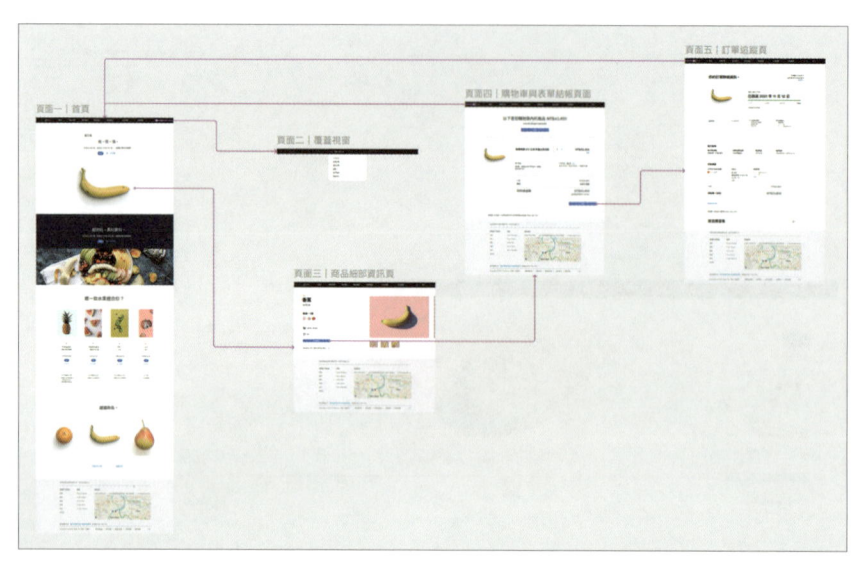

⋂ 從頁面四、五的「左上方 Logo」拉線到頁面一，並嘗試修改 Frame 與線條的位置，至最舒適閱覽的狀態

05. 線條視覺調整。

UI Flow 的重點在於線條須清楚可辨識，且操作者須熟悉 Figma 的畫布大小切換（Zoom-in 與 Zoom-out），由於 UI Flow 常常用於簡報現場溝通用，「如何流暢呈現」是重要的技巧。

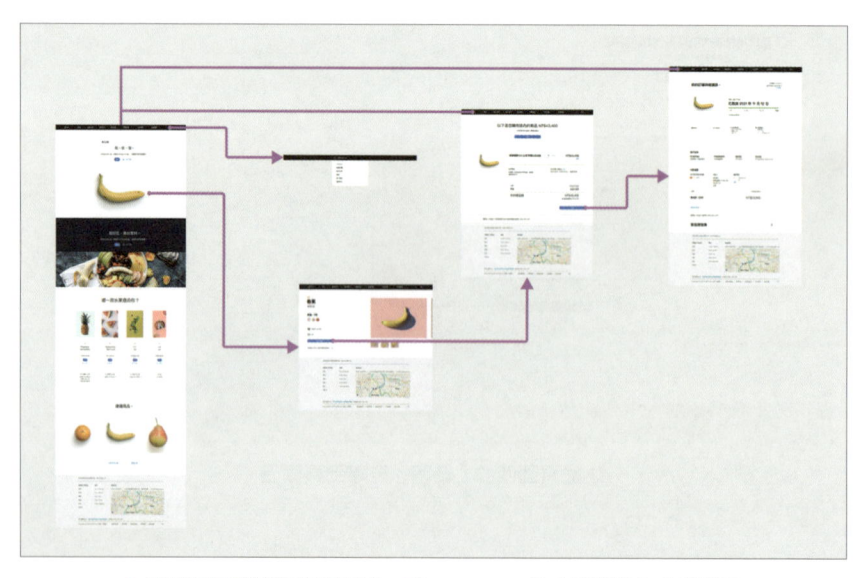

⋂ 視狀況調整線條的粗細度，到 Overview 的全覽狀態也方便辨識

實作三:標註與檢視物件屬性(CSS/iOS/Android Code)

實作三將引導讀者進行物件屬性標記,這對於設計稿交付很有幫助,因為不同人常常對於視覺的參數認定不同,透過自動化標記,可以更清楚的讓不同專案成員擁有相同的認知。

> **TIPS!** Figma 目前的付費版本已有標註工具,不需下載外掛亦可標註。

01. 安裝 Measure 外掛。

請讀者安裝 Measure 外掛,可直接前往社群網址或是搜尋,可參照下面那張外掛首頁圖示(URL https://www.figma.com/community/plugin/739918456607459153/Figma-Measure),它是一款超好用的標註工具,可以指定 Figma 的物件,自動幫我們標記出它的長寬高、顏色等資訊,也可多選物件後,標示物件之間的間距等,很適合用來針對交付的設計稿件進行標記。

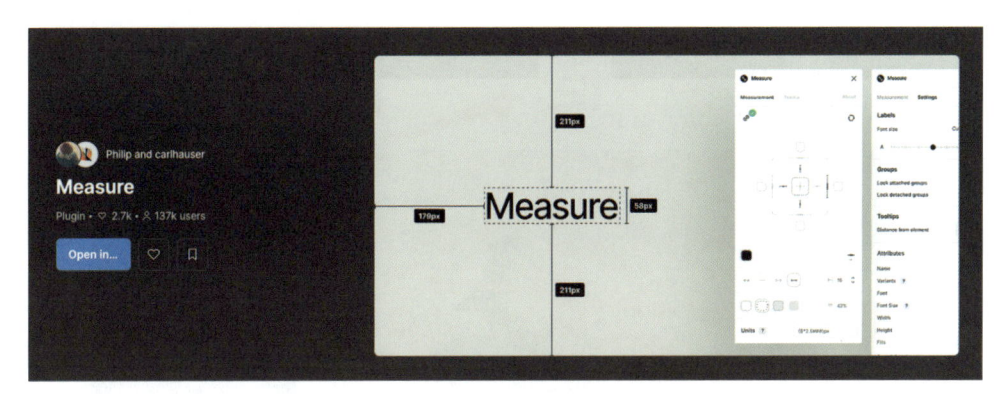

◑ Measure 外掛幫助我們快速標記物件屬性資訊

※ 資料來源:https://www.figma.com/community/plugin/739918456607459153/Figma-Measure

02. 開啟選單並標註物件資訊。

可在畫布的空白處點選右鍵,選擇「Plugins → Measure」後,會開啟對應的外掛視窗,此外掛需要先指定物件,所以先選定物件後,再點選右方的 Measure 視窗的相關按鈕,即可觀察相關的標記資訊。

◐ 開啟外掛之處

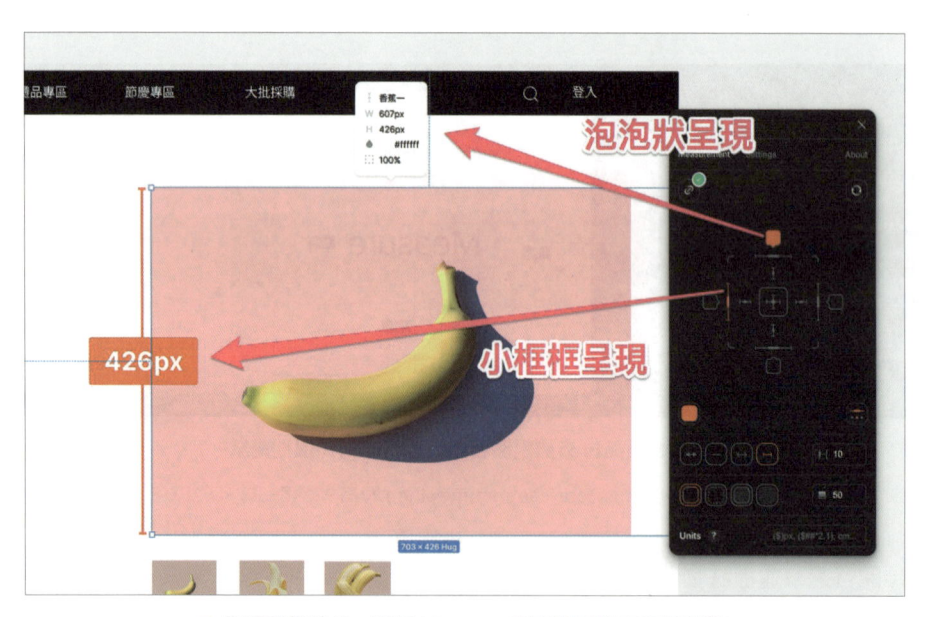

◐ 先選取物件後，透過 Measure 視窗即可建立多項標註

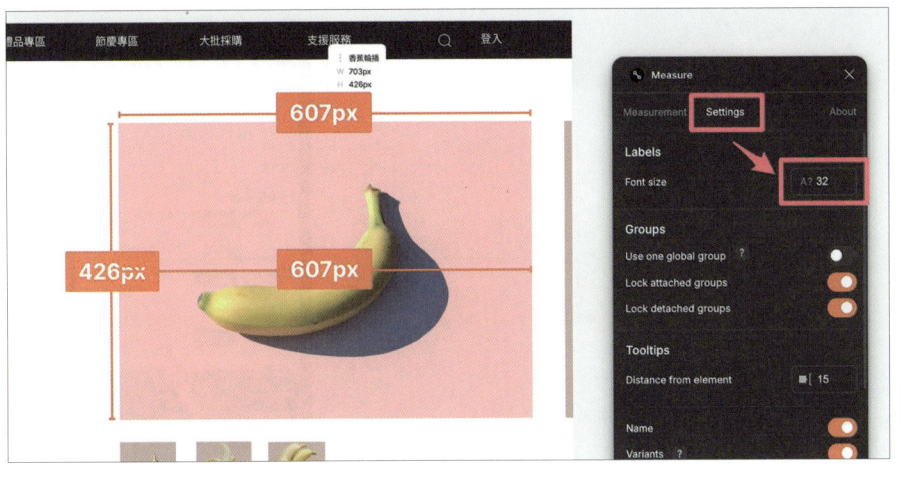

⋂ 可切換到「Settings」頁籤，有更多的參數可調整

03. 標註物件之間的間隔。

Measure 外掛不只可以標記單個物件的屬性資訊，還可以標記跨物件之間的屬性標記（例如：物件的間隔），操作方式是先點選多個物件，並同樣透過 Measure 視窗按鈕進行標記，可標示兩個物件之間的屬性資訊，或是將指定的標記移除等。

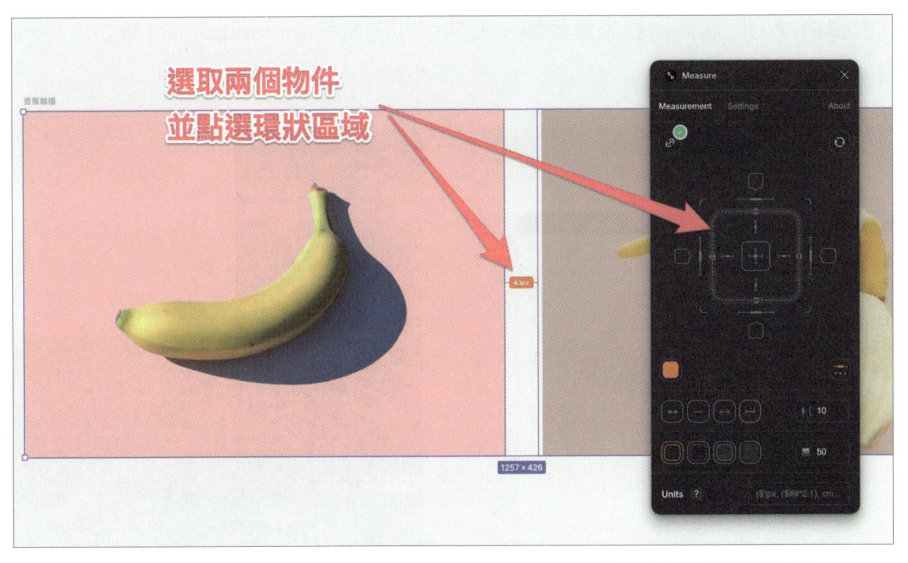

⋂ 可點選兩個物件後，於 Measure 外掛選單點選外框處，會標示物件間距離

13　Figma 設計協作、交付、切版　　261

◯ 如果要移除標記，則透過外掛選單的「Settings」頁籤，找到對應物件的標記並進行移除

04. 引導閱讀 CSS/iOS/Android Code（現在這個功能在付費版的 Dev mode）。

除了透過標記的方式之外，Figma 本身就可以針對物件進行 CSS/iOS/Android Code 的程式碼檢視，且操作方式也很簡單。點選下方工具列 Dev mode（付費功能），就可以看到對應的程式碼。

◯ 點選下方工具列 Dev mode（付費功能），就可以看到對應的程式碼（可切換 CSS/iOS/Android Code 環境）

> **TIPS!** 要如何將 Figma 設計成果有效交付給工程師呢？可以誠摯邀請對方直接進入到 Figma 環境中，來查看設計樣式及程式碼（目前付費版本才會提供 Dev mode 連結，而工程師亦需要為付費帳號，才能檢視 Dev mode）。這樣的方式可以避免雙方的溝通落差，有時設計師對於像素等視覺參數很講究，工程師角色有時比較不會特別注意到，但是 Figma 所自動產生的程式碼，可以直接給予工程師參考，讓雙方對於排版上的顏色、間隔等認知更為接近。

◎ 設計者與工程師可依賴 **Figma** 自動產生的程式碼作為溝通工具

◯ 實作四：進行多人共編、溝通、分享

本實作將介紹 Figma 的多人共編練習，包括如何配置權限、如何檢視他人的狀態等。

01. 分享共編網址並配置共享權限。

分享 Figma 的方法很簡單，在 Team 的管理結構之下，可以針對個別成員設定擁有編輯權限或僅供檢視權限，很類似 Google doc、Google Spreadsheet 等工具設定權限的方式。Figma 可指定分享對象，並給予「編輯或瀏覽」的權限，也可直接透過「Copy Link」的方式，將編輯檔案透過網址分享出去。

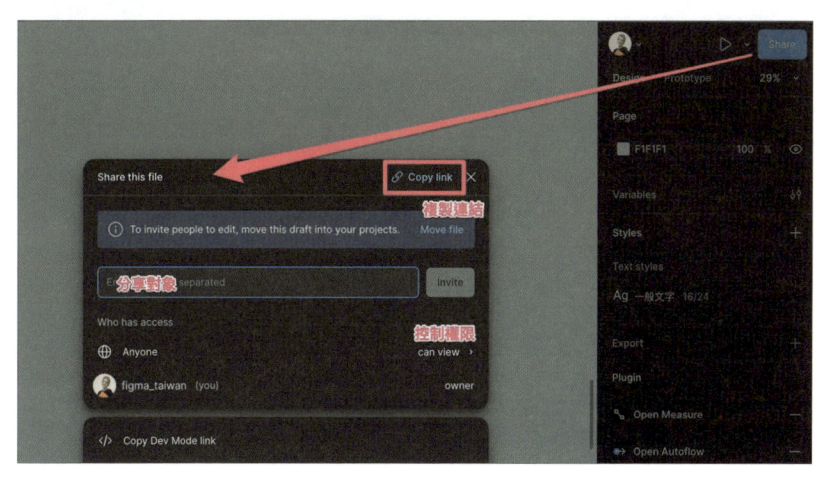

◎ 右上角的「**Share**」按鈕可開啟分享視窗

13 Figma 設計協作、交付、切版　　263

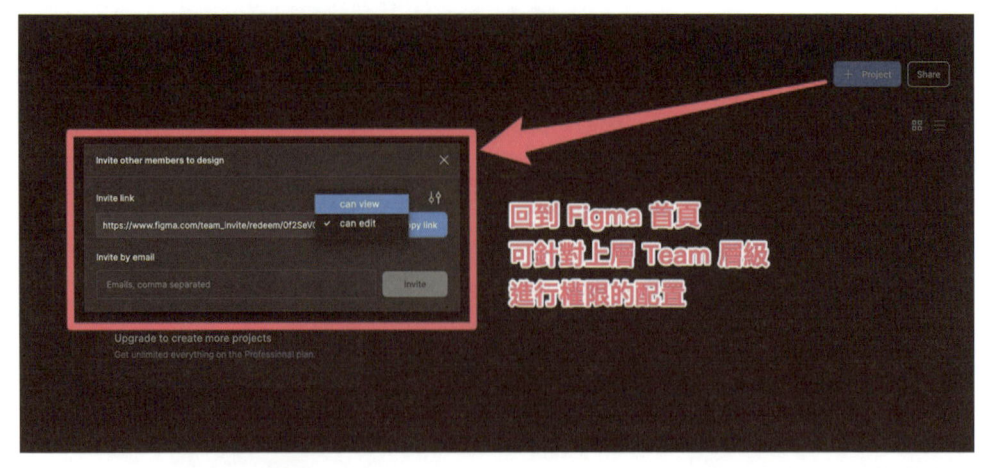

↻ 此外，回到 Figma 首頁畫面，右上角的「Share」按鈕可針對 Team 層級的所有 File 批次配置權限

02. 多人同步協作編輯與檢視。

Figma 開放讓多名成員一起共同編輯，此步驟可以請另一個被邀請的帳號登入畫布看看，在畫布上可以看到個別成員的游標位置、個別成員選取的範圍，以及正在做什麼動作。點擊右上角的成員頭像，Figma 還會直播該名成員的編輯狀態，跟著他人的游標一起在畫布中遊走是神奇的經驗。

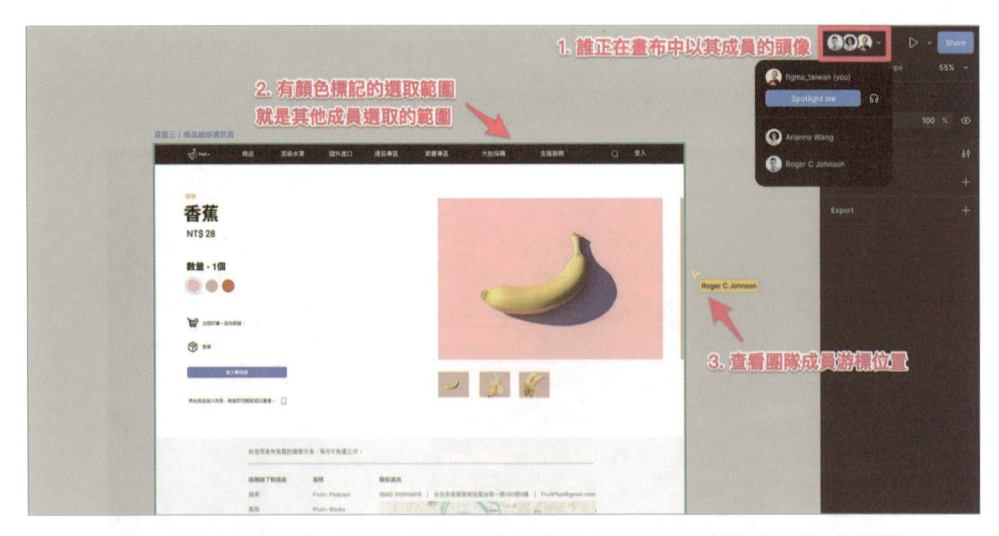

↻ Figma 的強大共編功能，可透過使用者圖像找到其正在操作的游標位置（還可指定跟隨）

03. 協作並發布留言。

協作設計時常會有許多溝通的需求，透過 Figma 的即時留言功能，可在非同步的環境下，直接在設計稿畫布指定位置留言重要資訊。

此功能對於留下會議紀錄或非同步修改設計稿的團隊來說，都是很方便的功能。首先，請讀者將游標移動到上方的工具列，並點選最右方的對話泡泡圖示，切換到留言模式，此時會發現游標變成了相同的對話泡泡圖示，代表切換留言模式成功。

切換到留言模式

在此模式下，只要在畫布中任一位置點擊，指針圖示將會變成藍色，並且彈出留言視窗，讀者便能夠在視窗內留下留言並發布。

進行發布留言

04. 查看留言並進行設計討論。

在留言模式狀態下，也會看到其他成員在不同時間留下的訊息，這些留言會依據使用者帳號標註在工作區中，並顯示該使用者頭像；當讀者點選頭像，完整的留言會被展開，也能夠針對這則留言進行回覆。

↑ 在設計稿件中查看團隊成員的留言

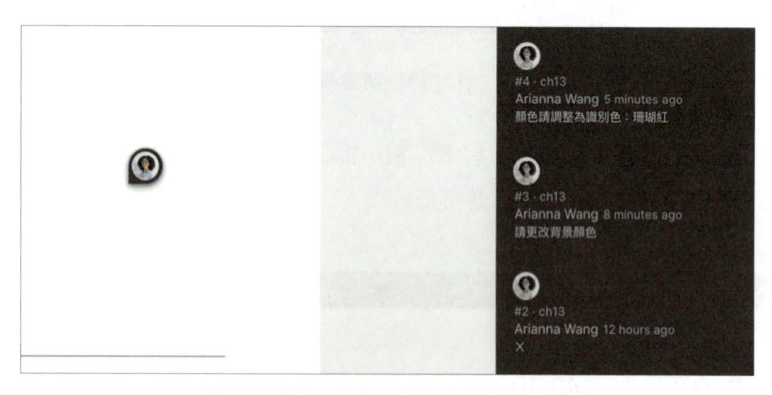

↑ 標記完畢後,右方可檢視完整的留言清單

◎ 實作五:用 Figma 切版與輸出(Export)

在實作五中,我們來透過 Figma 進行切版與輸出,並搭配練習 Figma 的切片功能,以及各類的輸出狀況。

01. **進行簡易輸出。**

第一步先練習最基礎的輸出技巧,只要任意選取物件後,於畫面右下角新增一個「Export」的項目,即可直接進行輸出。

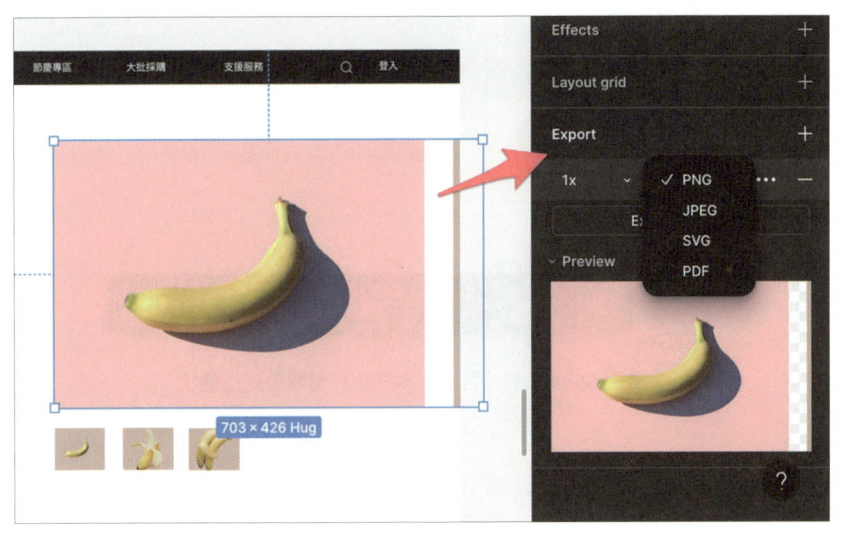

⓵ 最簡單的方式是直接選取物件後，右下角新增一個 Export，即可完成輸出（預設是 PNG 的格式，也可切換 JPG、SVG、PDF）

02. 切換不同的輸出參數（解析度）。

可嘗試針對同個物件建立多個輸出組合，它會自動帶入 2x 或 3x，代表不同的大小倍率（可下拉選單切換）。設定完畢之後，點選「Export」按鈕，就會輸出多張圖。

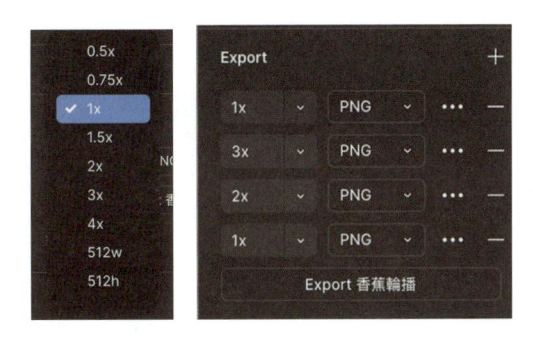

⓵ 可設定多種倍率的輸出組合，並一次性進行圖片輸出

03. 配置物件切片進行輸出。

本步驟來試試看 Slice 切片功能。在 Figma 執行輸出時，可以指定 Slice 的區塊輸出，也就是說，不需強制以完整物件為單位進行輸出，例如：可以選取局部圖片進行輸出。讀者可從下方工具列叫出 Slice 工具，就可以拉出指定的框格，並針對框格配置輸出參數，有點類似指定範圍的螢幕擷取與輸出。

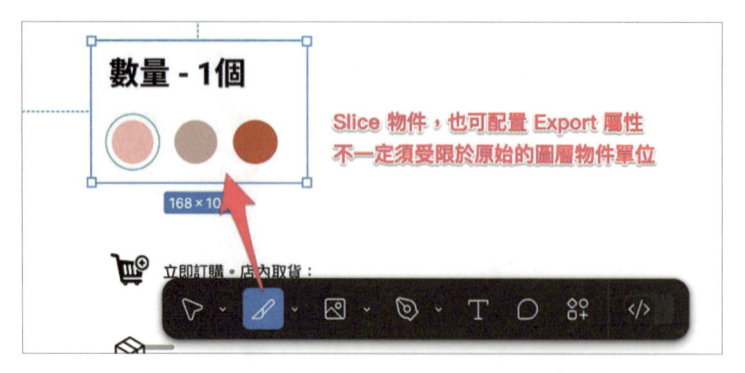

透過 Slice 工具，可人工建立切片區域並進行輸出

> **TIPS!** 跟讀者延伸討論一個常見的設計問題：「哪一些元件需要被切版輸出呢？」通常如果是越複雜造型的圖樣（例如：Logo、圖片、特殊字型等），通常都會需要輸出素材，但如果是一些基礎幾何圖像，許多可直接透過 CSS 程式碼產生，載入的效率也比用圖片來得快。然而，整體來說，由於「切版的判斷」常常須依賴實際撰寫的程式人員的專業判斷，建議還是與程式人員溝通最終的切版決策。

04. 同時輸出多張圖。

以上步驟都是一次輸出單張圖的情境，但實務上我們通常會需要輸出大量的圖片；Figma 提供了多張圖批次輸出的效果，概念也很簡單，如果我們在操作狀態選取的是三個物件，會顯示「Export 3 layers」，點選後會輸出三張圖。

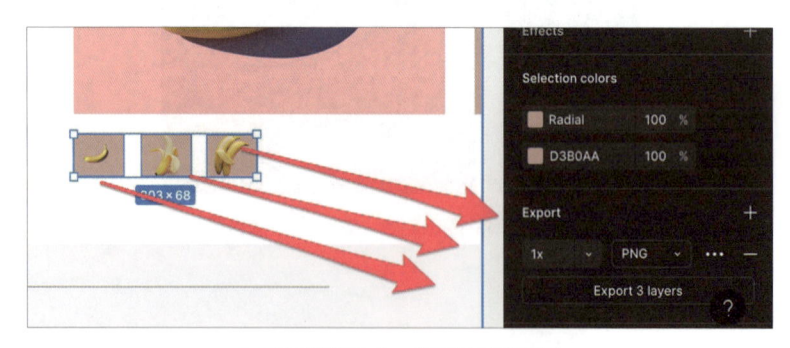

可多選物件後，批次輸出多張圖

> **TIPS!** 多個圖層也可合併為同一張圖進行輸出，只要把多張素材放到群組型物件中（Group/Auto Layout/Frame/Component 等皆可），並且針對該群組物件建立 Export 即可輸出。

05. 根據圖層名稱輸出至不同階層資料夾。

Figma 輸出功能可以識別圖層名稱的反斜線，並輸出到不同階層的資料夾中（如果不懂可先操作看看），例如：假設物件名稱為「button/color/default」，則輸出 PNG 時，會自動幫忙創造「button」與「color」兩個階層的資料夾，而檔名將會是「default.png」。

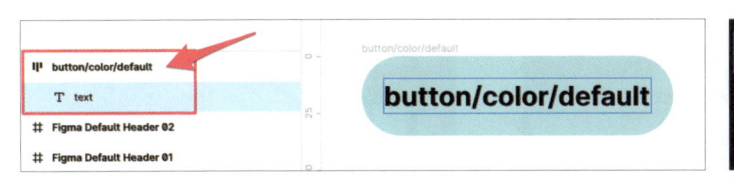

🎧 透過反斜線的命名技巧，在輸出時可自動建立階層

06. 輸出全部 UI Flow 的 Frame 畫面。

最後一個常見的輸出情境是批次輸出大量的圖檔。進行設計溝通時，有時會需要印出紙本，而當介面多達數十或數百張的時候，有沒有比較高效率的方法呢？不用擔心，這裡可以結合前面介紹的批次輸出技巧，只要先妥善將所有的頁面都建立為群組物件（Group 或 Frame 等皆可），並且多選後讓這些群組物件全部都加入 Export 的屬性。

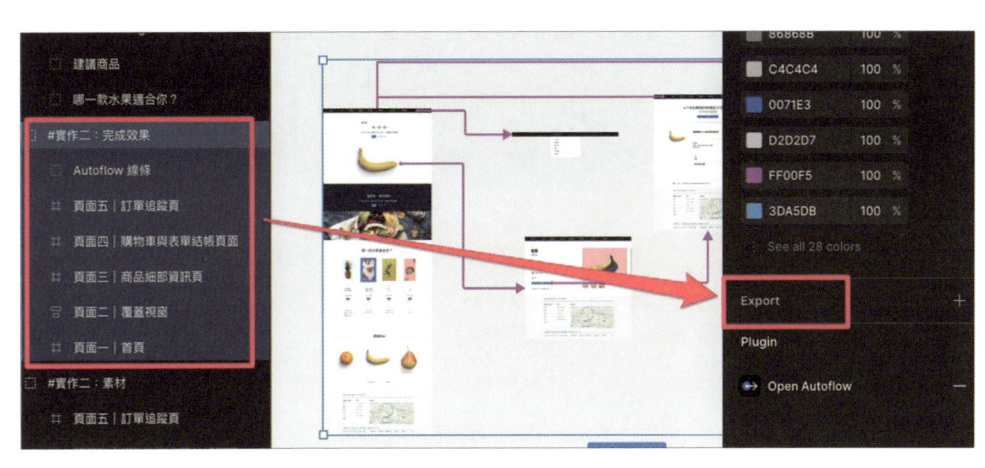

🎧 全選所有頁面後，加入 Export 的屬性

接下來，為了避免遺漏，可直接透過上方選單「File → Export」的按鈕，會出現一個輸出的清單，這個貼心的介面會同時呈現所有輸出物件的預覽畫面清單，我們可以在這個畫面確認要輸出的項目，然後點選「Export」來一次性的輸出圖檔（官網稱為「Export in bulk」），而 Figma 也會貼心的直接用群組物件的名稱，作為輸出圖片的名稱。

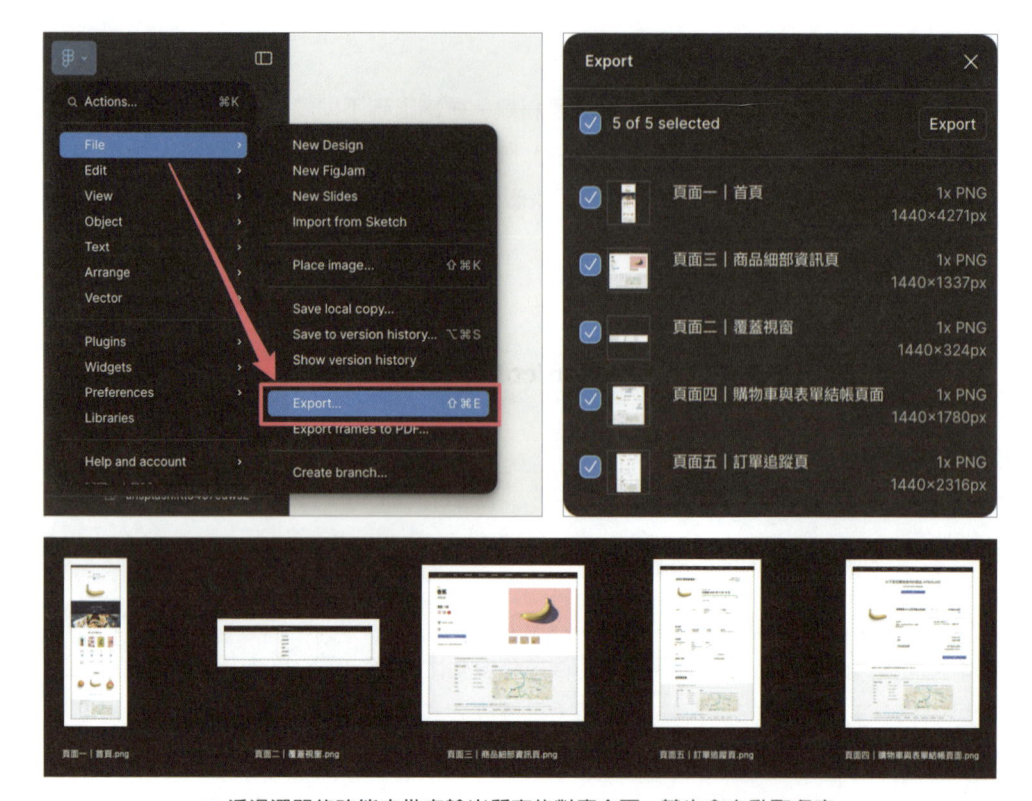

🅘 透過選單的功能來批次輸出所有的對應介面，其也會自動取名字

Unit 14　Figma Plugin 大集合

單元導覽

　　Figma 的 Plugin 系統極為強大，透過 Plugin 可大幅加速相關的設計工作，從設計規劃、元件產生到設計稿標註等，都有對應的 Plugin 支援。本單元將系統性介紹這些好用 Plugin，並將其區分為七大類做介紹，分別為「元件產生類型」、「圖樣產生類型」、「動態元件產生」、「色彩與影像後製工具」、「設計稿管理與標註工具」、「網頁交互轉換」、「文字輔助工具」等類型。

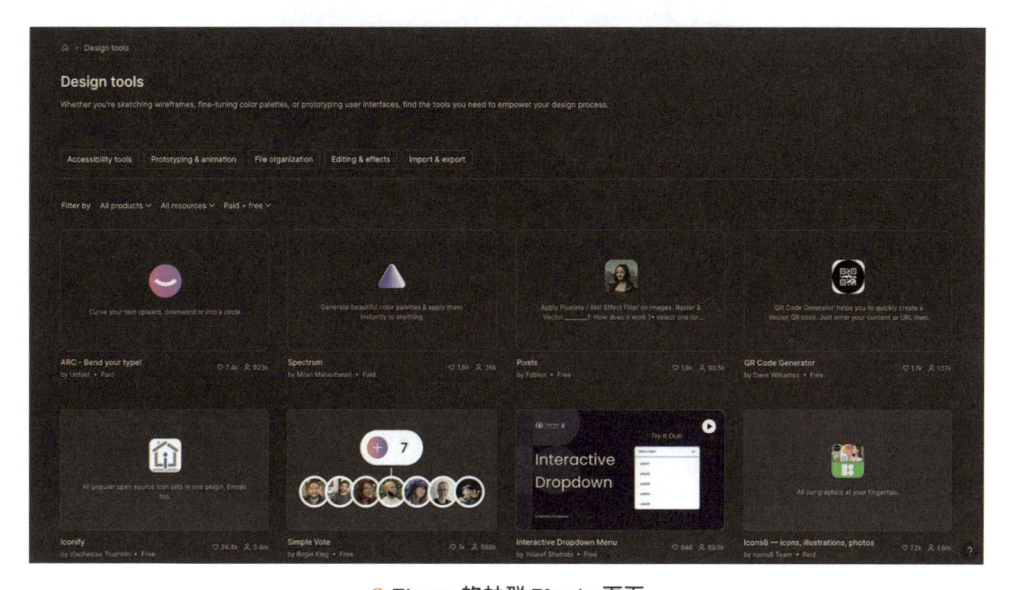

🎧 **Figma 的社群 Plugin 頁面**

※ 資料來源：https://www.figma.com/community

　　本單元沒有規劃實作練習，不過讀者可以按照本單元的連結指引，親自安裝相關的外掛，並嘗試看看每一個效果，或是前往本單元的 Figma 網址來瀏覽相關的效果。

Figma 網址　https://sites.google.com/view/figma-chinese/unit/unit14

安裝社群外掛的方式

先和讀者介紹外掛安裝的方式，可從下方工具列「Actions」中找到「Plugins & widgets」頁籤，然後搜尋關鍵字即可。接下來，透過易懂的介面，進行外掛的搜尋、瀏覽、安裝等。

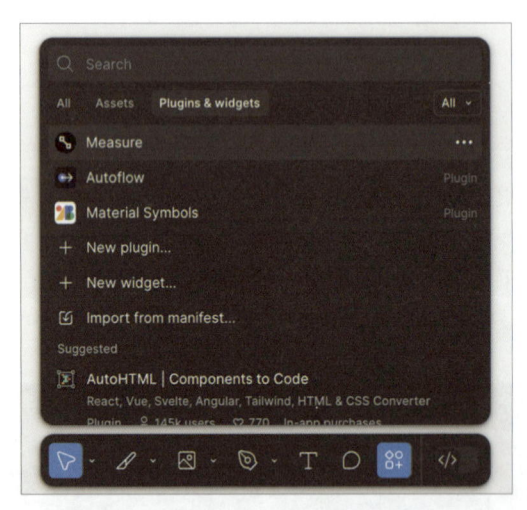

透過「Actions」工具，可瀏覽與找尋適合外掛

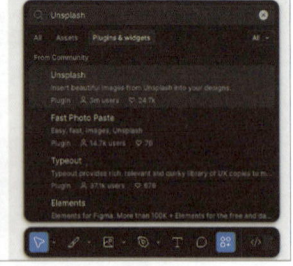

在搜尋框搜尋外掛關鍵字

TIPS! 由於 Figma Plugins 大多屬於社群成員自發創作的性質，也就是說，不能保證所有的外掛都會持續更新，可在外掛頁面瀏覽網友的相關留言，也可關注相關外掛的最新更新時間。此外，外掛大多是免費的，不過也有少數需付費使用，要多留意。

進入搜尋結果的畫面後，由於社群（Community）的畫面並不只有外掛的資訊，也同時提供社群網友分享的檔案（Files）、創作者（Creators）、小元件（Widgets）等，往下滑動到外掛的區域，點選即可進去外掛的詳細介紹頁面。

🎧 社群搜尋的結果，往下滑動到「plugins」的區域

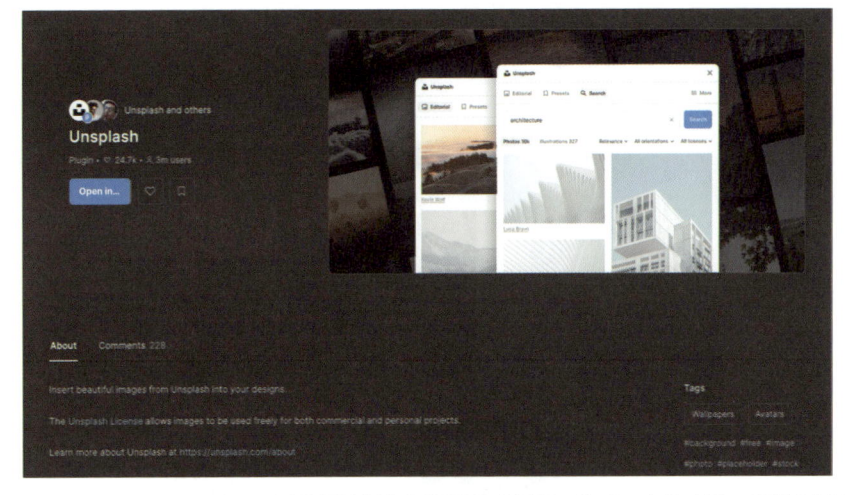

🎧 任意點選 Plugin 圖示後，可以檢視外掛的相關資訊（例如：作者、安裝人數、相關介紹等）

> **TIPS!** 自己也可以製作外掛喔！可參閱官網的「Publish plugins to the Figma Community」頁面的說明：(URL) https://help.figma.com/hc/en-us/articles/360042293394-Publish-plugins-to-the-Figma-Community。

各類型外掛的介紹

◎ 元件產生類型外掛

Unsplash：快速產生高品質圖片

工具網址 https://www.figma.com/community/plugin/738454987945972471/Unsplash

　Unsplash 幾乎是 Figma 社群最有名的外掛，也同時是安裝次數排行最高的外掛之一，可取用大量的高品質線上圖庫，並放入設計稿當中支援隨機選取或搜尋功能，更容易鎖定到合適圖片。Unsplash 所提供的攝影作品，都經過作者許可，可免費在個人或商業專案中使用。

> **TIPS!** Unsplash 本身也是一個網站，讀者可直接前往網站瀏覽尋找圖片，網址：(URL) https://unsplash.com/。

　外掛安裝後，可直接在 Figma 畫布空白處點選右鍵，選擇「Plugins → Unsplash」，即可叫出選單，點選後會在旁邊產生圖片（有時圖會很大，可手動縮小），另外也可直接點選幾何形狀、Frame 等物件，透過外掛直接在指定物件上填滿圖片，超級方便。

○ 在 Figma 編輯狀態下，點選右鍵並選擇「Unsplash」後，即可產生圖片

🔵 透過類別或是用隨機的方式選取圖片，直接在空白處插入

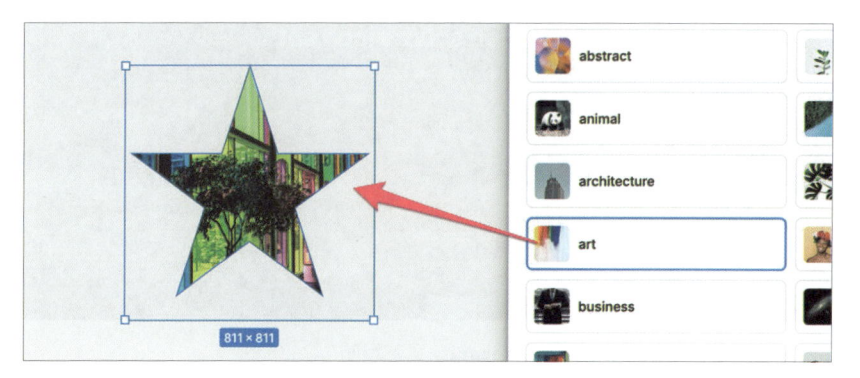

🔵 點選 Frame 後，透過外掛貼上圖片

TIPS! 分享一個快速叫出指定外掛的小技巧，透過 `CMD` / `Ctrl` + `P` 鍵，就可以叫出快速選單，於此處輸入外掛名稱（例如：Unsplash），便可以馬上呼叫使用，此功能會自動記憶近期所使用的功能。

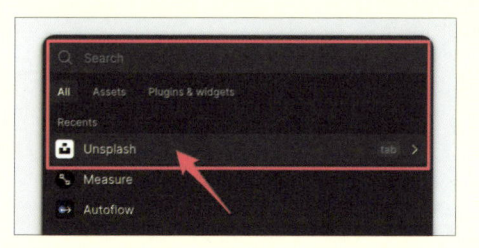

🔵 快速選單可以幫助我們快速呼叫 Figma 功能（透過 `CMD` / `Ctrl` + `P` 鍵呼叫）

14 Figma Plugin 大集合 275

iconify：快速產生向量圖示的好用工具

工具網址 https://www.figma.com/community/plugin/735098390272716381

iconify 是全球超有名的 Iconset 資源庫，提供超過 10 萬個向量造型的圖示，是全球極為知名的圖示工具，Figma 也提供了外掛可取用，操作方式很直接，可搜尋適合的符號，並插入到畫面中。

> **TIPS!** iconify 也能透過程式碼呼叫，非常方便！設計師透過 Figma 外掛放進設計稿的圖形，不用擔心工程師找不到對應的圖示，可避免發生開發版本與設計稿有差異的問題。

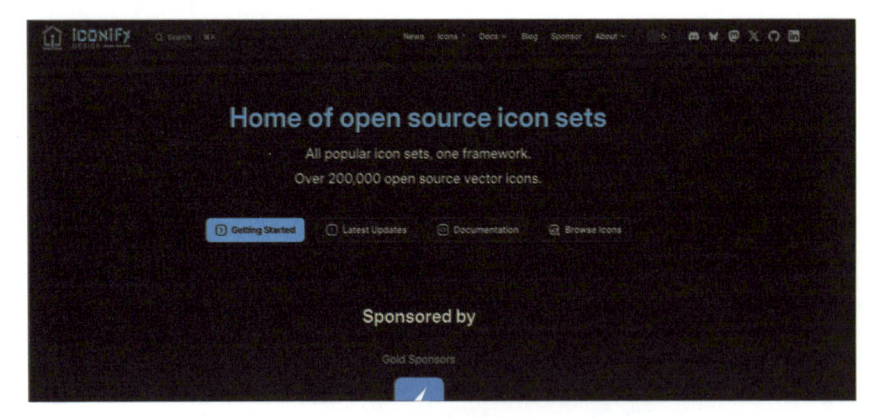

iconify 官方網站

※ 資料來源：https://iconify.design/

此外掛的使用方式很簡單，直接按右鍵（大多的外掛都可透過此種方式叫出工作選單），搜尋並產生圖示後，即可放到畫面上。

⬥ 開啟外掛並搜尋後,可點選「Import as frame」或是「Import as component」插入圖示到畫布上（有時有點小,要找一下產生的位置）

Vector Maps：快速插入向量地圖

工具網址 https://www.figma.com/community/plugin/777954172157933782/Vector-Maps

Vector Maps 與 Mapsicle 的核心功能都是製作地圖,不過 Vector Maps 建立的是「向量」風格的地圖,其方便的地方是可以直接選取地點或是透過搜尋的方式,將特定區域的向量圖檔放到 Figma 工作區中,並維持其原始的向量圖層,供後續編輯。

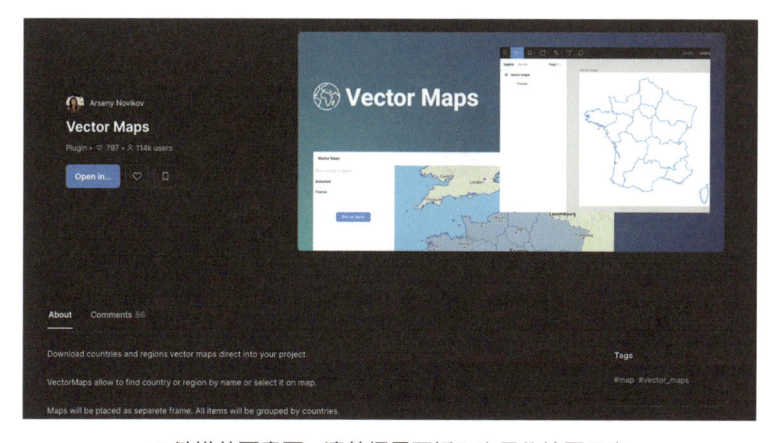

⬥ 外掛首頁畫面,清楚揭露可插入向量的地圖元素

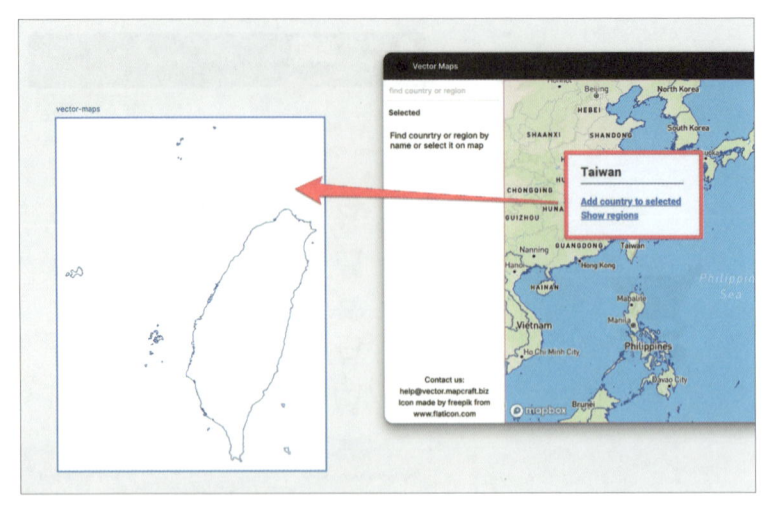

🎧 點選地點或透過搜尋的方式鎖定位置後，加入到畫面

Content Reel：強大的內容填充資料庫

工具網址 https://www.figma.com/community/plugin/731627216655469013/Content-Reel

　　Content Reel 是一款由微軟所推出的內容填入外掛，可快速將文字、頭像、圖示等元件加入設計中，是一個非常強大的圖示資料庫外掛，其基本使用方式與大多數元件產生外掛相同，點選物件之後，即可插入到工作區。

🎧 創造一些區塊後，透過 Content Reel 可以快速插入圖樣

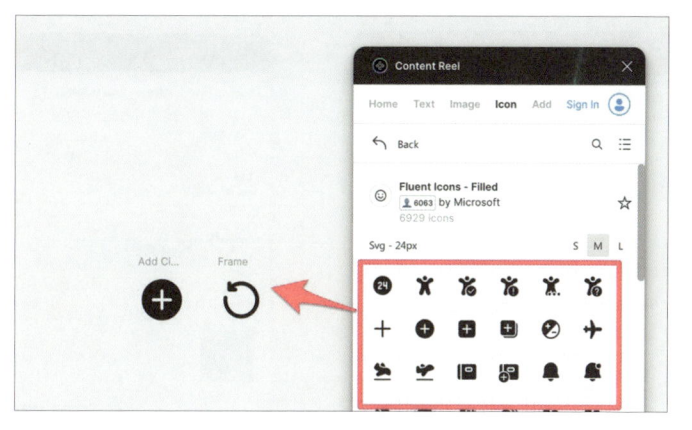

↑ 可快速插入圖示

除了基礎的物件產生之外，Content Reel 也加入了資料庫的概念，也就是可以進行登入，來管理自己常用的圖片。

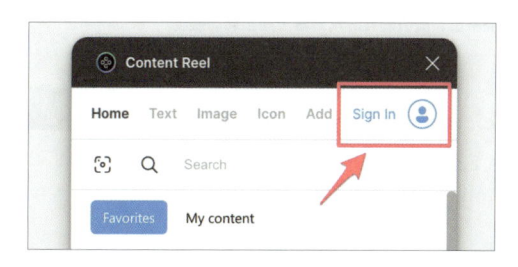

↑ 登入的位置

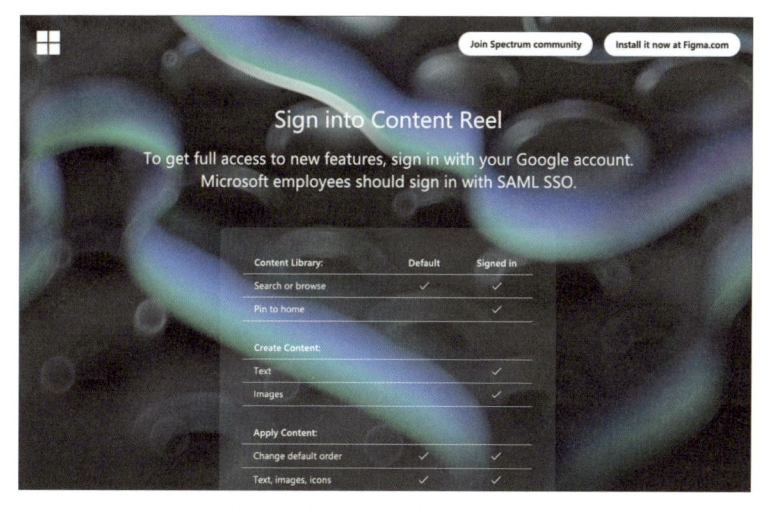

↑ 若要拓展進階功能，則需要進行登入

14　Figma Plugin 大集合　｜　279

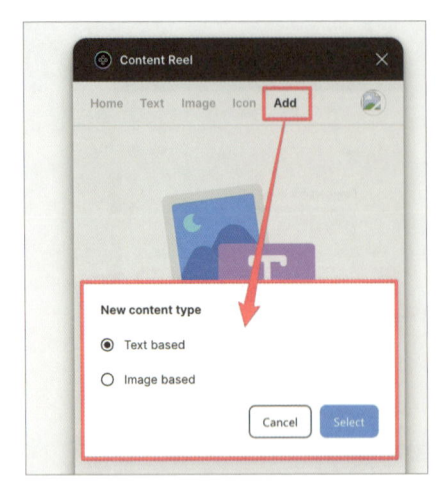

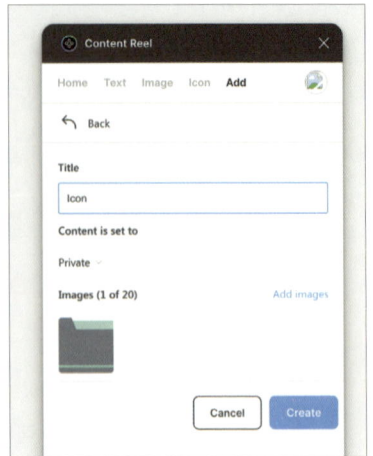

🎧 登入後，可以建立自己常用的文字或圖片資料庫

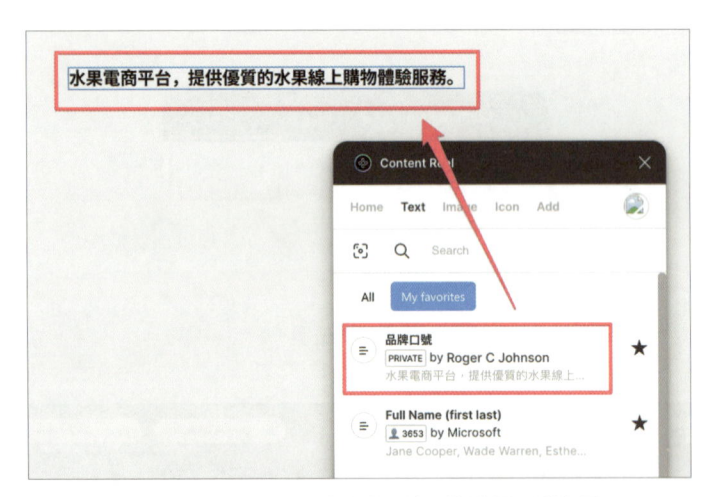

🎧 將常用的文字字串建立成元件，快速插入到畫面

Vectary 3D：快速合成高品質 3D 產品示意圖

工具網址 https://www.figma.com/community/plugin/769588393361258724/Vectary-3D

　Vectary 3D 是一個方便的產品合成外掛，內建常見的數位產品（手機、筆電、電腦、平板、手錶等），可以直接將 Figma Frame 的內容貼到圖樣上進行合成，速度快且品質好。實作方式很簡單，開啓 Vectary 3D 工具之後，先點選要擬合的產品樣子，接下來選擇要合成的 Frame 之後，按下工作區的「Export as Frame」，就會自動貼合上去。

◐ 外掛首頁呈現了許多常見的產品，都是可以被 3D 合成的對象

Vectary 3D - 快速合成高品質3D 產品示意圖

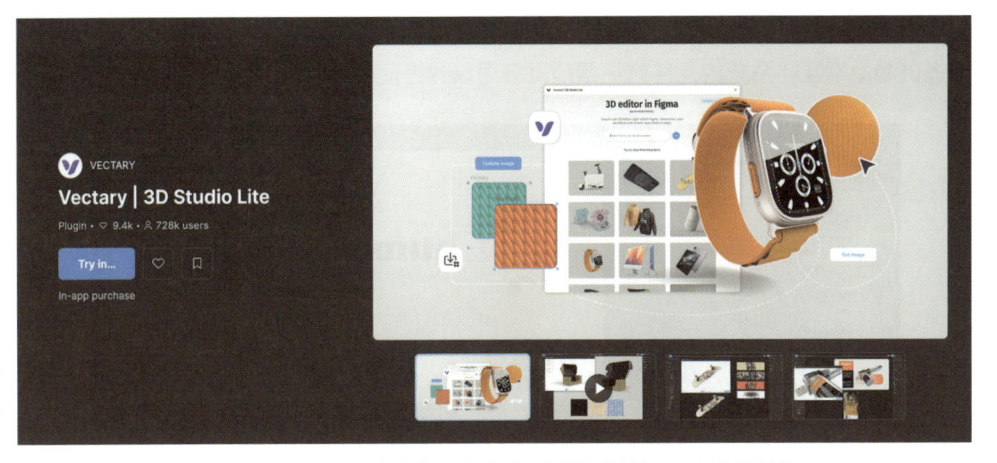

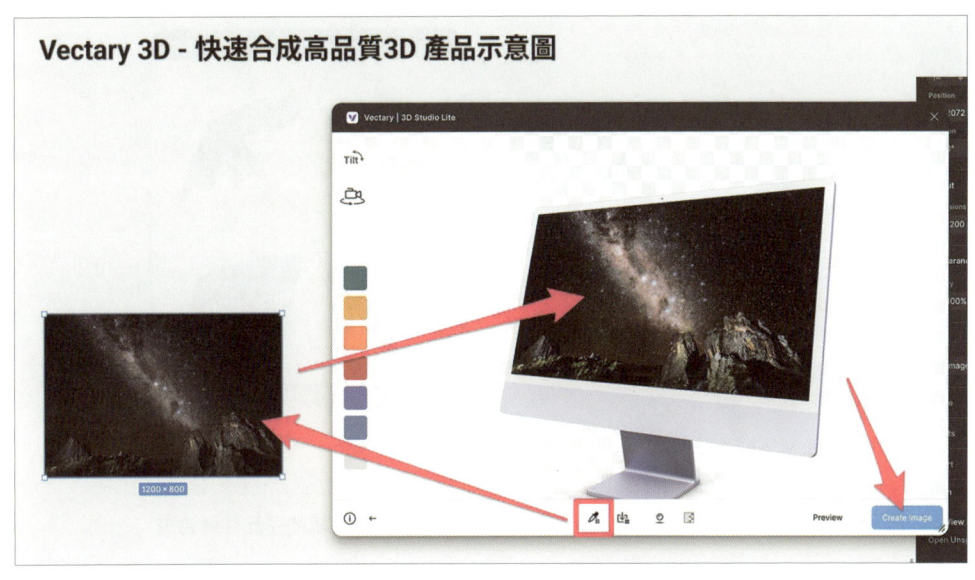

◐ 開啟外掛後，瀏覽想要合成的對象，接著點選「Material picker」，再點選 Frame，在點選要貼合的 3D 圖位置，即可進行合成，完成後再點選「Create Image」來使用

Humaaans for Figma：輕鬆插入向量人物圖

工具網址 https://www.figma.com/community/plugin/739503328703046360/Humaaans-for-Figma

Humaaans for Figma 是一款知名的向量人物庫，除了預設的多張向量人物圖之外，也提供類似紙娃娃系統的元件們，讓設計者可以彈性使用。

🅘 Humaaans 外掛首頁，顯示外掛圖樣的風格參考

🅘 除了直接插入人物之外，圖庫中也有類似紙娃娃系統的子元件供合成

Material Design Icons：眾多好用的 PNG 和 SVG 圖示

工具網址 https://www.figma.com/community/plugin/740272380439725040/Material-Design-icons

Material Design 非常豐富，包含數萬個 PNG 和 SVG 圖片，且品質優良，可依類別篩選，更改樣式、大小和顏色，其提供輪廓、填充、銳利、圓形和雙色調等樣式。

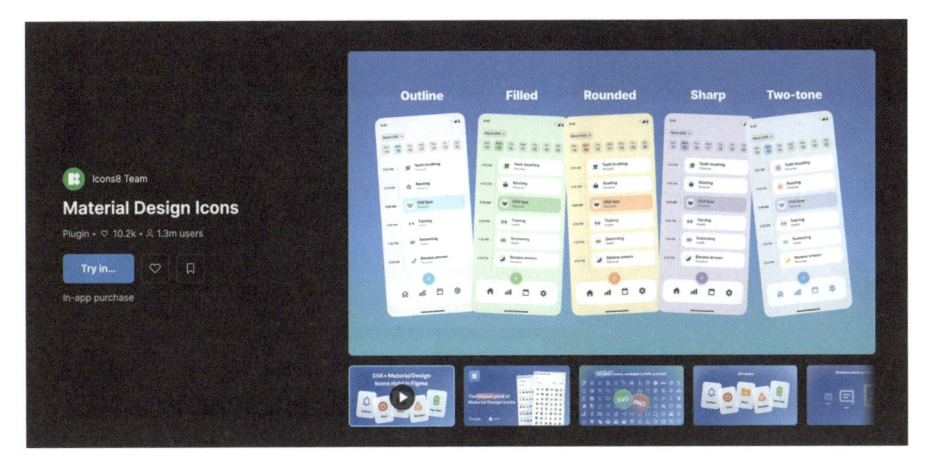

🎧 Material Design Icons 提供了大量好用圖示

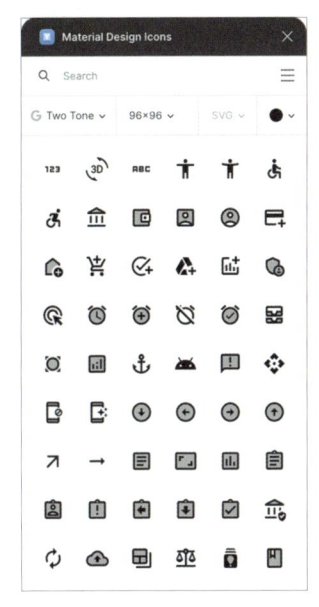

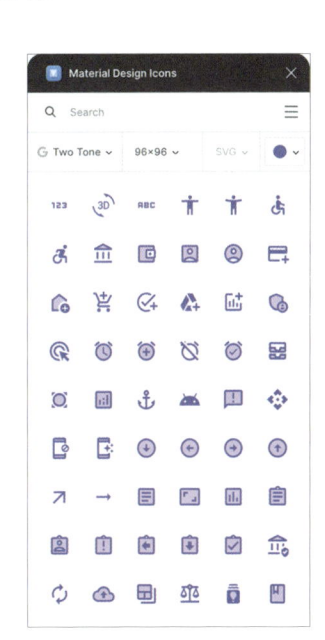

🎧 Material Design Icons 可改變顏色顯示

Chart：產生數據圖表

工具網址 https://www.figma.com/community/plugin/734590934750866002/Chart

Chart 是一款幫助我們產生數據圖表的外掛，可透過參數化的設計來快速產生。

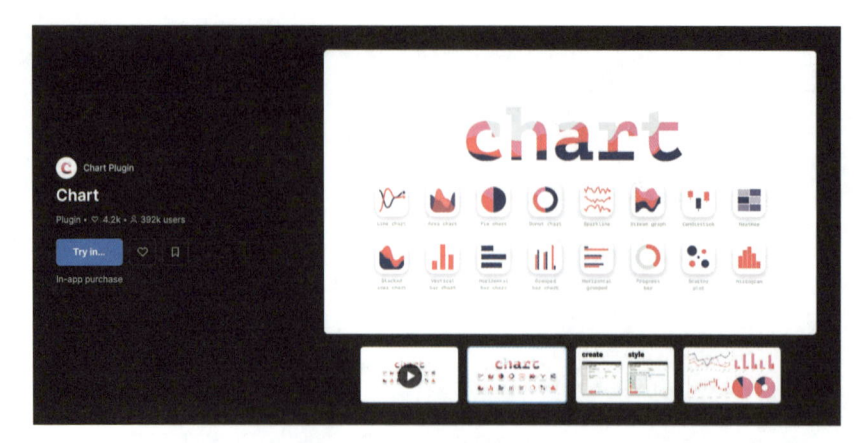

♠ Chart 外掛首頁

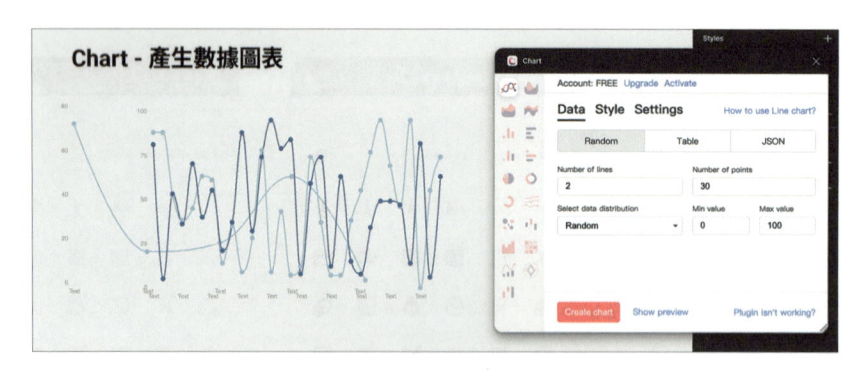

♠ Chart 的操作畫面與產生之圖表

Charts：產生數據圖表

工具網址 https://www.figma.com/community/plugin/731451122947612104/Charts

Charts 與 Chart 外掛類似，同樣可透過參數化產生數據圖表，可搭配使用。

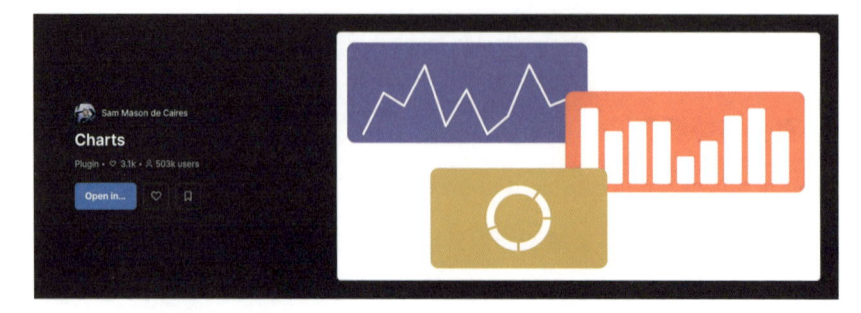

♠ Charts 外掛首頁（注意這與上面的 Chart 是不同的外掛）

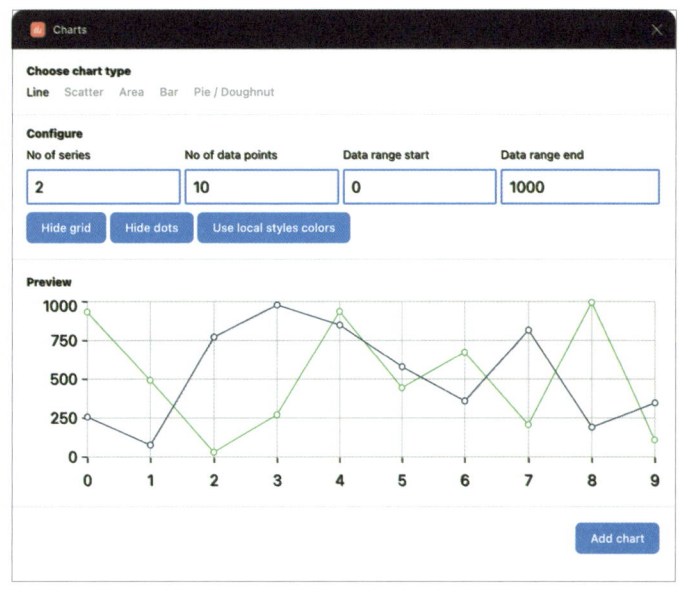

⌒ 快速產生數據圖表

◯ 圖樣產生類型外掛

Blobs：快速建立不重複的向量色塊

工具網址 https://www.figma.com/community/plugin/739208439270091369/Blobs

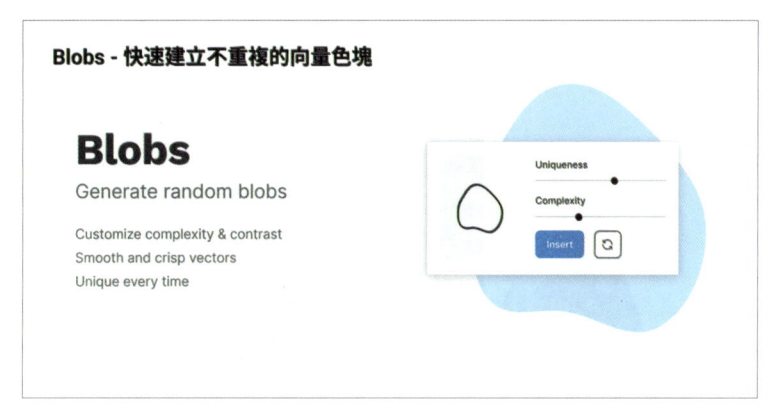

⌒ Blobs 可以搭配其他的上色外掛，做出獨一無二的幾何元件

有時，設計稿希望建立一些向量圖樣做搭配，但用手拉又嫌麻煩的話，Blobs 是一款好用的工具，可以設定複雜度後，插入幾何圖樣到畫面中，是一款小巧彈性好用的外掛。Blobs 中的形狀是用 SVG 建立的，可以得到不失真且優雅的曲線，很適合作為大範圍背景使用。

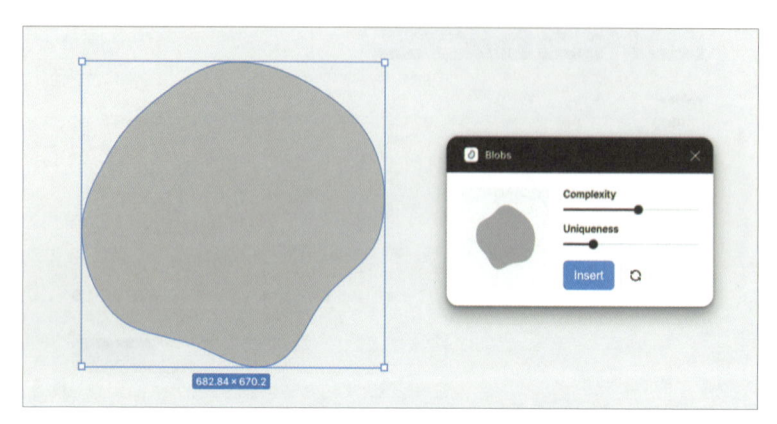

△ Blobs 的操作畫面，右邊可調整複雜度等參數

Confetti：建立五彩紙屑效果

工具網址　https://www.figma.com/community/plugin/732876968584257019/Confetti

Confetti 的中文意思是「五彩紙屑」，例如：演唱會現場中我們有時會拋彩帶，營造滿天慶祝感的畫面，而我們自己用軟體插入元件的方式會比較費工，這時可以透過此外掛快速產生滿天的彩帶感（但不一定要用彩帶，也可以用圖示或色塊等），非常方便。

△ Confetti 外掛可以幫助我們產生滿天的大量圖樣（五彩紙屑代稱）

⊙ 第一個步驟是先將要散出的圖示複製下來（必須放在一個圖框中）

⊙ 第二個步驟是決定散出滿天效果的參數（數字越大越多）

橫列　直欄　隨機透明度　隨機大小　隨機旋轉

⊙ 完成大量圖樣灑出的效果

14　Figma Plugin 大集合　287

Get Waves：建立波浪向量效果

工具網址 https://www.figma.com/community/plugin/745619465174154496/Get-Waves

Get Waves 外掛使用場景如同其名，可以產生海浪的 SVG 視覺元件（例如：海浪、股市走勢、聲波等），操作非常直覺，也可以修改曲線造型、方向性、波浪數量等。

◐ Get Waves 外掛如同其名，可產生海浪的 SVG 視覺元件

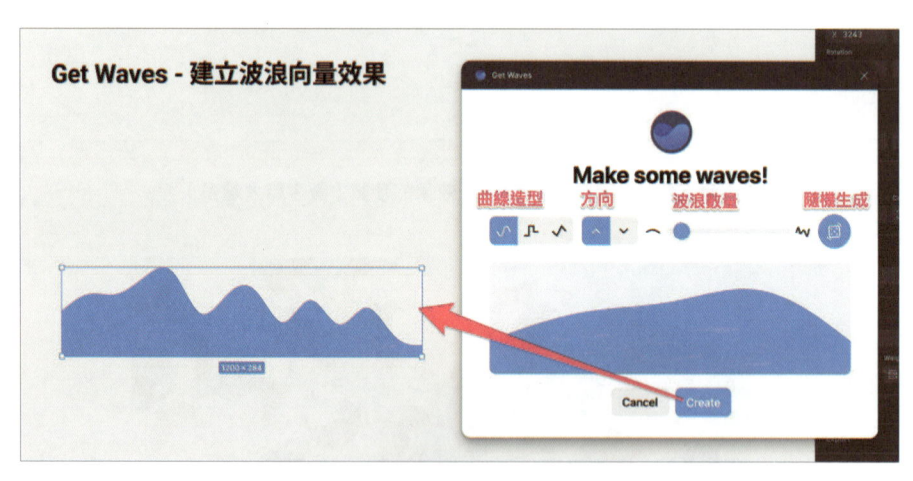

◐ 操作方式非常直覺，可產生波浪效果

Hero Patterns for Figma：建立重複性圖樣元件

工具網址 https://www.figma.com/community/plugin/743134103711120154/Hero-Patterns-for-Figma

Hero Patterns for Figma 簡化了我們加入重複性圖騰的工作，內建許多好看的重複填入圖樣（SVG 格式），也可以調整顏色，操作非常直覺。

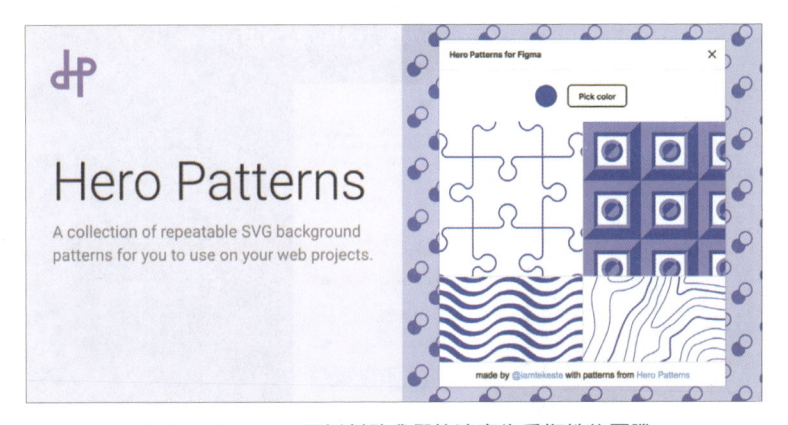

⋂ Hero Patterns 可以幫助我們快速產生重複性的圖騰

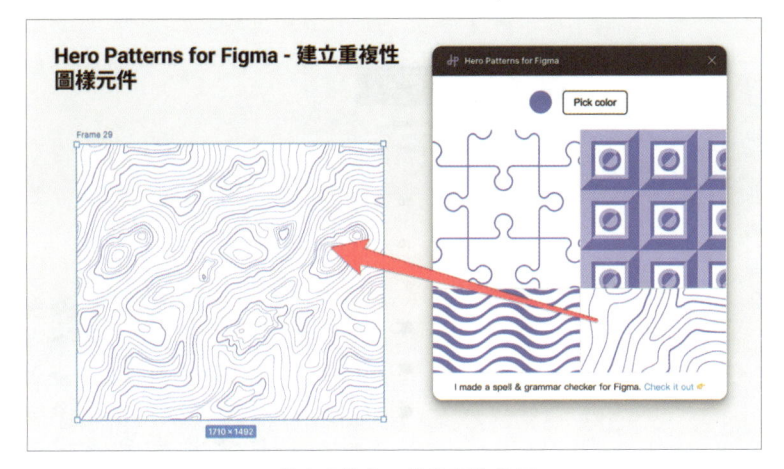

⋂ 指定色塊後，快速產生效果

14　Figma Plugin 大集合　289

Pattern Hero：產生簡易重複圖樣工具

工具網址 https://www.figma.com/community/plugin/740556241021336678/Pattern-Hero

此外掛可以幫助我們設定指定圖樣，並產生樣式重複效果。

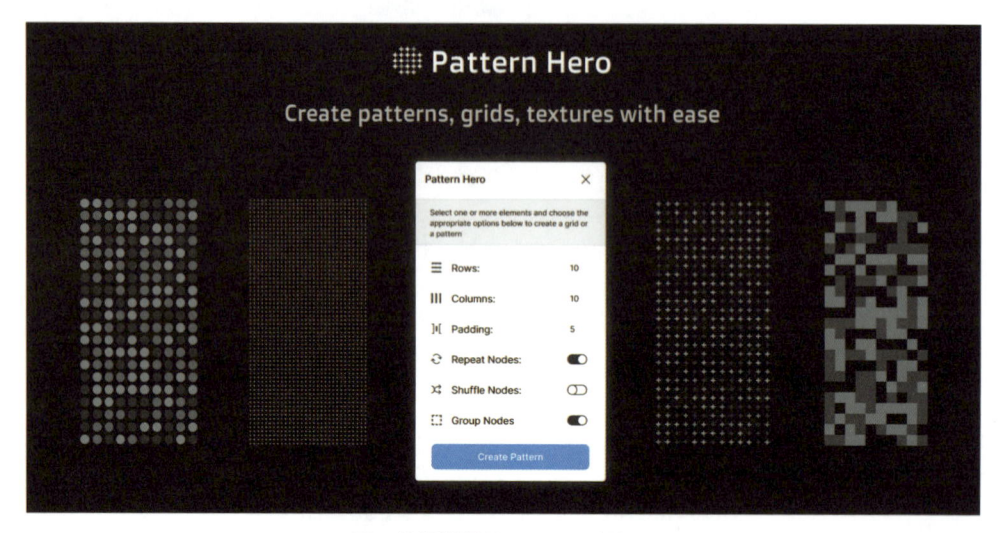

🔹 另一款很推薦的 Pattern 產生工具

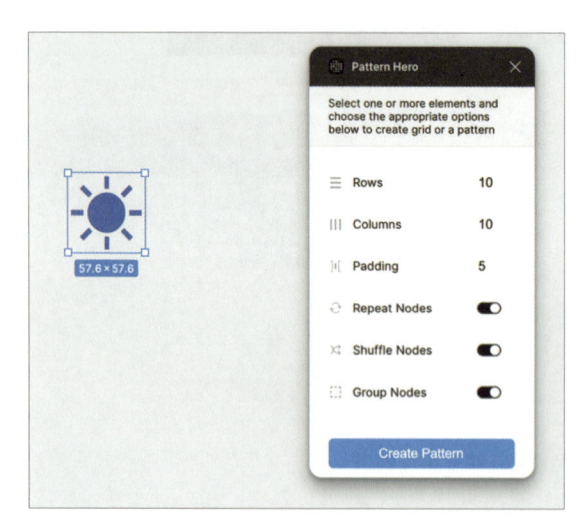

🔹 選取要重複的樣式後，開啟外掛並設定參數，點選「Create Pattern」即可送出

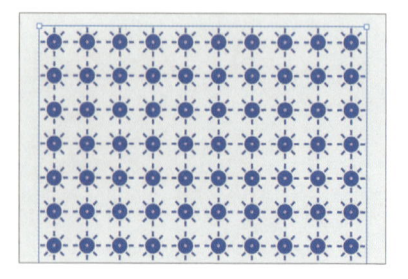

🔹 產生的樣式重複效果

290　Figma UI/UX 設計技巧實戰：打造擬真介面原型

動態元件產生外掛

Gifs：快速插入 GIF 動圖

工具網址 https://www.figma.com/community/plugin/748092648919348948/Gifs

　　Figma 在 2019 年推出 GIF 呈現功能，而 Gifs 就是這樣好用的外掛，操作也相當直接，可搜尋後選擇圖片，並插入工作畫面中。要特別留意的是，在 Design 設計稿狀態下，GIF 是不會動的，要切換到 Prototype 後，進入播放的狀態，才可以看到 GIF 動態了。

插入 Gifs 後，可於播放模式下看到動態呈現效果

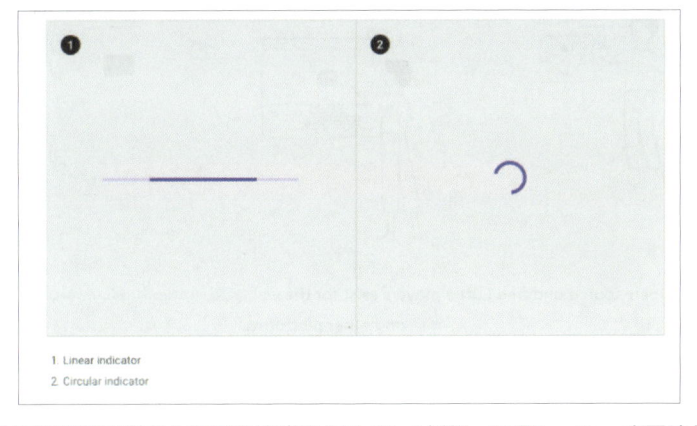

官網有特別撰文介紹哪些情境適合用 Gifs（例如：呈現 Loading 畫面時）

※ 資料來源：https://www.figma.com/blog/bring-figma-prototypes-to-life-with-gifs/

LottieFiles：高質感動態效果社群資源

工具網址 https://www.figma.com/community/plugin/809860933081065308/LottieFiles

LottieFiles 是一套知名的動態圖片框架，社群中提供了設計師可取用的動畫資源，且同樣能夠被開發者所使用，每個元件也同步提供程式嵌入碼。

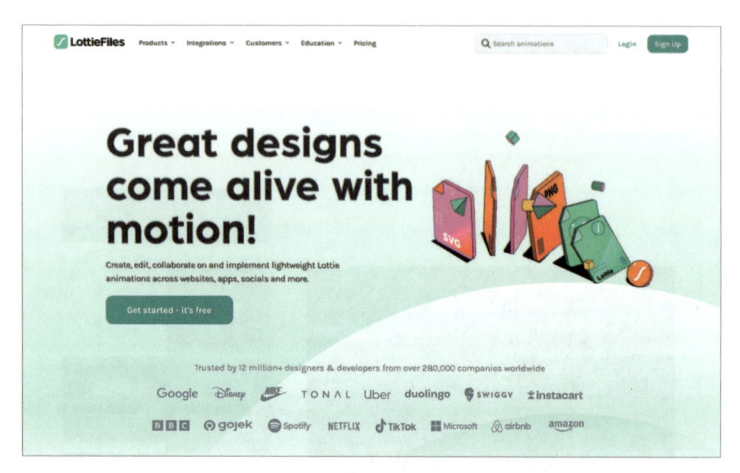

◉ LottieFiles 提供了好用的動態 UI 社群資源

※ 資料來源：https://lottiefiles.com/

◉ Lottie 提供了設計資源，後續也可供網頁與 App 開發所使用

※ 資料來源：https://lottiefiles.com/what-is-lottie

LottieFiles 有兩種使用方式，第一種是直接到網站上進行瀏覽下載，或是直接在 Figma 編輯狀態下，叫出外掛並產生動畫。

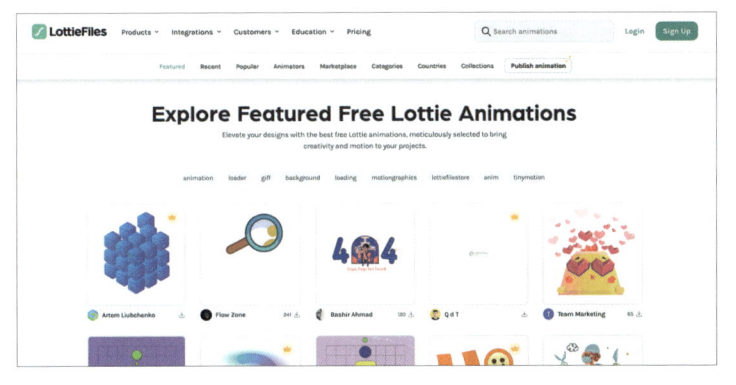

🔸 Lottie 的特色資源頁面

※ 資料來源：https://lottiefiles.com/featured

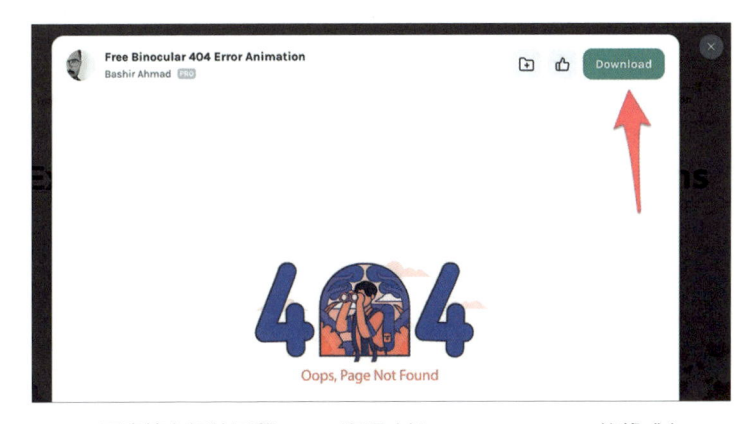

🔸 可直接在網站下載 Lottie 資源（如 JSON、ZIP、GIF 等格式）

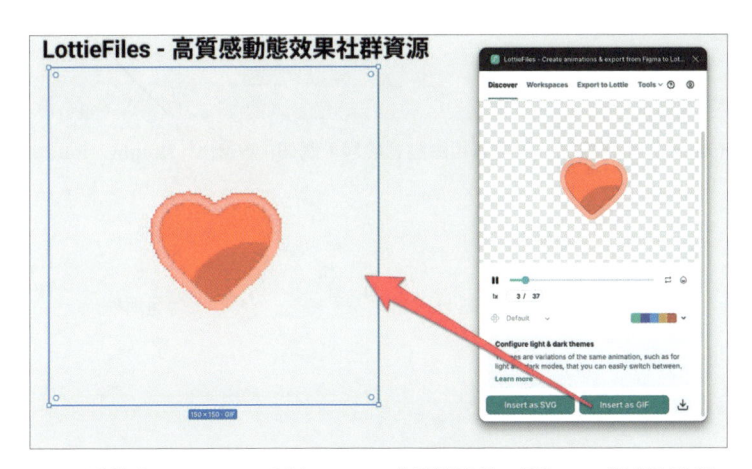

🔸 可直接在 Figma File 叫出 Plugin 功能選單後，插入 GIF 格式的動畫

Figmotion：用時間軸編輯動畫

工具網址 https://www.figma.com/community/plugin/733025261168520714/Figmotion

Figmotion 是一款 Figma 的動態編輯工具，可指定 Frame，並搭配時間軸配置，例如：大小、位置、填色等動態變化。

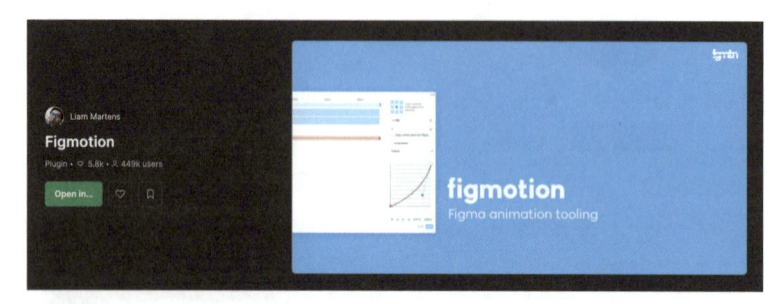

◑ Figmotion 是一款知名的 Figma 動畫時間軸編輯套件

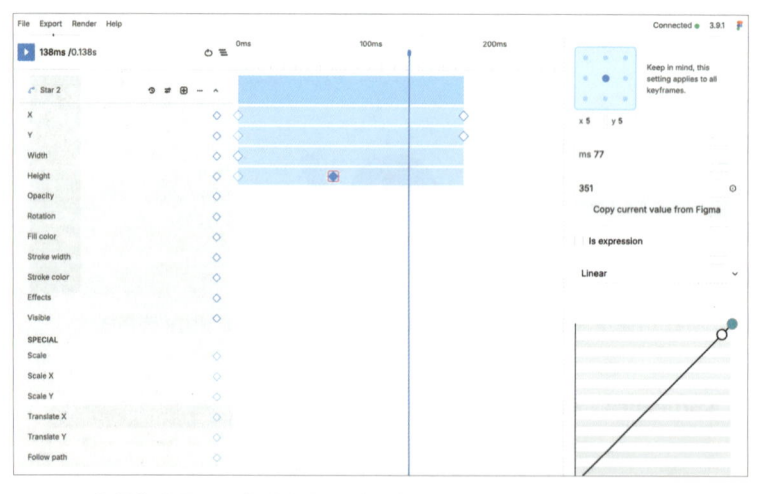

◑ Figmotion 的操作畫面，可觀察相關動態參數（例如：Width、Height、Rotation 等）

色彩與影像後製外掛

Image Palette：從圖像提取相關配色

工具網址 https://www.figma.com/community/plugin/731841207668879837/Image-Palette

自然世界中的顏色既豐富又協調，我們可以從照片中提取配色組合，而 Image Palette 就是這樣一款的外掛，幫我們從指定圖片中提取五種主要顏色，很適合用來從物件中提取重要的顏色形象，配置優質色彩組合。

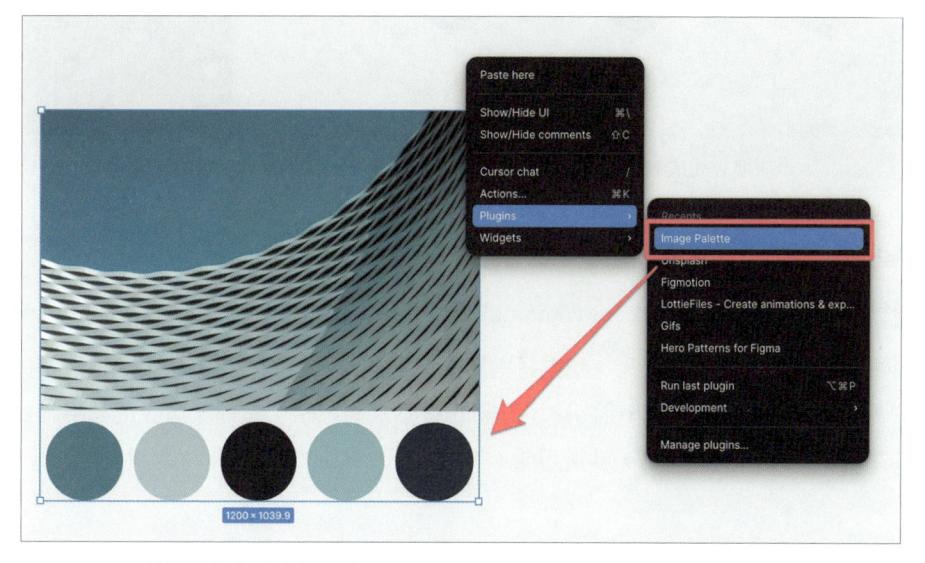

◯ Image Palette 可以快速提取圖片的顏色

◯ 點選圖片後（讀者可透過 Unsplash 產生圖片），即可產生五個顏色點

14 Figma Plugin 大集合　295

Chroma Colors：快速建立顏色樣式

`工具網址` https://www.figma.com/community/plugin/739237058450529919/Chroma-Colors

Chroma Colors 可以幫助我們將常用的顏色建立為顏色樣式，供未來重複使用，使用方式很簡單，只要先反白目前選擇的上色物件後，點選「Plugins → Chroma Colors」，即可將相關顏色建立為可重用的樣式。

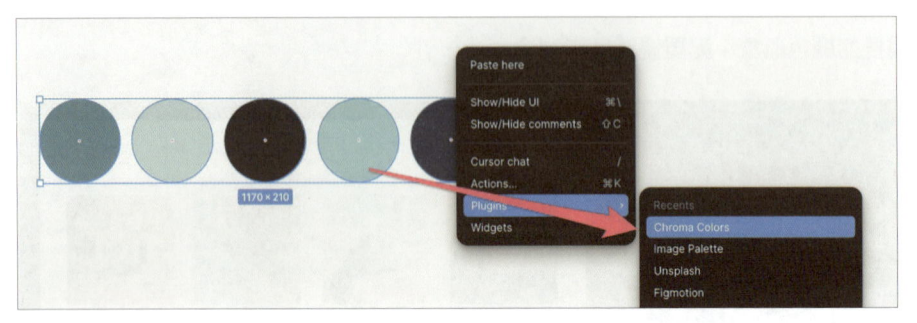

🎧 先多選物件後，右鍵叫出外掛的按鈕，點選後即完成

🎧 建立完成的畫面，右方的「Color Styles」會出現稍早設定的結果

Webgradients：快速產生優美漸層色彩

`工具網址` https://www.figma.com/community/plugin/802147585857776440/Webgradients

「漸層」是配色上的雙面刃，配得好則畫面質感提升，但配不好的話，則會破壞掉整體的畫面。Webgradients 外掛內建了許多好看的漸層風格，點選即可直接套用，並提供 CSS 來讓開發者直接參考，非常方便。

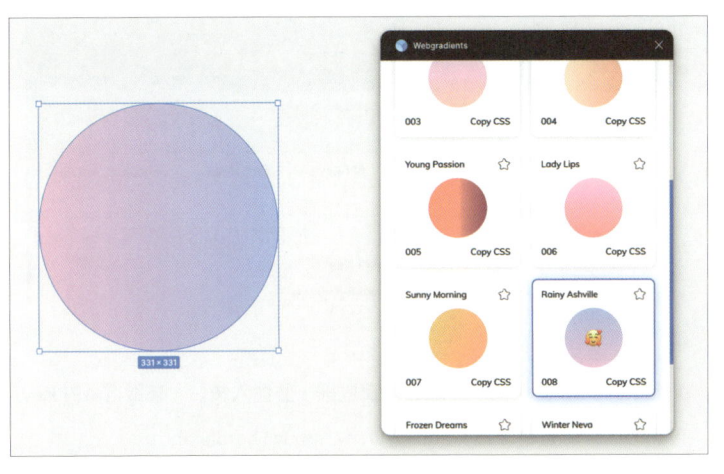

🎧 使用方式非常直覺，點選就會套用漸層效果（右下角可以複製 CSS）

Remove BG：快速移除物件背景

工具網址 https://www.figma.com/community/plugin/738992712906748191/Remove-BG

「去背」是設計流程中常常需要進行的操作，這款外掛可以快速幫助我們進行去背，而且效果很好，不過這款外掛僅開放部分次數免費使用，超過額度後需要進行付費，供讀者參考。

🎧 透過 Remove BG 可以快速幫助我們進行去背

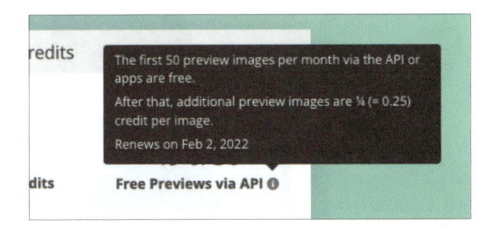

🎧 目前官網說明前 50 張可免費使用

※ 資料來源：https://www.remove.bg/dashboard

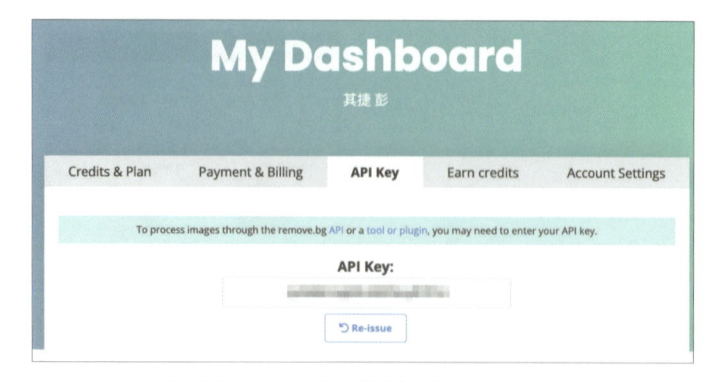

🎧 **Remove BG** 使用前,需前往官網註冊,並登入後台,來取得 API Key

※ 資料來源:https://www.remove.bg/dashboard

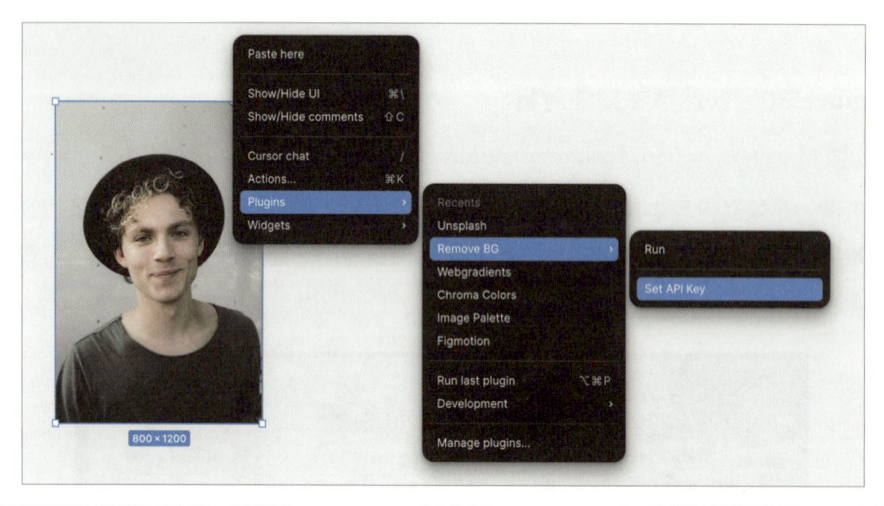

🎧 點選想要去背的圖片後,選擇「Remove BG」(記得先 Set API Key),隨後即可點選「Run」來執行

🎧 **Remove BG** 的去背效果

Wire Box：將高擬真圖轉為線框圖

工具網址　https://www.figma.com/community/plugin/764471577604277919/Wire-Box

一般的設計流程都是從低階線框稿轉高精度雛形，但 Wire Box 正好反過來，可協助我們將介面轉換回 Low-Fi Wireframe，操作簡易，是很實用的外掛。

○ Wire Box 可以幫助我們將設計稿還原線框稿

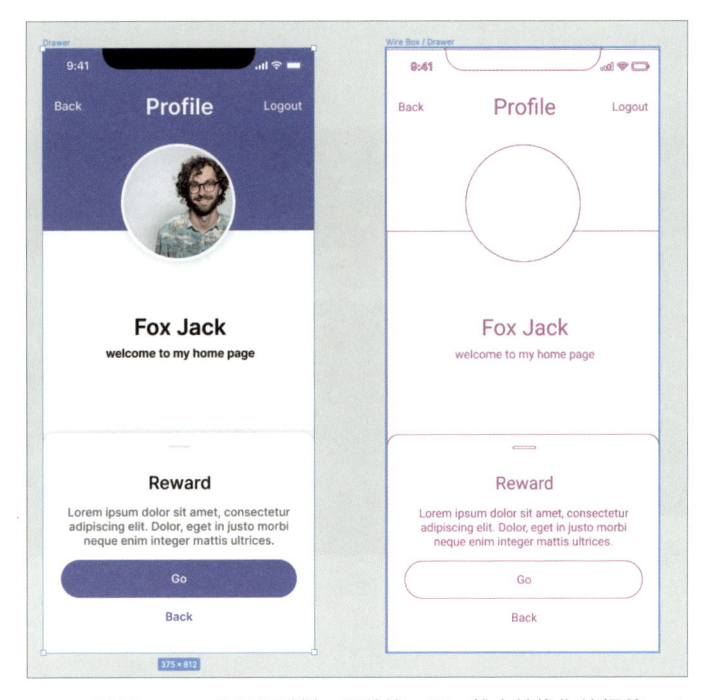

○ 點選 Frame 後選擇外掛，再稍等一下，就會轉換為線框稿

14　Figma Plugin 大集合　299

TinyImage Compressor：進行圖片檔壓縮

工具網址 https://www.figma.com/community/plugin/789009980664807964/TinyImage-Compressor

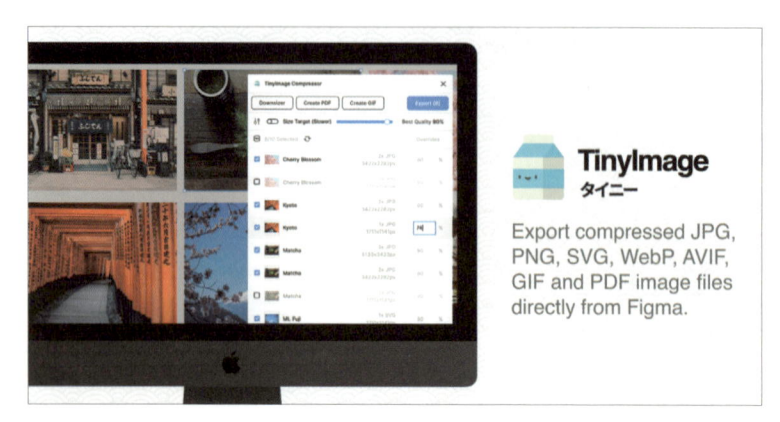

◯ TinyImage Compressor 可以方便壓縮 JPG、PNG、SVG 等格式圖片

此外掛可以幫助我們壓縮輸出的圖片（需要先將圖層設定「Export」屬性），外掛會載入有「Export」屬性的圖層，並列出清單，可設定壓縮的參數目標後，點選「Export」，即可進行圖檔的壓縮與輸出。

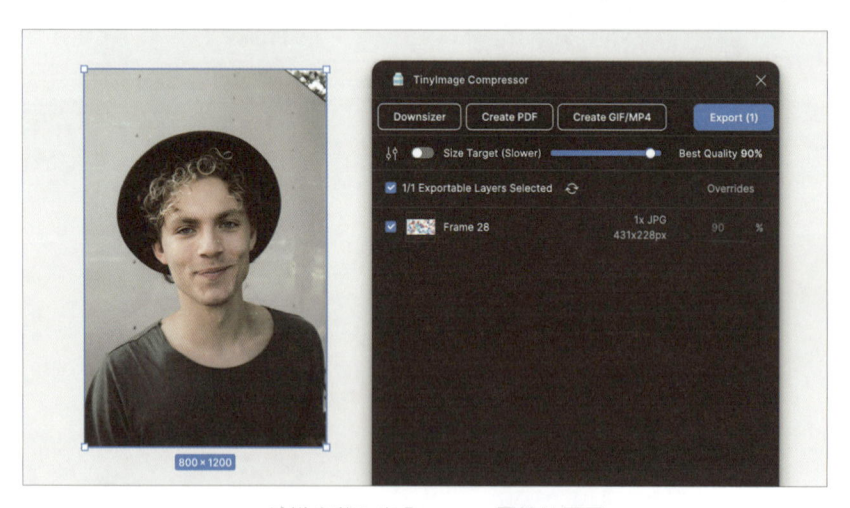

◯ 外掛會載入有「Export」屬性的圖層

設計稿管理與標註外掛

Rebame-It：快速命名圖層工具

工具網址 https://www.figma.com/community/plugin/731271836271143349/Rename-It

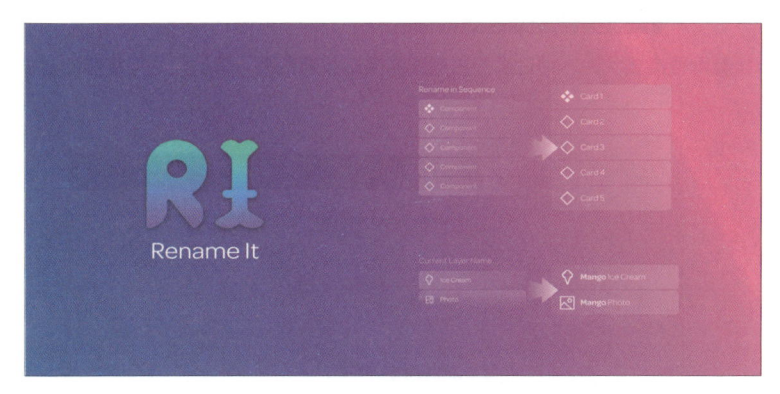

☊ Rename It 能夠快速幫助我們修改圖層名稱

做過設計稿的人就會知道，如果在設計過程的圖層有妥善取好名字的話，後續的設計稿就會比較好維護。Rename It 是一套可以系統性將圖層名字修改的外掛，根據指定的關鍵字規則，批次進行修改，如下清單的規則所說明：

- 關鍵字 %n：建立上升的數字。
- 關鍵字 %N：建立下降的數字。
- 關鍵字 %A：建立字母規則。
- 關鍵字 %*：代表原本的圖層名稱。
- 關鍵字 %*u%：轉換為大小。
- 關鍵字 %*l%：轉換為小寫。
- 關鍵字 %*t%：轉換為標題寫法（例如：Convert to Title Case）。
- 關鍵字 %*uf%：轉換為首字大寫（例如：Upper first word）。
- 關鍵字 %*c%：轉換為駝峰命名（例如：camelCase），但會移除空白。
- 關鍵字 %W 與 %H：分別代表圖層寬度與高度。

此外掛有兩種使用模式，第一種是針對選取的圖層做名稱的修改，第二種則可以用搜尋的方式將符合條件的圖層重新命名。

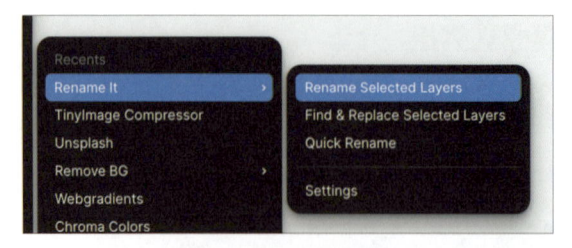

◐ Rename It 有兩種模式，第一種是直接將選取的圖層重新取名，第二種是用搜尋的方式批次選取

◐ 操作畫面（此為第一種使用模式）

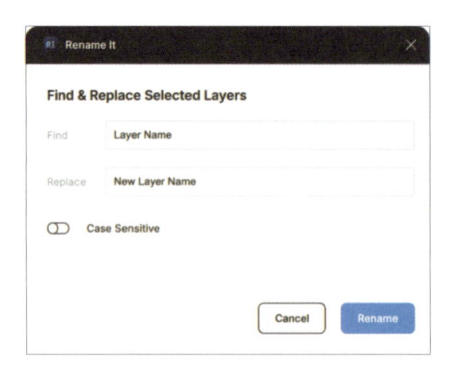

◐ 輸入搜尋條件來批次修改的操作畫面（此為第二種使用模式）

Autoflow：快速拉出圖層間的線條

工具網址 https://www.figma.com/community/plugin/733902567457592893/Autoflow

　　我們常需要在設計稿標示一些流程的線條，而自己用手拉相當麻煩，這款 Autoflow 可以在外掛開啓的狀態下，按下 Shift 鍵後多選圖層，就會自動產生圖層之間的線條了，非常快速。此外掛也可修改線條的顏色、粗細、外框、前後的箭頭樣式等，是許多人的愛用外掛。

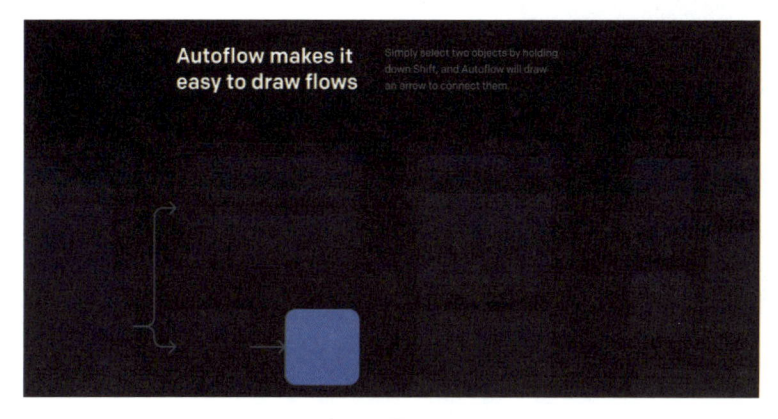

🎧 Autoflow 是建立圖層間流程圖的好用外掛

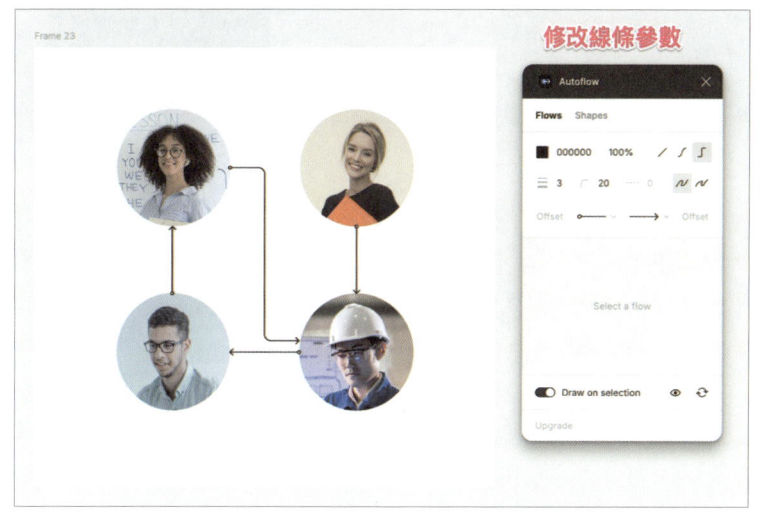

🎧 操作的畫面（開啓外掛後，點選 Shift 鍵，並點不同圖層即可連線）

Measure：絕佳的屬性標示工具

工具網址 https://www.figma.com/community/plugin/739918456607459153/Figma-Measure

　　Figma Measure 是一款超推薦的標註工具，可以選定 Figma 的物件，自動幫我們標記出它的長寬高、顏色等資訊，也可多選物件後，標示物件之間的間距等，很適合用來搭配標記製作交付的稿件。

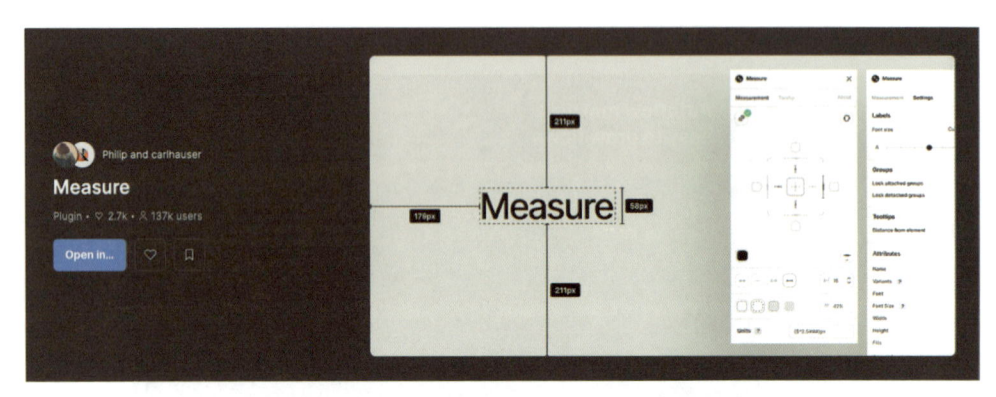

◯ Figma Measure 幫助我們快速標記物件的屬性資訊

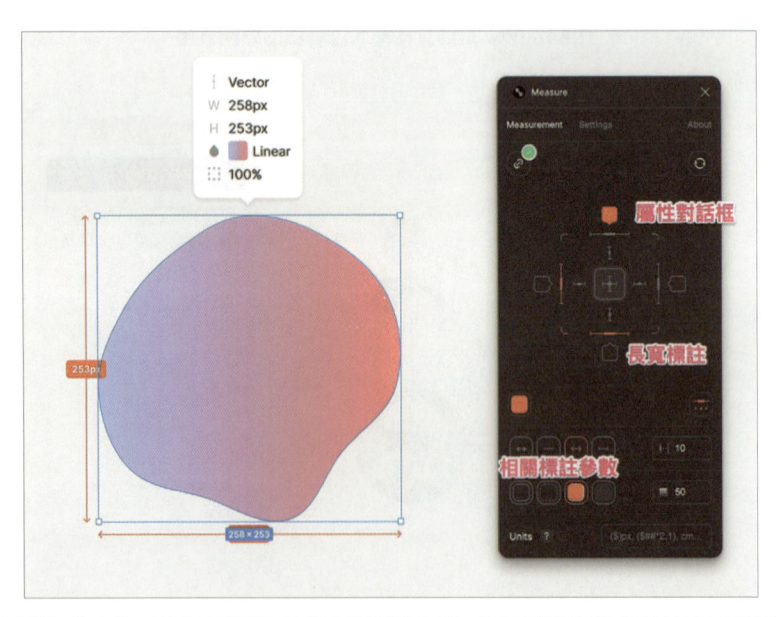

◯ 點選物件之後，開啟外掛即可啟動多項標註功能，也可動態改變顯示位置及相關參數

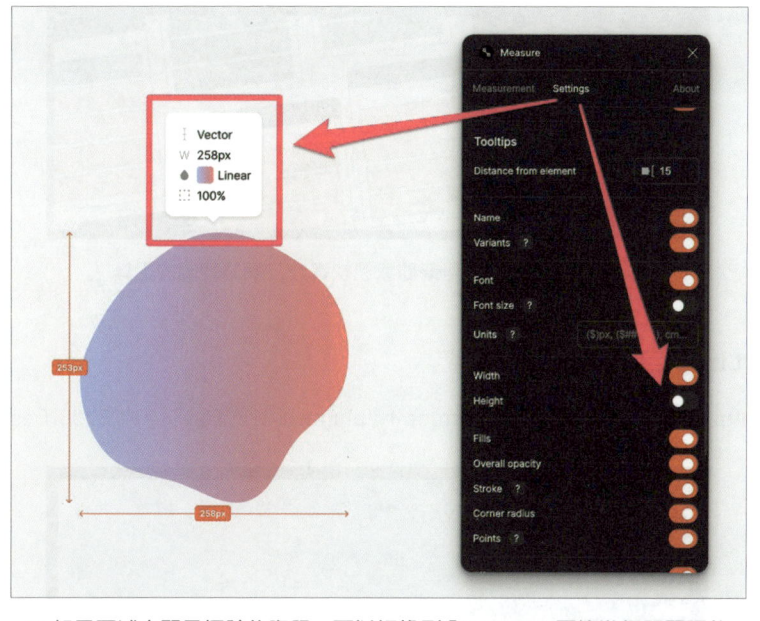

🔹 如果要減少顯示標註的資訊，可以切換到「**Settings**」頁籤進行開關調整

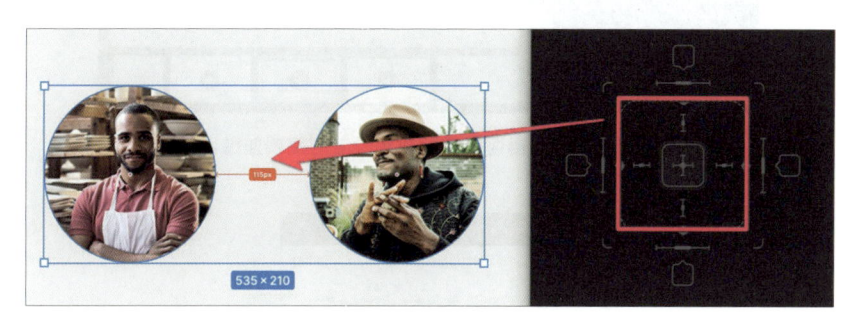

🔹 點選多張圖後，選擇邊框即可建立圖片之間的距離資訊標註

Site Map：產生網站地圖

工具網址 https://www.figma.com/community/file/836606323472757934

　　Site Map 並非外掛，但同樣是社群上可直接複製使用的資源，可複製其所提供的相關物件，並用以建立網站地圖（Site Map）。此資源提供多種顏色的 Frame 框架，並編輯每一個頁面的功能卡片描述，搭配前面所介紹的 Autoflow，進行頁面間的線條連線。

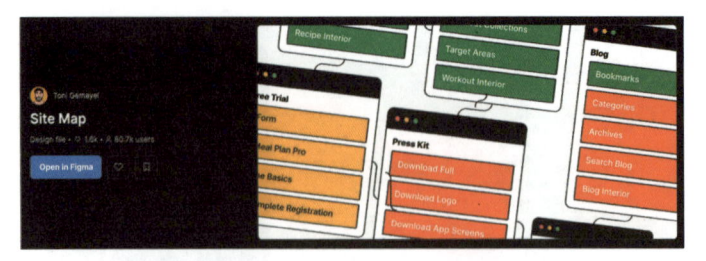

◐ Site Map 是一款可幫助我們快速建立網站地圖的工具

Design Lint：自動標註設計錯誤

工具網址 https://www.figma.com/community/plugin/801195587640428208/Design-Lint

◐ 外掛首頁，此外掛可以自動找出設計的錯誤並進行標註

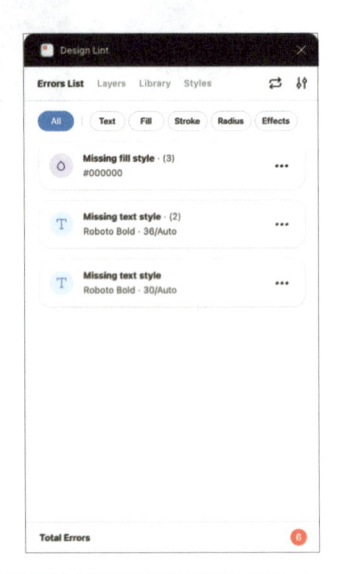

◐ 此外掛可以幫我們自動找出遺失 Styles 的物件

與網頁交互轉換外掛

Builder.io - AI-Powered Figma to Code (React, Vue, Tailwind, & more)

工具網址　https://www.figma.com/community/plugin/747985167520967365/Figma-to-HTML%2C-CSS%2C-React-%26-more!

此款外掛可以建立 HTML 與 Figma 之間的轉換，只要直接輸入網址後，此工具就會自動複製該網址元素到 Figma 中，雖然通常會有一些地方發生跑版，但大致上確實可以將元素複製進來，減少許多手動複製的時間。

△ 本外掛可以幫助我們轉換 HTML 為 Figma 設計稿

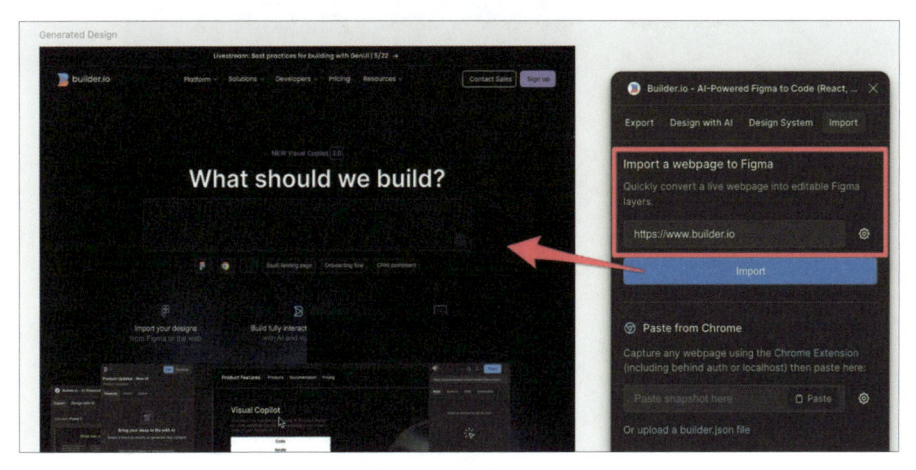

△ 輸入網址並按下「Import」按鈕之後，就可導入網頁畫面

Anima- Export to React, HTML & Vue code：Figma 轉換為網頁工具

工具網址 https://www.figma.com/community/plugin/857346721138427857/Anima---Export-to-React%2C-HTML-%26-Vue-code

Anima 操作非常簡單，第一次使用外掛時，需要先進行登入，然後選取想要轉換為網頁的 Frame 後，開啓外掛的視窗，切換到「Get Code」的頁籤，即可選擇要轉換的 HTML 樣式（HTML/React/Vue），而將 Figma 設計稿自動轉換為可於網頁呈現的介面。

⋒ Anima 能夠幫助我們的設計稿轉換為 HTML、React、Vue 等的程式碼

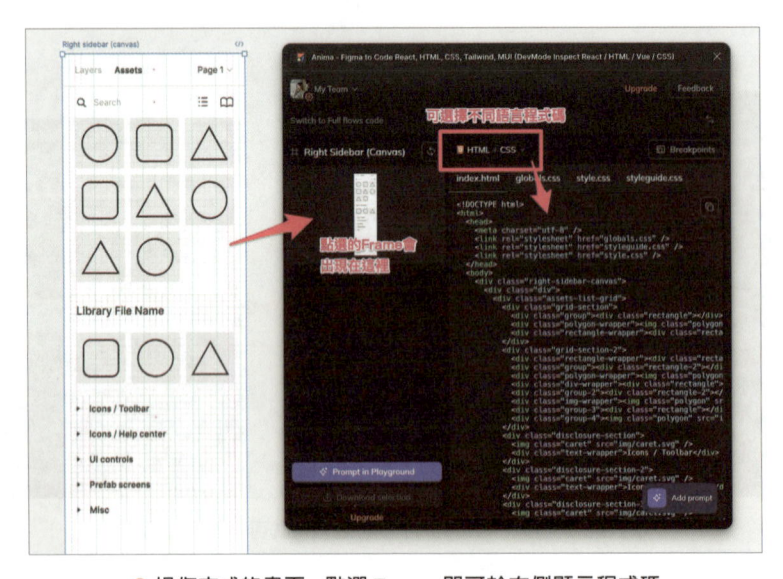

⋒ 操作方式的畫面，點選 Frame 即可於右側顯示程式碼

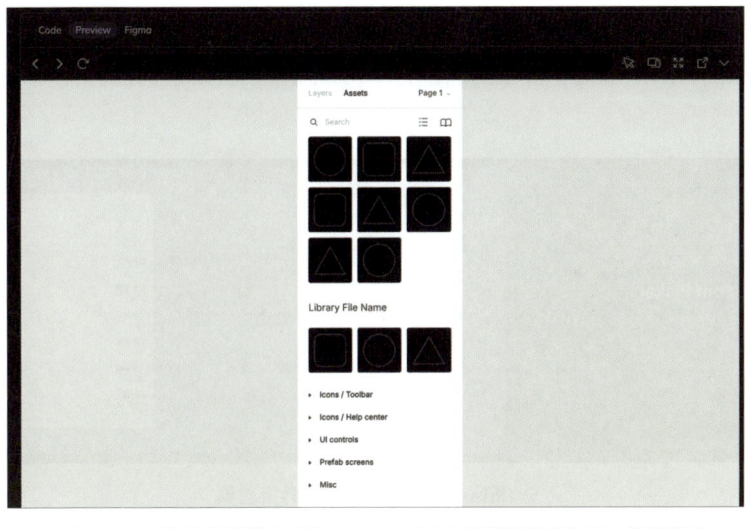

▲ 在 **Anima** 的雲端環境上呈現 **Figma** 介面（通常還是會有一些跑版）

● 文字輔助外掛

▎**Lorem ipsum**：產生經典假字好用工具

`工具網址` https://www.figma.com/community/plugin/736000994034548392/Lorem-ipsum

　　Lorem ipsum 是經典的假字字串，這個外掛非常直白，就是可以幫助我們快速產生假字，而且還可以直接指定句子的數量，或是指定自動符合文字框大小，相當實用！

▲ **Lorem ipsum** 外掛可以自動產生合適的文字數量

Chinese Font Pickers：預覽中文字型

> 工具網址　https://www.figma.com/community/plugin/851126455550003999/Chinese-Font-Picker

🎧 **Chinese Font Pickers 外掛首頁**

🎧 外掛操作畫面，可預覽中文字型（雖然主要支援簡體中文字型，但也可適用於繁體中文的轉換）

Unit 15　Figma 與設計系統

單元導覽

「設計系統」（Design System）是一套設計時需要遵守的準則或討論共識，例如：共同遵循的字體、色彩規範、排版準則。擁有好的設計系統，可讓介面設計工作事半功倍。本單元將基礎解釋設計系統用途，並分享一些不錯的設計系統與社群資源，好的設計系統通常是由團隊辛苦溝通與創作而來，本單元將介紹與借鏡這些智慧結晶，並讓讀者能了解相關資源。

🎧 **Figma 官方釋出 Figma 的設計系統，推薦讀者前往下載閱覽**

※ 資料來源：https://www.figma.com/community/file/1486123838948777078/ui3-figmas-ui-kit

介面與設計系統

製作介面時會使用的設計系統，是一個團隊在設計以及開發時需要遵守的準則，舉凡文字、顏色、小至各式按鈕、大至版型佈局，透過制定團隊有共識的規範，讓產品的體驗和視覺都具有相同品質。若專案沒有特別制定此規範，將可能在專案過程中，建構出

許多功能與樣式不統一的介面元件，多版次演進之後，有可能會看到許多風格迥異的介面元件與配色。如果擁有團隊共識的設計系統，就能在許多的設計細節決策上，更趨近於整合。

好的設計系統建構，可保持設計的一致性，並確保和品牌的識別有所連結。當工作量增加時，仍然能夠在高產出的環境下維持相同的品質，讓團隊成員專注於真正要解決的設計議題，也能避免相同功能的元件被重複設計，以增加團隊效率。

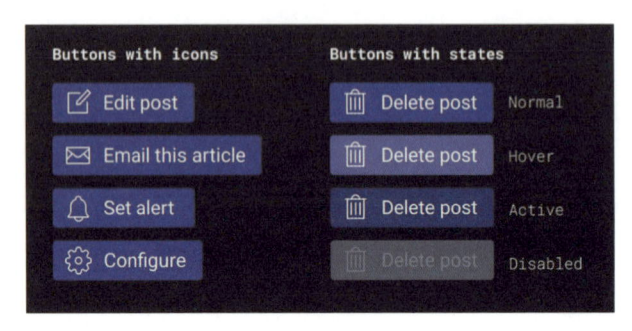

🎧 設計系統能夠帶領我們建立對於視覺上的共識，此為按鈕範例

※ 資料來源：https://www.figma.com/blog/how-to-build-your-design-system-in-figma/

在新創團隊中，設計師極有可能需要從頭開始打造屬於團隊的設計系統，而趨於成熟的產品團隊，則需要參考設計系統進行新設計，兩者皆有不同的挑戰。無論是從頭打造或者遵守規範，都可以參考「原子設計」的概念，來思考產品的設計系統要從哪些層級開始進行，或者如何讓元件模組化。

原子設計

原子設計是一種介面製作的觀念，可以讓設計流程更有效率，由於在介面設計專案中常需要製作大量的元件，且元件也常常會有階層關係，會從小元件逐步聚合為更大的元件，甚至是組合成為最終的介面，此概念也有人將其稱為「原子設計」，是 2013 年 Brad Forst 根據化學課的原子、分子概念所提出的設計概念，之後也運用於許多介面設計的環節上，許多設計團隊將原子、分子、有機體、甚至模板和頁面等可被重複組合的元件製作成 Component，目的在於讓可被重用的元件批次修改，不用每次都回去原子層級逐一細調顏色、樣式，而是可以一次性改變原子。下表為原子、分子、有機體、模板和頁面的說明。

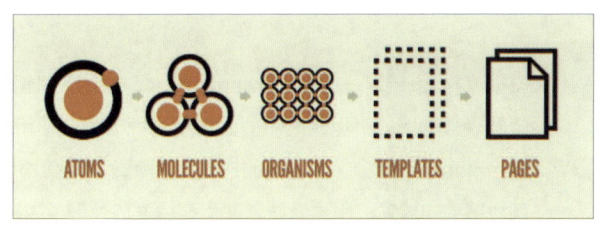

◯ 原子設計的五種組成

※ 資料來源：Atomic Design（https://bradfrost.com/blog/post/atomic-web-design/）

◯ 原子設計各組成之說明

項目	說明
Atoms（原子）	就像原子一樣，是物質組成的基本，套用到一個網頁上來說，是最基礎的元素，例如：按鈕、文字輸入欄位，以功能的觀點出發，這些元素比較無法被分解，可視為網頁中的最小物件組成。
Molecules（分子）	分子由原子組合而成，例如：網頁上常見的「搜尋框」，就是由「文字輸入欄位」與「按鈕」所組合而成。分子本身是一個可被重用的元件，且透過多個原子元件所組成。
Organisms（有機物）	「有機物」是由原子或分子所組成，有機物通常用來描述介面上獨立的區塊，例如：Header（頁首）是由 Logo 圖片元件、選單元件、搜尋元件所組成。

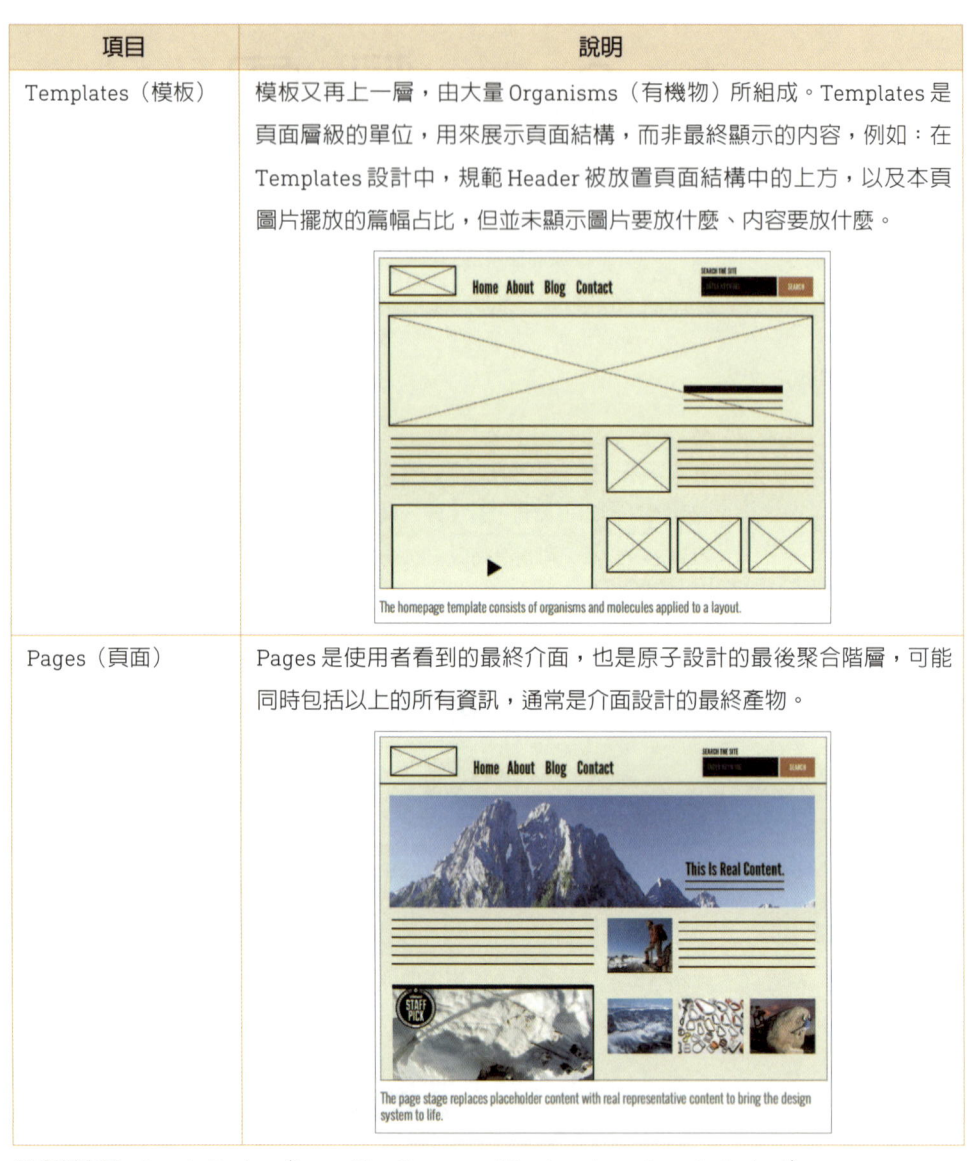

項目	說明
Templates（模板）	模板又再上一層，由大量 Organisms（有機物）所組成。Templates 是頁面層級的單位，用來展示頁面結構，而非最終顯示的內容，例如：在 Templates 設計中，規範 Header 被放置頁面結構中的上方，以及本頁圖片擺放的篇幅占比，但並未顯示圖片要放什麼、內容要放什麼。
Pages（頁面）	Pages 是使用者看到的最終介面，也是原子設計的最後聚合階層，可能同時包括以上的所有資訊，通常是介面設計的最終產物。

※ 資料來源：Atomic Design（https://bradfrost.com/blog/post/atomic-web-design/）

Figma 社群設計系統範例

只要在 Figma Community 中搜尋關鍵字,就能夠找到許多可供讀者參考的設計系統,例如:搜尋「Material Design」,就可以找到對應的 Figma 檔案。這裡分享幾個強大的 Figma 社群設計系統範例,讀者可參閱其 Figma 檔案來自行複製及檢視。

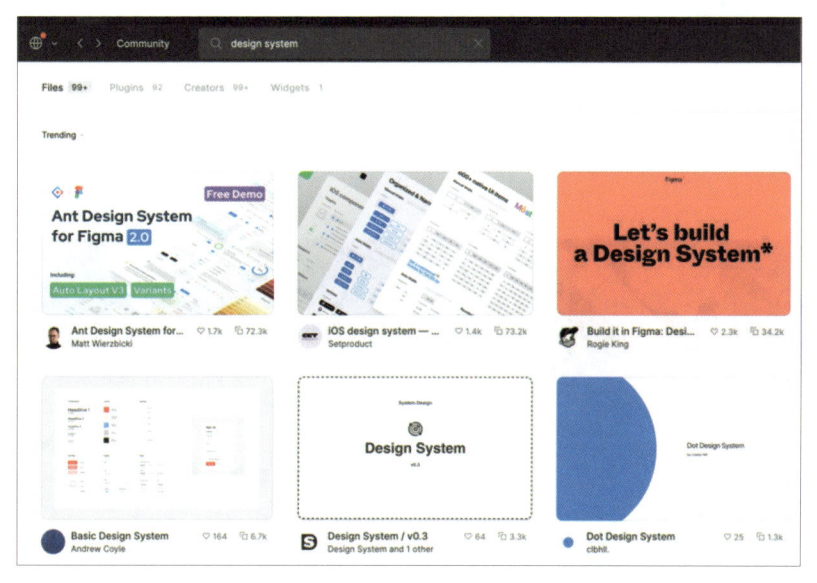

🔉 在 Figma Community 中搜尋關鍵字「Design System」,會出現許多結果

> **TIPS!** 在制定符合團隊的設計系統時,可優先參考使用度高、使用經驗普遍的品牌之設計系統,例如:iOS 或是 Android 的 Design System、Google 的 Material Design System 等,如此在進行各種設計溝通時,通常能夠更快收斂共識。

UI3: Figma's UI Kit:Figma 推出的設計系統

Figma 網址 https://www.figma.com/community/file/1486123838948777078/ui3-figmas-ui-kit

Figma 官方釋出的「UI3: Figma's UI Kit」是 Figma 產品本身的設計系統,內容包含字體、色彩、排版方式、各式元件等。

🎧 UI3: Figma's UI Kit

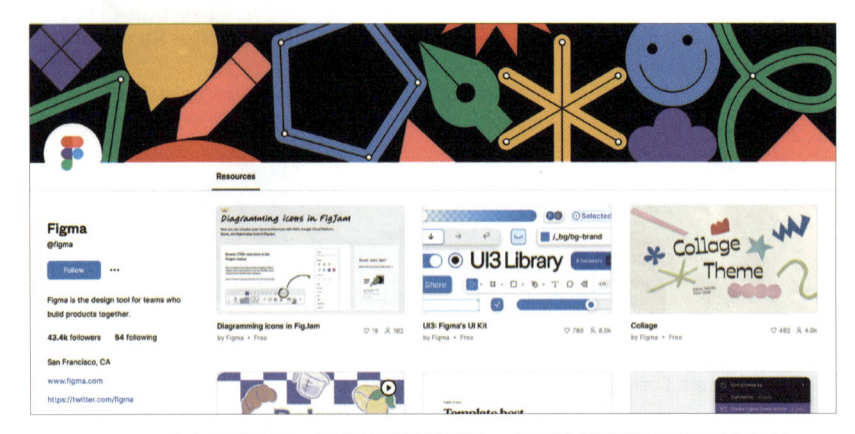

🎧 Figma 官方社群頁面，包含功能教學指引、提供給使用者探索不同的用法

※ 資料來源：https://www.figma.com/@figma

　　Figma Design System 字體根據不同層級訂定了規範樣式，包括標題、子標題、內文、粗體、小字、序、按鈕、連結等，每個階層除了有清楚的範例，也載明了使用的字重（Weight）、大小（Size）、字距（Letter Spacing）。

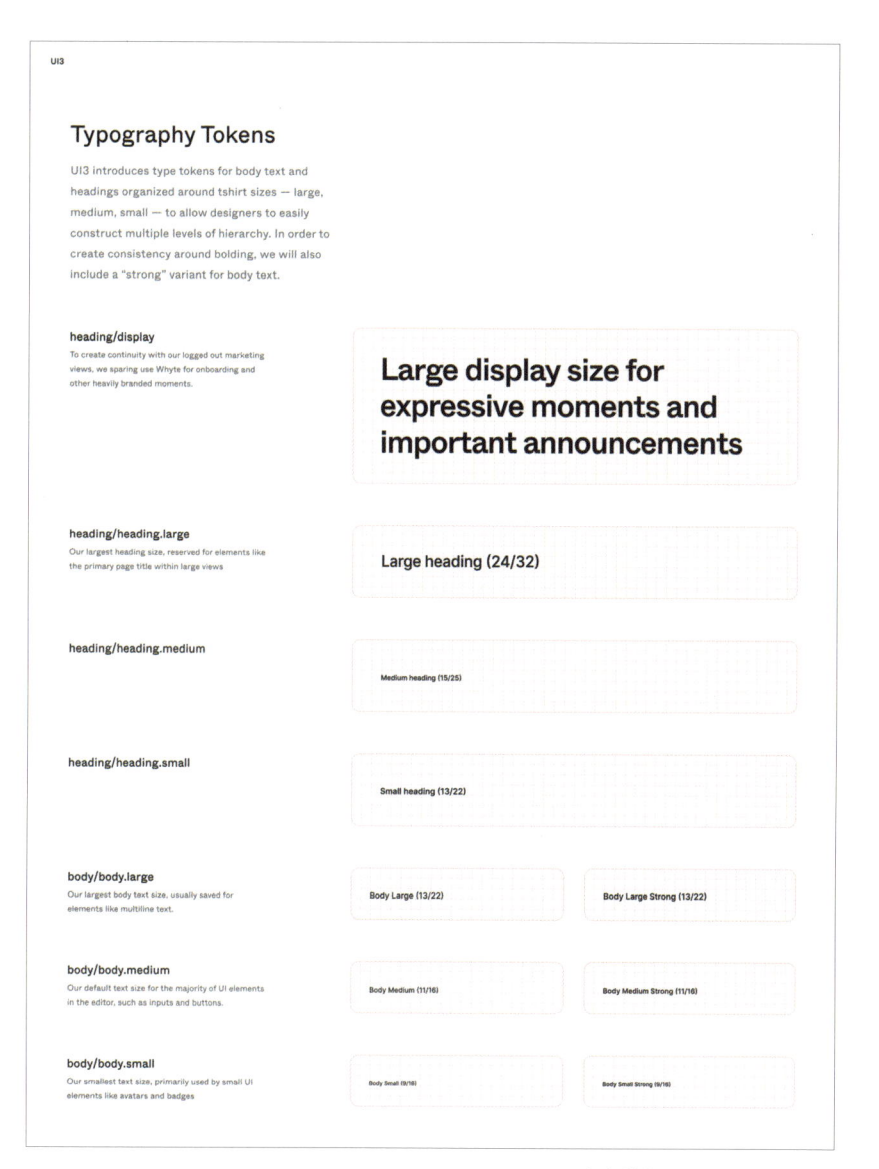

◐ **Figma Design System：Typography（字體）**

※ 資料來源：https://www.figma.com/community/file/1486123838948777078/ui3-figmas-ui-kit

UI3

Spacing Tokens

In order to create consistent spacing across our product, we'll use a base 4 system, heavily using clean multiples of 4px – 8, 16, 24, 32, 40, and so on. Most padding and margin for dense elements will be 8px. Building around a grid system like this into code will help us be consistent by default.

Token	px	Example
spacer-0	0	
spacer-1	4	·
spacer-2	8	▪
spacer-3	16	◼
spacer-4	24	◼
spacer-5	32	◼
spacer-6	40	◼

Input heights

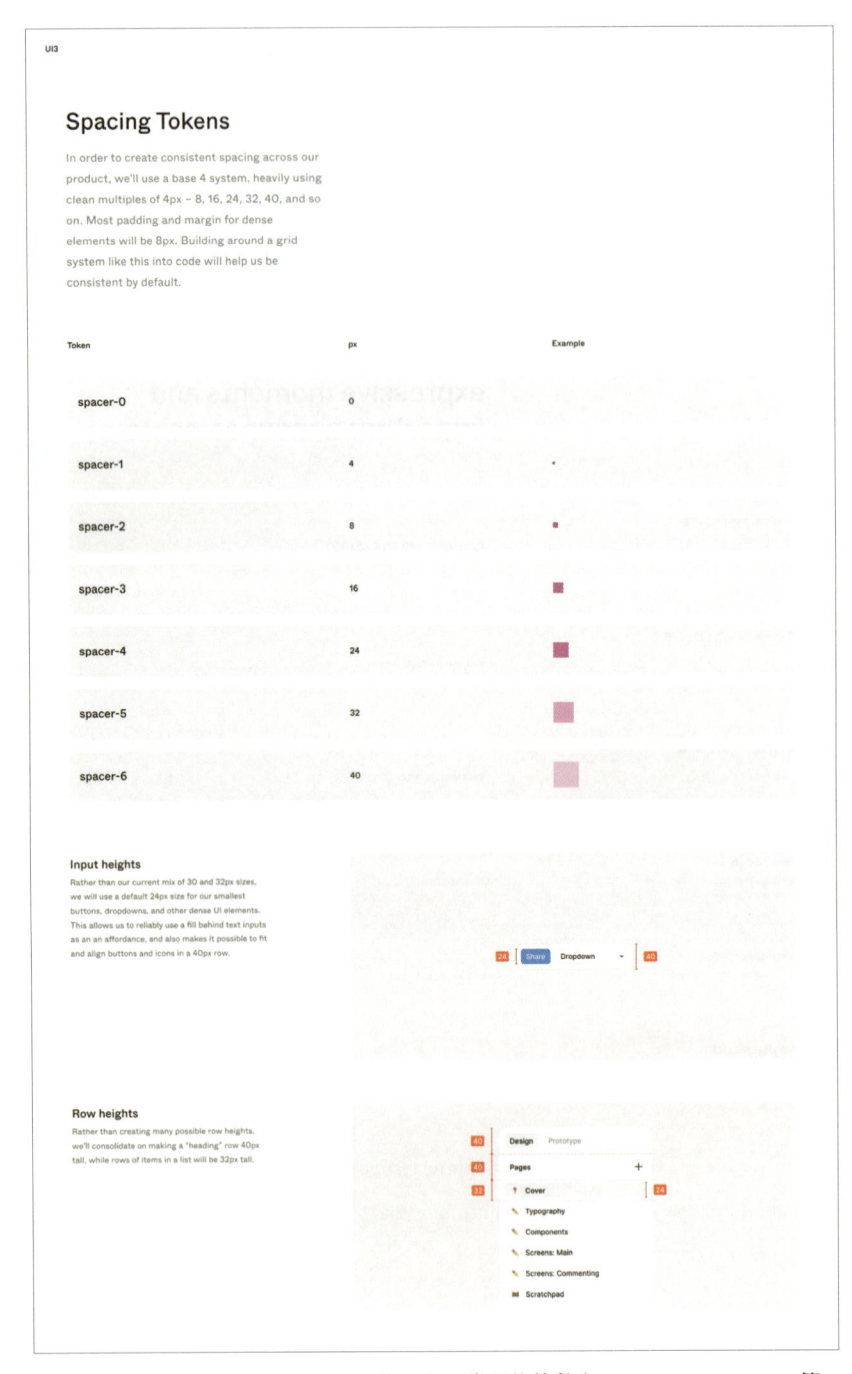

Rather than our current mix of 30 and 32px sizes, we will use a default 24px size for our smallest buttons, dropdowns, and other dense UI elements. This allows us to reliably use a fill behind text inputs as an an affordance, and also makes it possible to fit and align buttons and icons in a 40px row.

Row heights

Rather than creating many possible row heights, we'll consolidate on making a "heading" row 40px tall, while rows of items in a list will be 32px tall.

🔗 **Figma Design System 使用 4px 為間隔，常用的倍數有 8、16、24、32、40 等**

※ 資料來源：https://www.figma.com/community/file/1486123838948777078/ui3-figmas-ui-kit

制定顏色規範，可以讓網頁的元件儘可能的符合品牌形象，並說明顏色使用的情境。

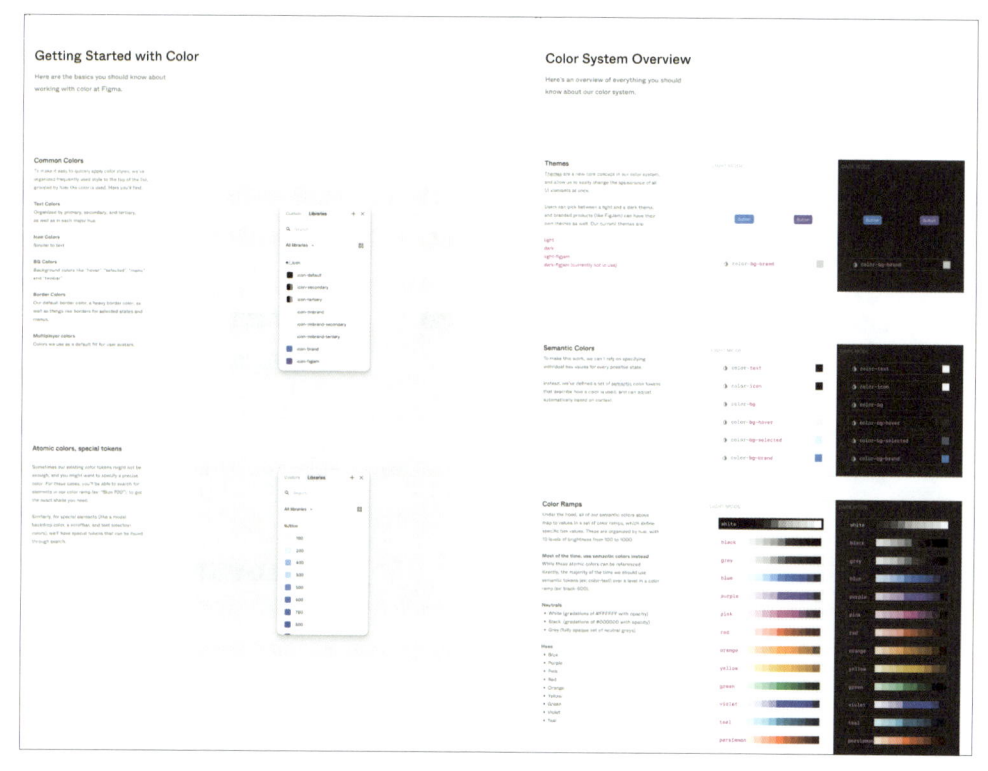

↑ Figma Design System：Colors 顏色規範

※ 資料來源：https://www.figma.com/community/file/1486123838948777078/ui3-figmas-ui-kit

其他元件也有相關規範，例如：不同狀態的按鈕、包含圖示的按鈕。

🎧 Figma Design System：按鈕規範

Material Design：Google 推出的設計系統

Figma 網址　https://www.figma.com/community/file/778763161265841481

　　Material Design 是 Google 所釋出的設計系統，是全球最知名的設計系統之一，主要透過模擬真實世界中物體的材質和運動方式，讓使用者在介面體驗中能夠滿足對元件使用的期待，例如：元件符合真實世界中的光線、陰影，而點選按鈕時，模擬重力輕微向下移動的效果。

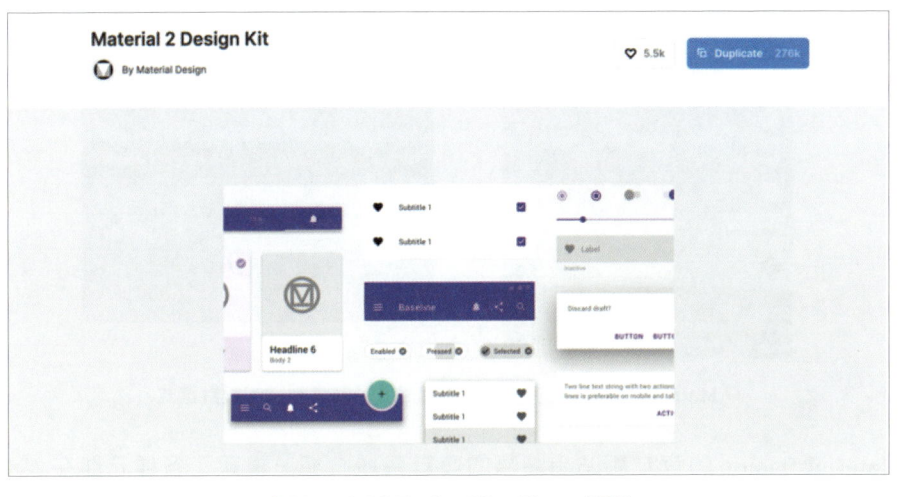

◯ Material 2 Design Kit：Figma 頁面

◯ Material Design 元件符合真實世界中的光線、陰影，而點選按鈕時，模擬重力輕微向下移動的效果

15　Figma 與設計系統　321

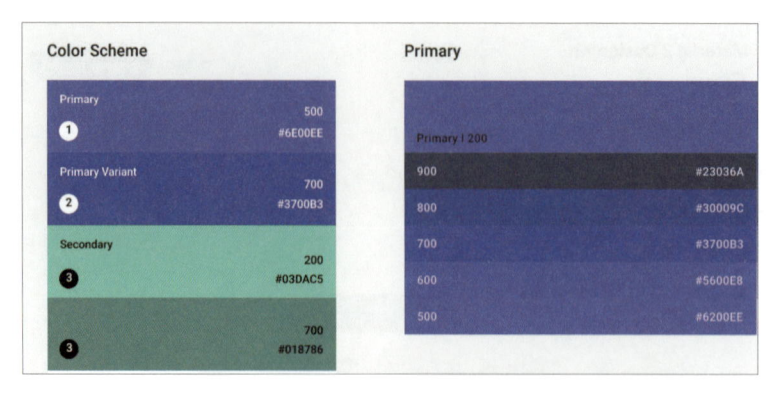

◯ **Material Design 的 Figma 檔案提供了非常豐富的設計樣式**

Material Design 的官方網站有豐富的設計系統介紹，規範了各種元件在 Web、Android、iOS 中該如何呈現，元件的種類包含了常見的選單功能列如何顯示、清單、表格、按鈕、文字輸入框、提示訊息、日期選單等，推薦讀者前往官網進行瀏覽。

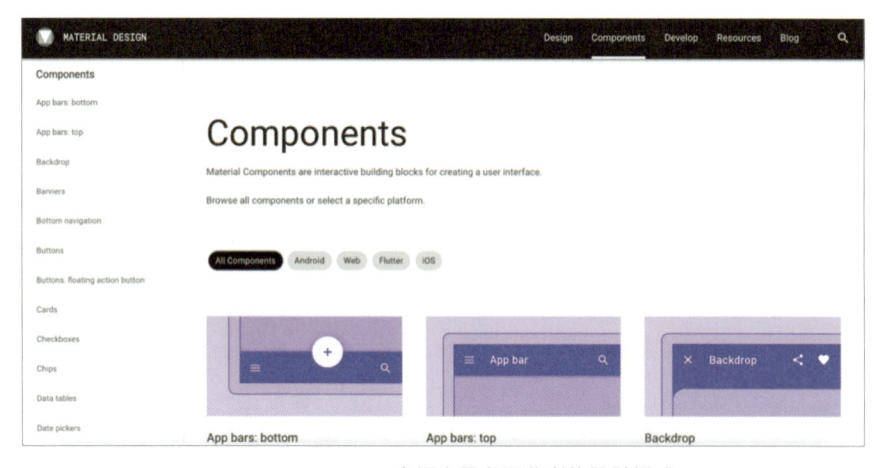

◯ **Material Design 官網有很多可參考的設計樣式**

※ 資料來源：https://material.io/design

在 Material Design 網站上，提供了介面上的設計方式「建議」與「不建議」的作法，例如：關於彈出視窗是否適合搭配「是否要捨棄草稿？」的問句按鈕介面，網站直接建議使用「取消」、「捨棄」的明確具體動詞，而不建議只單純詢問「是」、「否」，以避免使用者對雙重否定描述文字感到困惑。

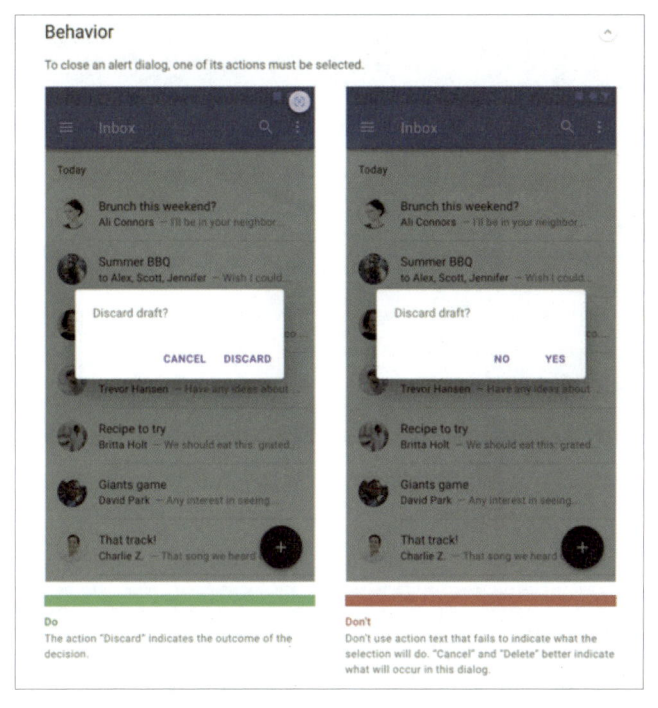

🔸 以 Dialog 為例，搭配示範各種「建議」與「不建議」的介面作法

※ 資料來源：https://material.io/components/dialogs#alert-dialog

Shopify Polaris：知名電商網站設計系統

`Figma 網址` https://www.figma.com/community/file/1293611962331823010/polaris-components

　　知名電商網站 Shopify 所提供的「Shopify Polaris」，也是資源相當豐富的設計系統，該網站在「Design」頁籤中，讀者可以參考電商常見的顏色、文字、插畫等設計規範，除此之外，Shopify Polaris 也對音效、動畫、空白進行了規範，讓使用者的體驗一致。

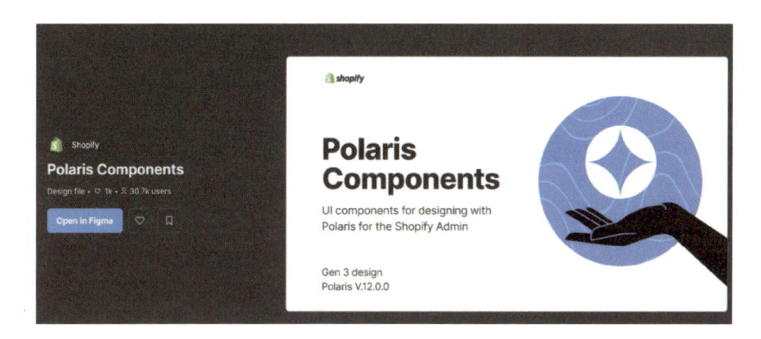

🔸 Polaris Components：Shopify 官方釋出在 Figma 上的頁面

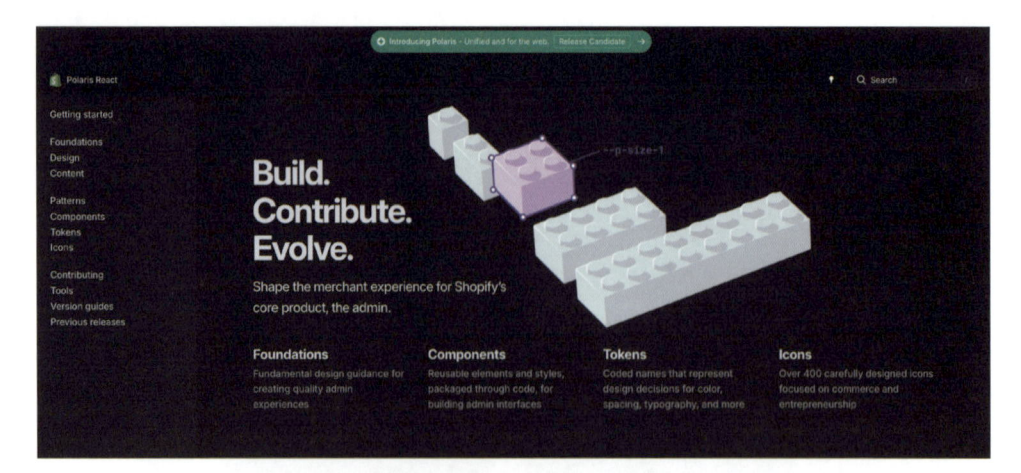

⚙ **Shopify Polaris 設計系統官網**

※ 資料來源：https://polaris-react.shopify.com/

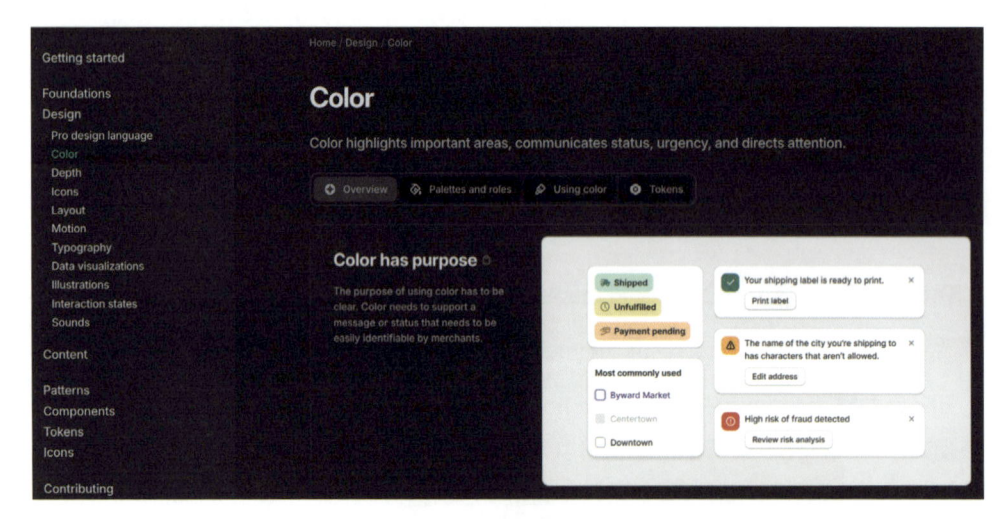

⚙ **Shopify Polaris**

※ 資料來源：https://polaris-react.shopify.com/

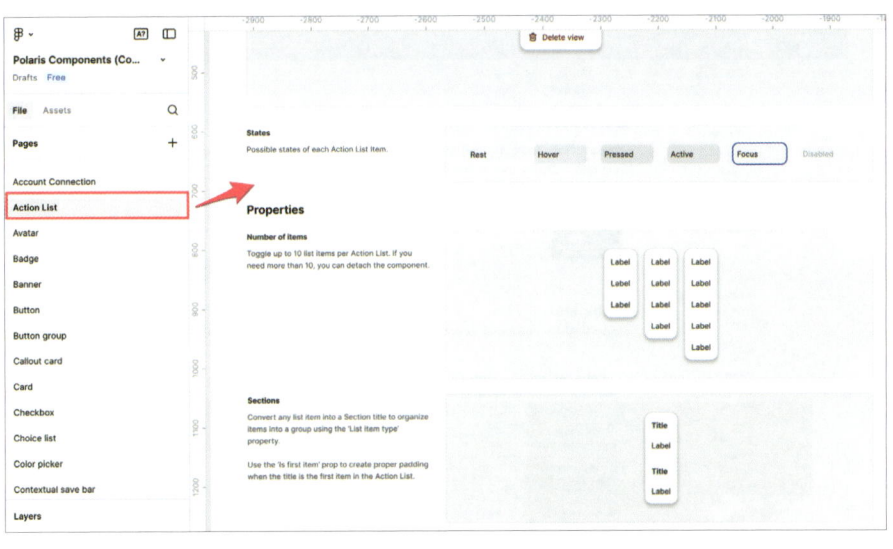

◯ Shopify Polaris 的 Figma 檔案中，可以觀察其元件設計的細節

Bootstrap：經典前端網頁框架的設計系統

Figma 網址 https://www.figma.com/community/file/832800692655327277/Bootstrap-4%2B-UI-Kit

Bootstrap 是一個知名的前端框架，由於具有 RWD 響應式設計的特色，且常見的元件（按鈕、表格、清單等）皆有素材可以直接取用，從網站的側邊選單，就可以看到多種項目。

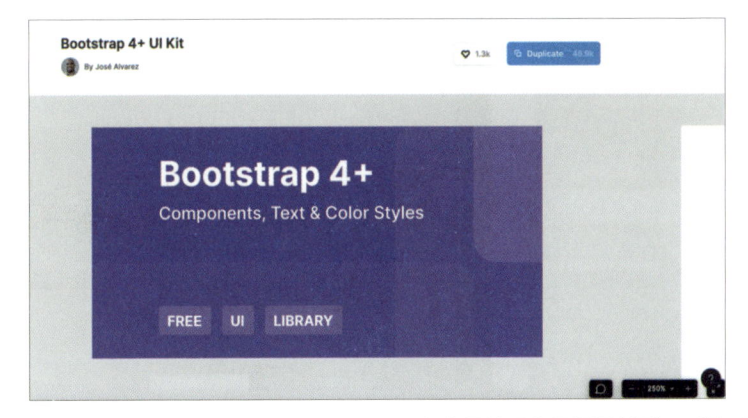

◯ Bootstrap 4+UI Kit 的 Figma 檔案連結（Bootstrap 官方網站現在已經更新到 5.1 版，請讀者斟酌使用）

15 Figma 與設計系統　325

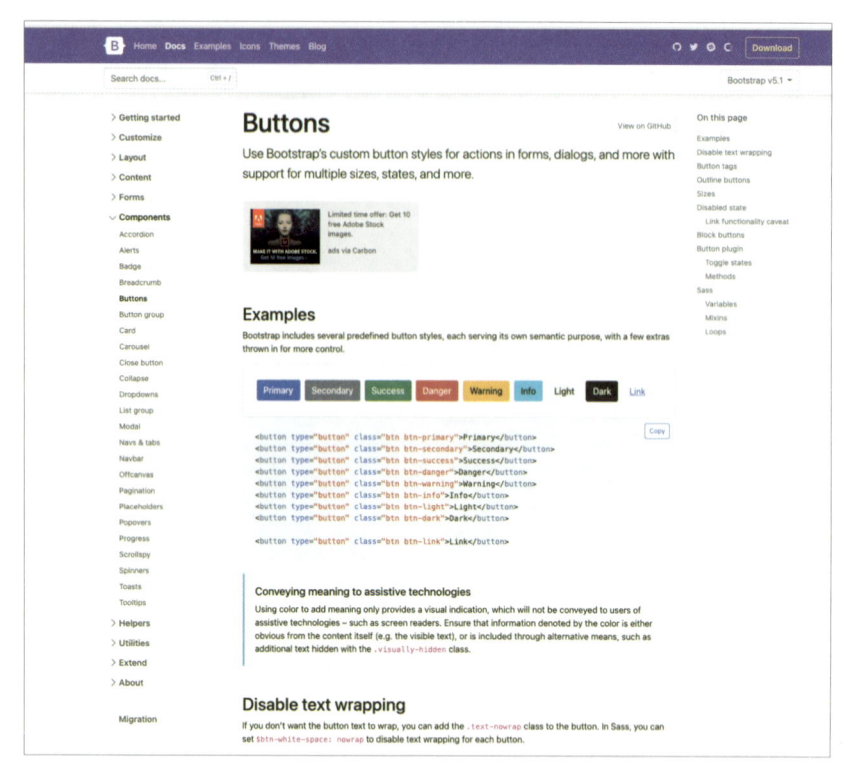

◐ **Bootstrap 官網介紹了許多元件的使用方式**

※ 資料來源：https://getbootstrap.com/docs/5.1/components/buttons/

　　許多開發團隊會直接取用 Bootstrap 素材來進行網頁或系統的開發，有別於傳統以設計出發的設計系統，Bootstrap 更側重以程式開發面來探討每個元件的樣式，在 Figma 上也有熱心的網友，把 Bootstrap 用到的元件做成 Figma 檔案釋出。

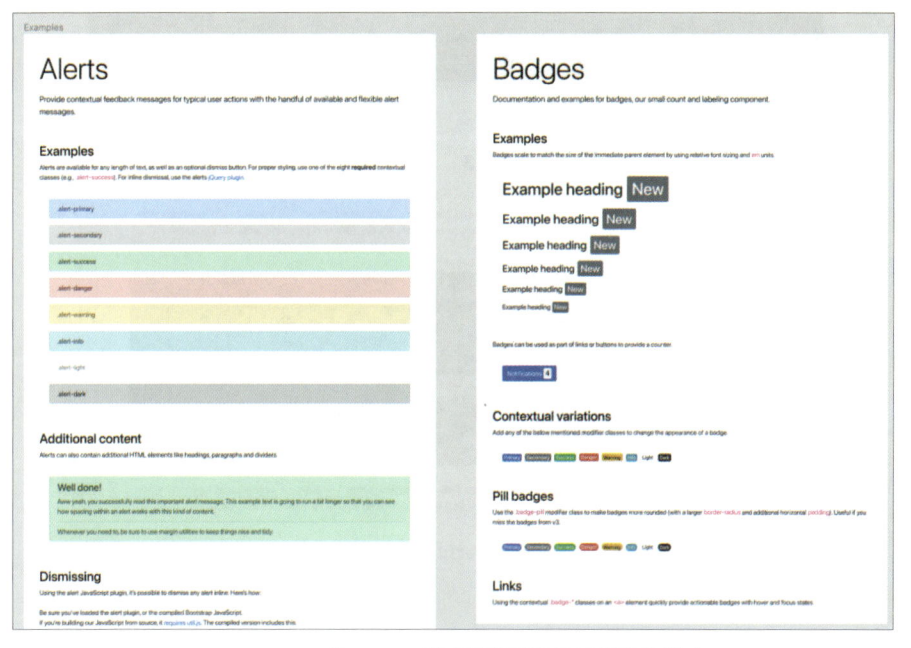

◐ Bootstrap 的 Figma 檔案擁有豐富的元件設計樣式

其他知名設計系統

除了以上列舉的設計系統之外，這裡也分享一些知名的設計系統（但目前尚未推出 Figma 檔案）給讀者參考，因資訊量龐大，推薦讀者前往網站瀏覽。

Human Interface Guidelines

網址 https://developer.apple.com/design/human-interface-guidelines/

Apple 的 Human Interface Guidelines 和前面提到的 Material Design，都是被許多人列為設計系統必讀聖經，提供橫跨了手錶、iPad、手機、網頁的大量元件之使用說明。點擊網頁的「Design」頁面，關於階層、圖片、選單、按鈕、標籤等援建的使用準則，皆被清楚定義。

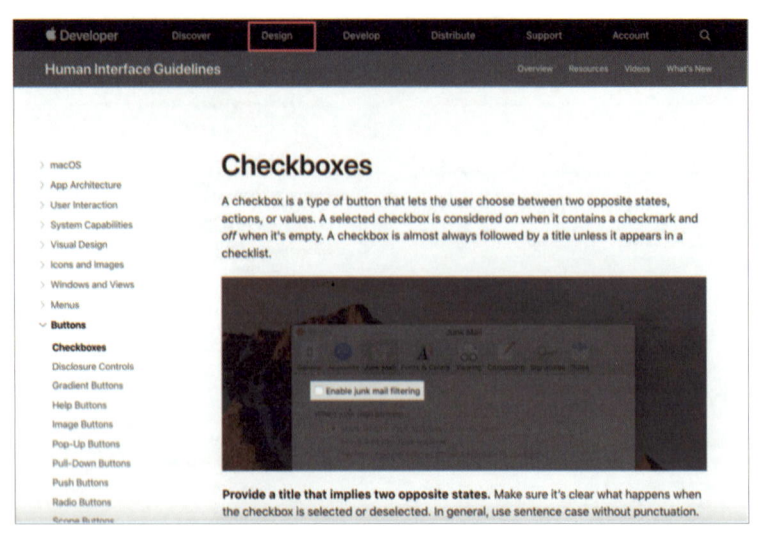

◐ Human Interface Guidelines

※ 資料來源：https://developer.apple.com/design/human-interface-guidelines/macos/buttons/checkboxes/

Adobe Spectrum

網址 https://spectrum.adobe.com/

此為 Adobe 官方所公開的 Design System，目的在於讓 Adobe 開發的工具和產品擁有共同的體驗，不過目前官方僅釋出 Adobe XD 格式檔案（無 Figma 檔案，這份文件除了常見的基礎元件定義之外，還有介紹設計原則、用詞語氣、排版、動畫規格等細節，並搭配豐富的範例說明。

◐ Adobe 的設計系統介紹網站

※ 資料來源：https://spectrum.adobe.com/

The Reporter Brand Guidelines

網址 https://twreporter.gitbook.io/the-reporter-brand-guidelines/

《報導者》在進行品牌重塑與優化內部設計流程的過程中，將內部的設計規範公開，提供開源的繁體中文設計準則，讓需要的設計師來參考。在網頁上，揭露了品牌訊息、核心價值；在設計規範上，也明定了標誌、字體、色彩、排版、插畫等使用方式；在非網頁的影片、社群、簡報、印刷物或周邊商品上，也制定了詳細的使用準則。

報導者的開源設計系統規範

※ 資料來源：https://twreporter.gitbook.io/the-reporter-brand-guidelines/

MEMO

APPENDIX

A

附錄

Appendix A Figma 延伸學習指南

本附錄提供關於 Figma 與 UI/UX 之延伸學習資源，主要彙整區分為三大類「Figma 社群資源」、「Figma 影音資源」、「UI/UX 設計工具箱」，如下表之整理。

本附錄的相關學習資源

Figma 社群資源		
名稱	網址	說明
Figma 官方社群	(URL) https://www.figma.com/community	Figma 全球官方社群，提供大量設計素材資源以及各式各樣的社群外掛（英文）。
Figma 官方部落格	(URL) https://www.figma.com/blog/	分享各種 Figma 新知與技巧，內容相當優質（英文）。
Friends of Figma Taiwan	(URL) https://www.facebook.com/groups/fof.taiwan/	Figma 台灣官方社群。
designtips.today - IG	(URL) https://www.instagram.com/designtips.today/	常分享 Figma 技巧的經營者，很多不錯的知識彙整。
Figma 影音資源		
名稱	網址	說明
Figma 官方 YouTube 頻道	(URL) https://www.youtube.com/channel/UCQsVmhSa4X-G3lHlUtejzLA	Figma 官方頻道，提供超高品質的各類教學影片（英文）。
Learn Figma: User Interface Design Essentials - UI/UX Design	(URL) https://www.udemy.com/course/learn-figma-user-interface-design-essentials-uiux-design/	Udemy 平台的 Figma 課程，課程評價高（英文）。
產品設計實戰：用 Figma 打造絕佳 UI/UX	(URL) https://hahow.in/courses/5ee4d65789dc7e4854909ba1/main	台灣 Hahow 平台的 Figma 中文課程。

UI/UX 設計工具箱		
名稱	網址	說明
Awwwards	(URL) https://www.awwwards.com/	歷史悠久的網站得獎作品網站，想要找到各種新興靈感，來這裡準沒錯。
Dribble	(URL) https://dribbble.com/	全球最大的設計師作品社群之一，可以發掘精彩作品與設計師。
Collect UI	(URL) https://collectui.com/	本站彙整了各類的精彩介面設計靈感。
Material Design	(URL) https://material.io/	Google 的主要視覺設計系統網站，介紹了各類的設計樣式。
Nielsen Norman Group	(URL) https://www.nngroup.com/	全球最知名的 UX 龍頭組織，分享各類 UX 相關知識。
Themeforest	(URL) http://themeforest.net/	有非常多的網頁樣板可以下載，分成免費與付費的版本，可以線上預覽。

Figma 社群資源

Figma 官方社群

網址 https://www.figma.com/community

　　Figma 官方社群集結了大量的設計資源，提供良好的社群共創與下載機制，這裡可以找到各種好用的 Plugin（外掛）、Design System（設計系統）、Wireframe（線框圖）、illustrations（繪圖資源）、Icons（圖示）、Typography（字型設計）、Mobile Design（行動設計）、UI Kit（工具箱）等。

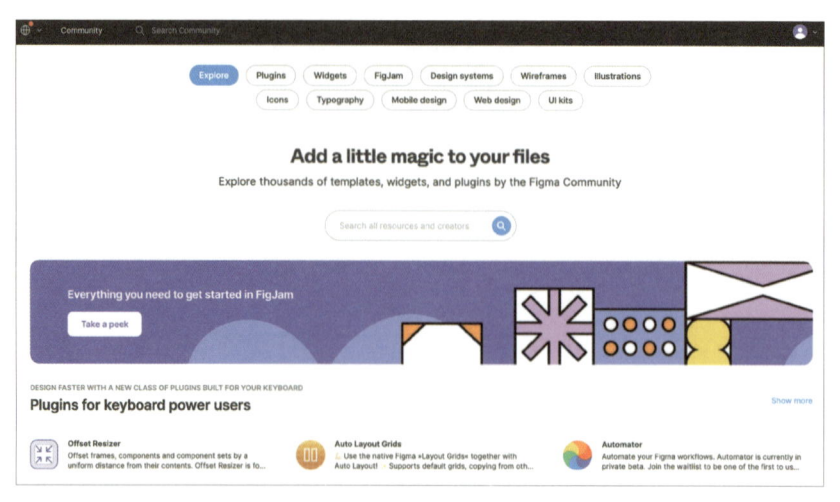

▲ Figma 官方社群集結了大量資源

Figma 官方部落格

網址 https://www.figma.com/blog/

　　Figma 官方部落格提供大量的優質教學文章，但主要是英文的，也包括 Figma 軟體的相關改版訊息等，許多技巧與設計心法都很值得參考。

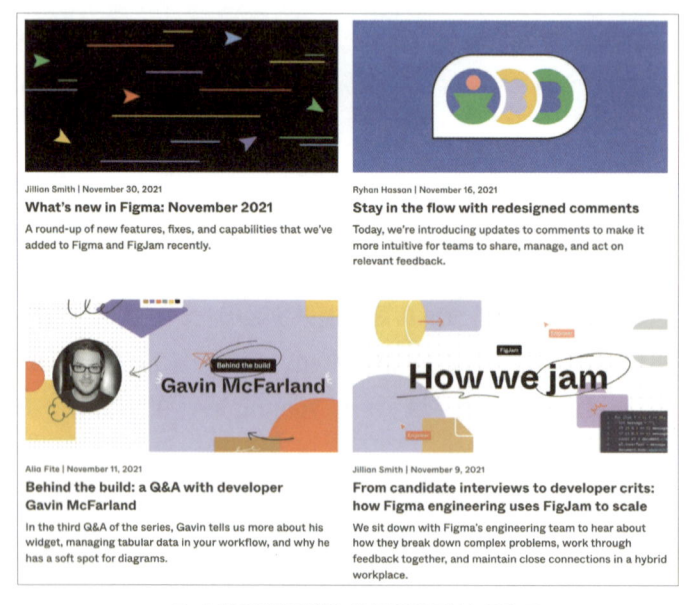

▲ 官方部落格提供許多優質設計技巧資訊

334　Figma UI/UX 設計技巧實戰：打造擬真介面原型

Friends of Figma Taiwan

網址 https://www.facebook.com/groups/fof.taiwan/

Friends of Figma 簡稱為「FoF」，是由官方所推動的社群，可透過國家或地區為單位進行申請（台灣 FOF 是由一些志工協同申請並建立的臉書社群，也稱之為「Friends of Figma Taiwan」），提供了一個討論與分享的園地，可於此社團進行 Figma 相關的學習與討論。

◯ Friends of Figma Taiwan 為臉書公開社團

designtips.today - IG

網址 https://www.instagram.com/designtips.today/

designtips.today 是常分享 Figma 小技巧的 IG 帳號，集結了許多有趣又實用的設計技巧，內容有許多跟 Figma 有關，例如：檔案整理技巧、圖表創作技巧等，閱讀輕鬆沒有壓力，是不錯的社群設計資訊來源，也可在文章進行提問。

◯ designtips 的 IG 帳號常分享設計相關資訊

※ 資料來源：https://www.instagram.com/designtips.today/

A　Figma 延伸學習指南　335

Figma 影音資源

Figma 官方 YouTube 頻道

網址 https://www.youtube.com/channel/UCQsVmhSa4X-G3lHlUtejzLA

　　Figma 官方提供超高品質的教學頻道，有各種技巧的教學，常會搭配設計素材連帶進行提供。

◯ Figma 官方 YouTube 頻道超多優質影音

Learn Figma: User Interface Design Essentials - UI/UX Design

網址 https://www.udemy.com/course/learn-figma-user-interface-design-essentials-uiux-design/

　　Udemy 是全球知名的線上課程平台，上面有許多和設計主題有關的課程，這堂課主要介紹 UI/UX 的設計技巧，也包括 Figma 工具的實作技巧等。Udemy 平台的特色是常常會有特價時段（幾乎每個月都有），原本課程價格數千元的課程，在特價時段（常常都有特價）會降價到幾百塊新台幣，算是很經濟實惠的課程平台。

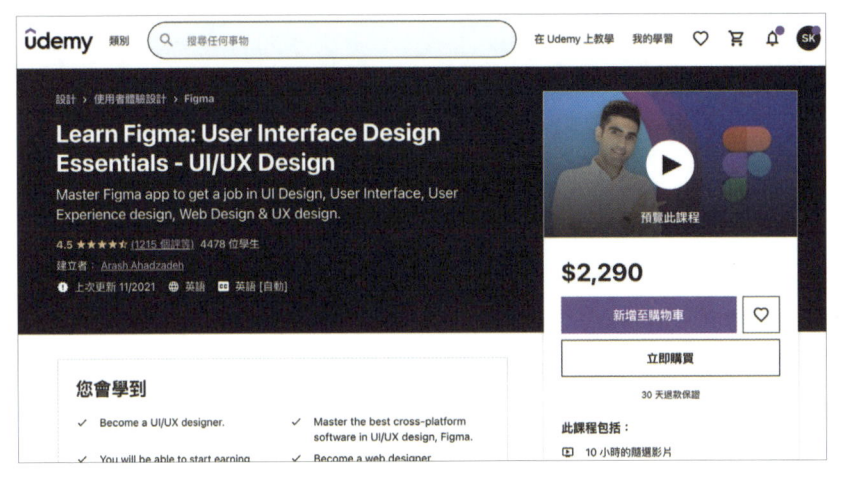

🎧 Udemy 的 Figma 課程

產品設計實戰：用 Figma 打造絕佳 UI/UX

網址 https://hahow.in/courses/5ee4d65789dc7e4854909ba1/main

這堂課是由 Hahow 所推出的設計課程，主打 Figma 工具教學，屬於全中文的課程環境，適合中文為母語的人士學習，課程也包括了一些 UI/UX 設計心法分享。

🎧 Hahow 線上課程平台上的 UI/UX 與 Figma 課程

A　Figma 延伸學習指南　337

UI/UX 設計工具箱

Awwwards

網址 http://www.awwwards.com/

　　Awwwards 是筆者很推薦的網站設計靈感來源，主要收集全球的設計得獎案例，網站背後有評審團機制，主要是由全球各地網頁介面設計師、視覺設計師所共同評分，且得分高的網頁都是非常棒的作品，具有很高的參考性。

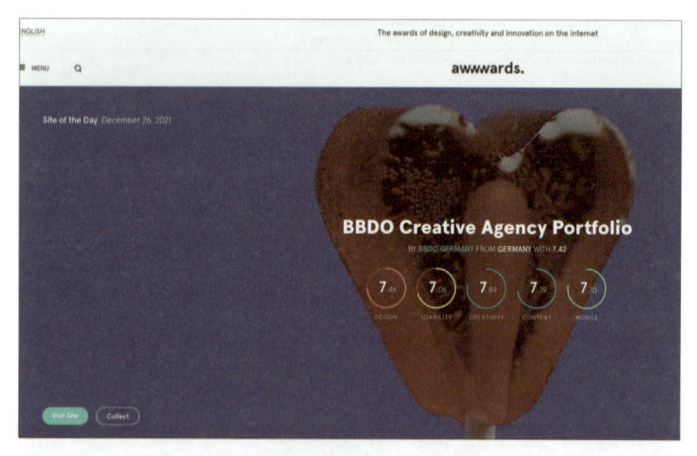

▲ Awwwards 上面有非常多的精彩案例可以參考

Dribble

網址 https://dribbble.com/

　　跨國的設計作品分享網站，發展多年已經成為全球領導者平台，上面有許多優秀作品與創作者資訊，並分成各種類別進行呈現，例如：動畫創作、品牌設計、插畫、手機介面、印刷品、產品設計、字型設計、網頁設計等。

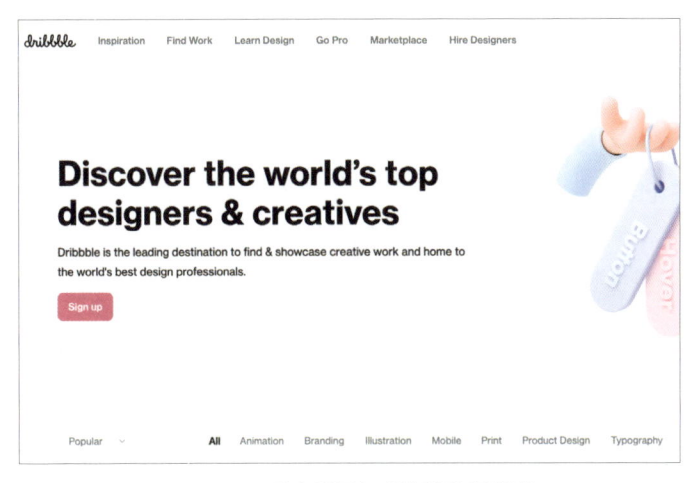

◑ Dribble 是全球最知名的設計師社群

Collect UI

網址 https://collectui.com/

　Collect UI 是知名的設計樣式收集網，整理了各類的網頁 / App 設計元件的樣式，分門別類整理得很清楚，包括註冊頁面的設計、購物車、圖示、404 頁面、音樂播放器、搜尋框、聯絡我們等眾多的參考樣式，設計樣式非常豐富，能給予我們大量的靈感輸入。

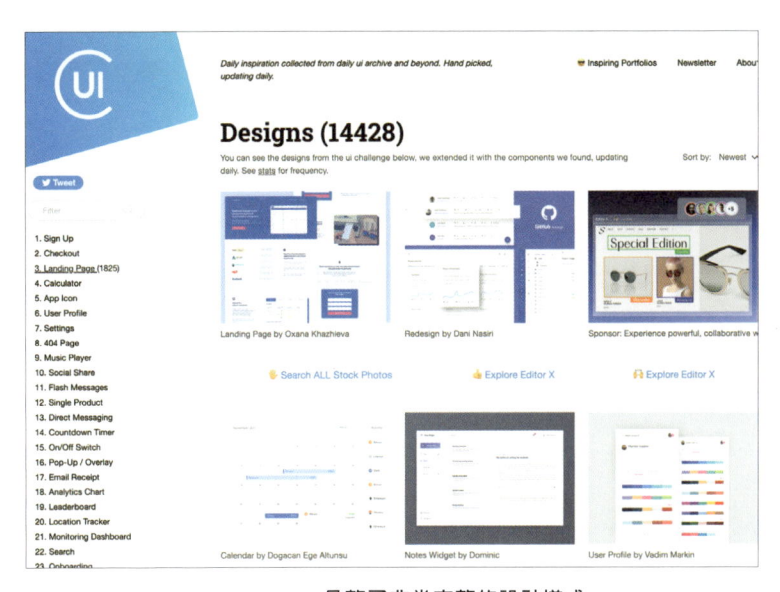

◑ Collect UI 彙整了非常完整的設計樣式

Material Design

網址 https://material.io/

　　Google 推出的網頁設計指南，分享了很多互動設計的最佳範例，從最早期的 Material Design 一代就非常知名，至今已經更新到第三版本（Material Design 3），引領了全球的設計潮流。其同樣是分門別類，彙整了圖示樣式、字型設計樣式、對話框樣式、行動裝置設計樣式、甚至動畫的設計等，皆有許多的介紹與著墨。

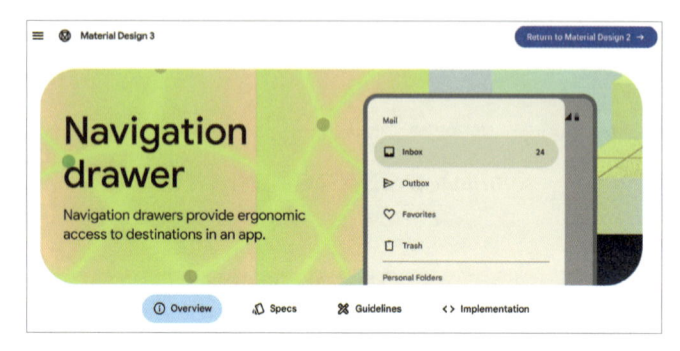

🎧 Material Design 網站分享了各類的設計樣式，引領全球的設計潮流

Nielsen Norman Group

網址 https://www.nngroup.com/

　　Nielsen Norman Group 是非常知名的 UX 研究組織，整理了許多關於使用者經驗的相關知識，包括設計的流程、方法、易用性測試與研究方法等，是全球研究 UX 的設計師不可錯過的網站。

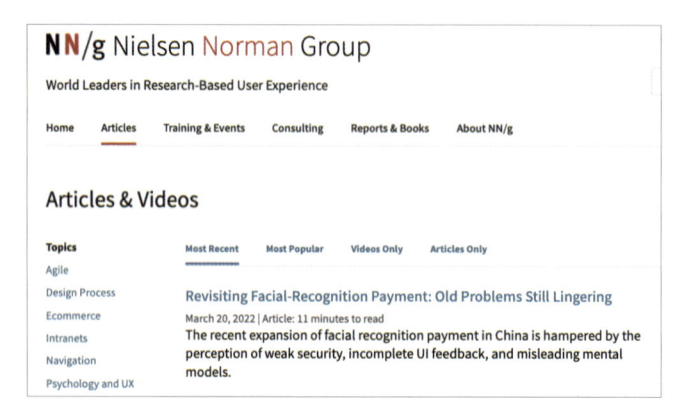

🎧 NN/g Group 分享了許多關於 UX 的經典好文

※ 資料來源：https://www.nngroup.com/articles/

Themeforest

網址 http://themeforest.net/

由於全球的設計流程中,許多的系統型網站或是 App 的開發,都非常依賴內容樣板系統(Content Management System,簡稱「CMS」),故許多網站提供免費或付費的樣板(例如:Wordpress 樣板)來讓網友進行下載,其中 Themeforest 就是非常知名的一個網站,透過裡面可下載的各類樣式,可以讓許多的設計從巨人的肩膀開始展開,加速整體的設計流程,或是作為 Figma 設計流程中的參考樣式。

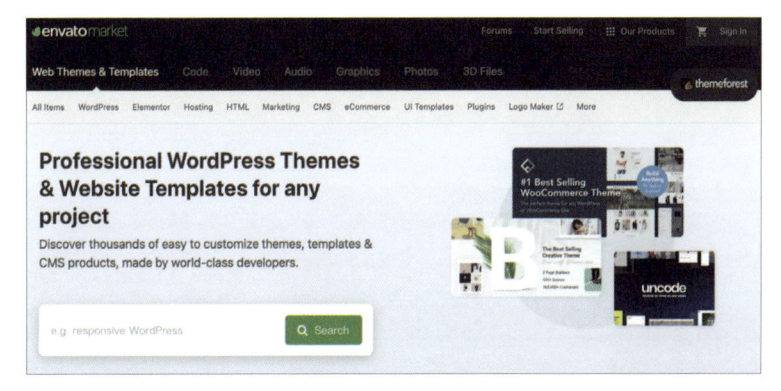

◯ **Themeforest**(又稱為「envatomarket」)提供非常豐富的網站樣板來供瀏覽

MEMO

MEMO

MEMO